もくじ＆チェック

1章 場合の数と確率

2章 図形の性質

3章 数学と人間の活動

1 集合と要素

1 次の集合を，要素をかき並べて表しなさい。

(1) 15 の正の約数の集合 A

(2) -2 以上 3 以下の整数の集合 B

解 (1) 15 の正の約数は，1，[ア]，5，[イ] であるから

$A=\{1,\ 3,\ 5,\ 15\}$

(2) -2 以上 3 以下の整数は，　←「以上」，「以下」はその数を含む

[ウ]，-1，0，1，2，[エ] であるから

$B=\{-2,\ -1,\ 0,\ 1,\ 2,\ 3\}$

2 集合 $A=\{2,\ 3,\ 4,\ 5,\ 7,\ 8,\ 9\}$ の部分集合を次の集合から選び，記号⊂を使って表しなさい。

$P=\{2,\ 6,\ 10\}$，$Q=\{3,\ 5,\ 8\}$，$R=\{2,\ 9\}$

解 [オ] ⊂ [カ]，[キ] ⊂ [ク]　←P の要素 6 と 10 は，A の要素ではない

3 12 以下の自然数の集合を全体集合とし，3 の倍数の集合を A とするとき，A の補集合 $\overline{A}$ を求めなさい。

解 12 以下の 3 の正の倍数の集合は $A=\{3,\ 6,\ 9,\ 12\}$ なので

$\overline{A}=\{1,\ 2,$ [ケ]，[コ]，$7,\ 8,$ [サ]，$11\}$

4 次の集合 A，B について，$A\cap B$ と $A\cup B$ を求めなさい。

(1) $A=\{1,\ 3,\ 4,\ 6,\ 9\}$，$B=\{2,\ 3,\ 4,\ 5,\ 8\}$

(2) $A=\{2,\ 4,\ 5,\ 7,\ 8,\ 10\}$，$B=\{4,\ 8,\ 10\}$

解 (1) $A\cap B=\{$[シ]，[ス]$\}$

$A\cup B=\{1,\ 2,\ 3,\ 4,$ [セ]，[ソ]，8，[タ]$\}$

(2) $A\cap B=\{$[チ]，8，[ツ]$\}$

$A\cup B=\{2,$ [テ]，[ト]，7，[ナ]，$10\}$

5 2 つの集合 $A=\{3,\ 4,\ 5,\ 6,\ 7\}$，$B=\{8,\ 9,\ 10\}$ について，$A\cap B$ を求めなさい。

解 $A\cap B=$ [ニ]　←{　} はつけない

集合の要素

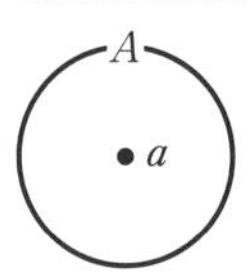

a は集合 A の要素

$a\in A$

集合の表し方

集合はその要素を { } の中にかき並べて表す。

部分集合

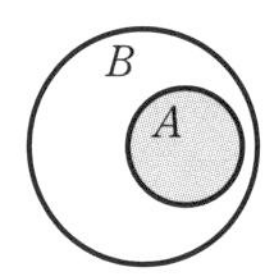

A は B の部分集合

$A\subset B$

全体集合 U と補集合 $\overline{A}$

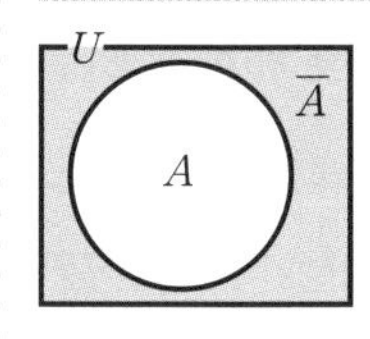

共通部分 $A\cap B$

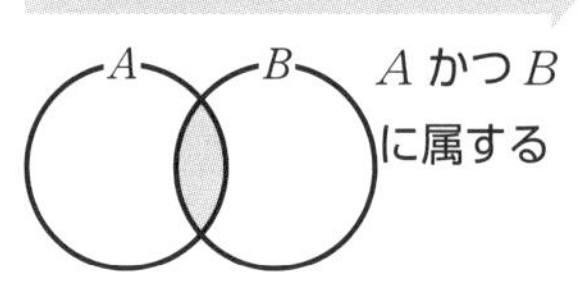

和集合 $A\cup B$

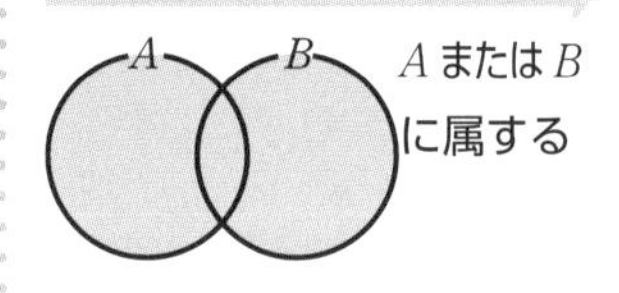

空集合 ∅

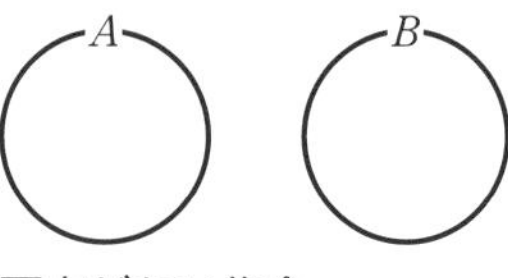

要素がない集合

$A\cap B=\varnothing$

DRILL ◆ドリル◆

1 次の集合を，要素をかき並べて表しなさい。

(1) 48 の正の約数の集合 A

(2) 20 以下の素数の集合 A

2 次の集合 A，B の関係を，記号 $\subset$ を使って表しなさい。

(1) $A=\{1,\ 3,\ 5,\ 7,\ 9,\ 11\}$
$B=\{3,\ 5,\ 9\}$

(2) 12 の正の約数の集合 A
24 の正の約数の集合 B

3 9 以下の自然数の集合を全体集合 U とするとき，次の集合の補集合を求めなさい。

(1) $A=\{3,\ 5,\ 6,\ 7\}$

(2) $B=\{1,\ 2,\ 6,\ 8,\ 9\}$

4 次の集合 A，B について，$A\cap B$，$A\cup B$ を求めなさい。

(1) $A=\{5,\ 6,\ 7,\ 8,\ 9,\ 10\}$
$B=\{4,\ 6,\ 8,\ 11,\ 12\}$

(2) $A=\{1,\ 2,\ 3,\ 4\}$
$B=\{3,\ 4,\ 5,\ 6,\ 7\}$

(3) 36 の正の約数の集合 A
15 以下の 3 の正の倍数の集合 B

(4) 30 の正の約数の集合 A
20 の正の約数の集合 B

(5) $A=\{5,\ 6,\ 9,\ 10,\ 11,\ 12\}$
$B=\{1,\ 2,\ 7,\ 8\}$

(6) $A=\{2,\ 4,\ 6,\ 8,\ 10\}$
$B=\{1,\ 3,\ 5,\ 7,\ 9\}$

検

2 集合の要素の個数

1 18 の正の約数の集合を A とするとき，$n(A)$ を求めなさい。

解 $A=\{1, 2, 3, 6, 9, 18\}$

よって　$n(A)=$ ア

2 15 以下の自然数の集合を全体集合とし，4 の倍数の集合を A とするとき $n(\overline{A})$ を求めなさい。

解 $n(U)=15$，$n(A)=$ イ　←$A=\{4, 8, 12\}$

よって　$n(\overline{A})=n(U)-n(A)=15-$ ウ $=$ エ

3 25 以下の自然数の集合を全体集合とし，3 の倍数の集合を A，4 の倍数の集合を B とするとき，$n(A\cup B)$ を求めなさい。

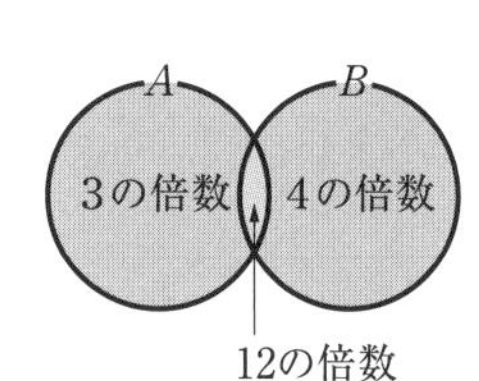

解 $A=\{3, 6, 9, 12, 15, 18, 21, 24\}$

$B=\{4, 8, 12, 16, 20, 24\}$ だから

$A\cap B=\{$ オ ，カ $\}$　←3 の倍数かつ 4 の倍数の集合

よって　$n(A)=8$，$n(B)=$ キ ，$n(A\cap B)=2$

したがって

$n(A\cup B)=8+6-2=$ ク

$n(A\cup B)=n(A)+n(B)-n(A\cap B)$

4 あるクラスの生徒について，通学方法を調べたところ，電車を利用する生徒は 18 人，自転車を利用する生徒は 11 人，電車と自転車の両方を利用する生徒は 6 人であった。電車または自転車を利用する生徒は何人いるか求めなさい。

解 電車を利用する生徒の集合を A，自転車を利用する生徒の集合を B とする。

A　B　(18人)　(11人)　$A\cap B$ (6人)

$n(A)=$ ケ ，$n(B)=$ コ ，

$n(A\cap B)=$ サ　←電車と自転車の両方を利用する生徒

よって，電車または自転車を利用する生徒の人数は

$n(A\cup B)=$ シ $+$ ス $-$ セ $=$ ソ （人）

$n(A)+n(B)-n(A\cap B)$

集合の要素の個数

集合 A の要素の個数を $n(A)$ で表す。

補集合の要素の個数

$n(\overline{A})=n(U)-n(A)$

和集合の要素の個数

2 つの集合 A，B とその共通部分 $A\cap B$，和集合 $A\cup B$ の要素の個数について

$n(A\cup B)$
$=n(A)+n(B)-n(A\cap B)$

DRILL ◆ドリル◆

1 次の集合の要素の個数を求めなさい。

(1) $A=\{1,\ 3,\ 5,\ 7,\ 9,\ 11,\ 13\}$

(2) 50の正の約数の集合 B

2 40以下の自然数の集合を全体集合とし，3の倍数の集合を A とするとき，$n(\overline{A})$ を求めなさい。

3 50以下の自然数の集合を全体集合とし，4の倍数の集合を A，5の倍数の集合を B とするとき，次の値を求めなさい。

(1) $n(A)$

(2) $n(B)$

(3) $n(A\cap B)$

(4) $n(A\cup B)$

4 50以下の自然数の集合を全体集合とし，3の倍数の集合を A，7の倍数の集合を B とするとき，次の値を求めなさい。

(1) $n(A)$

(2) $n(B)$

(3) $n(A\cap B)$

(4) $n(A\cup B)$

5 あるクラスの数学と英語のテストの結果は，数学のテストの点数が60点以上の生徒が25人，英語のテストの点数が60点以上の生徒が21人，両方のテストの点数が60点以上の生徒が13人であった。数学または英語のテストの点数が60点以上の生徒は何人いるか求めなさい。

6 ある学校の生徒について，通学方法を調べたところ，電車を利用する生徒は30人，バスを利用する生徒は27人，電車またはバスを利用して通学している生徒は48人であった。電車とバスの両方を利用している生徒は何人いるか求めなさい。

検

3 数えあげ・和の法則と積の法則

1 あるレストランのランチでは，次のおかずとごはんからそれぞれ1品ずつ選ぶことができる。次の問いに答えなさい。

おかず：ハンバーグ，からあげ，とんかつ

ごはん：白米，五穀米（ごこくまい）

(1) すべての場合をかき並べて，選び方が全部で何通りあるか求めなさい。

(2) すべての選び方を示す表をつくりなさい。

(3) 樹形図をつくりなさい。

解 (1) 選び方をすべてかき並べると

(ハ，白)，(か，白)，(と，白)，　←(ハ，白)はハンバーグと白米を選んだことを表す

(ハ，五)，(か，五)，(と，五)

となる。よって，選び方は全部で［ア　］通りである。

(2)

ご＼お	ハ	か	と
白	ハ白	か白	と白
五	ハ五	か五	と五

(3)

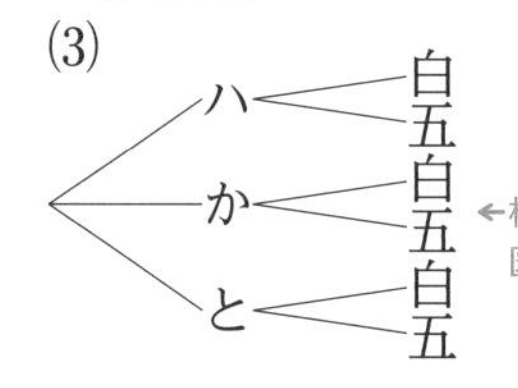

←枝分かれしていく図を樹形図という

2 大小2個のさいころを同時に投げるとき，目の数の和が3または8になる場合は何通りあるか求めなさい。

大＼小	⚀	⚁	⚂	⚃	⚄	⚅
⚀	2	3	4	5	6	7
⚁	3	4	5	6	7	8
⚂	4	5	6	7	8	9
⚃	5	6	7	8	9	10
⚄	6	7	8	9	10	11
⚅	7	8	9	10	11	12

解 目の数の和が3になる場合は2通り，目の数の和が8になる場合は［イ　］通りある。よって，目の数の和が3または8になる場合の数は2＋［ウ　］＝［エ　］通りである。

3 ある高校の書道部には男子7人と女子13人の部員がいる。この中から代表を男子と女子それぞれ1人ずつ選ぶとき，選び方は何通りあるか求めなさい。

解 男子の選び方が［オ　］通りあり，それぞれについて女子の選び方が13通りあるから，

積の法則より　7×［カ　］＝［キ　］(通り)

数えあげの方法

あることがらの起こる場合の数を求めるには，
もれなく
重複なく
数えることが大切である。

場合の数の求め方

場合の数は
①すべてかき並べる
②表を用いる
③樹形図を用いる
など，いろいろな方法で求めることができる。

和の法則

ことがら A の起こる場合が m 通り，ことがら B の起こる場合が n 通りあるとする。A と B が同時に起こらないとき，A または B が起こる場合の数は
$m+n$ (通り)

積の法則

ことがら A の起こる場合が m 通りあり，それぞれについて，ことがら B の起こる場合が n 通りあるとき，A と B がともに起こる場合の数は
$m\times n$ (通り)

1 次のAグループとBグループからそれぞれ1色ずつ選ぶことができる。次の問いに答えなさい。

Aグループ：赤，青，黄，緑，紫　　　Bグループ：金，銀

(1) すべての場合をかき並べて，選び方が全部で何通りあるか求めなさい。

(2) すべての選び方を示す表をつくりなさい。

(3) 樹形図をつくりなさい。

2 大小2個のさいころを同時に投げるとき，目の数の積について，次の問いに答えなさい。

(1) 次の目の数の積の表を完成させなさい。

大＼小	⚀	⚁	⚂	⚃	⚄	⚅
⚀	1	2	3	4	5	6
⚁						
⚂						
⚃	4	8	12	16	20	24
⚄						
⚅						

(2) 目の数の積が4または6になる場合は何通りあるか求めなさい。

(3) 目の数の積が10の倍数となる場合は何通りあるか求めなさい。

3 ある高校の弓道部には男子11人と女子6人の部員がいる。この中から代表を男子と女子それぞれ1人ずつ選ぶとき，選び方は何通りあるか求めなさい。

検

4 順列

1 次の値を求めなさい。

(1) $_7P_3 = 7 \times$ ア $\times 5 = 210$

(2) $_5P_2 = 5 \times$ イ $=$ ウ

(3) $_4P_4 = 4 \times$ エ $\times 2 \times 1 =$ オ

2 [1], [2], [3], [4], [5], [6] の 6 枚のカードの中から 3 枚のカードを取り出して 3 けたの整数をつくるとき，整数は何個できるか求めなさい。

解 異なる 6 個のものから 3 個取る順列の総数だから

$_6P_3 =$ カ $\times\ 5\ \times\ 4\ =$ キ (個)

↑百の位の数の取り出し方　↑十の位の数の取り出し方　↑一の位の数の取り出し方

3 8 人の中から委員長，副委員長を 1 人ずつ選ぶとき，選び方は何通りあるか求めなさい。

解 異なる 8 個のものから ク 個取る順列の総数だから

$_8P_2 =$ ケ $\times 7 =$ コ (通り)

↑委員長の選び方　↑副委員長の選び方

4 次の値を求めなさい。

(1) $5! = 5 \times 4 \times$ サ $\times 2 \times 1 = 120$

(2) $2! \times 4! = (2 \times 1) \times (4 \times 3 \times$ シ $\times 1) =$ ス

(3) $\dfrac{10!}{8!} = 10 \times$ セ $=$ ソ　← $\dfrac{10 \times 9 \times \cancel{8 \times 7 \times \cdots \times 1}}{\cancel{8 \times 7 \times \cdots \times 1}}$

5 8 人が 1 列に並んで行進をするとき，並び方は何通りあるか求めなさい。

解 8 人が 1 列に並ぶとき，並び方の総数は

タ $! = 8 \times 7 \times 6 \times 5 \times 4 \times 3 \times 2 \times 1$

$= 40320$

順列の総数 $_nP_r$

異なる n 個のものから r 個取る順列の総数は

$_nP_r = n(n-1)\cdots\cdots(n-r+1)$ （r 個の積）

たとえば，

$_7P_3 = 7 \times 6 \times 5$ （3 個の積）

$r = n$ のとき，

$_nP_n = n(n-1) \times \cdots\cdots \times 3 \times 2 \times 1$ （n 個の積）

n の階乗 $n!$

順列の総数を表す式で，$r = n$ のときの右辺は，1 から n までの自然数をすべてかけたもので，この数を n の階乗といい，$n!$ で表す。

$n! = n(n-1) \times \cdots\cdots \times 3 \times 2 \times 1$ （n 個の積）

DRILL ◆ドリル◆

1 次の値を求めなさい。

(1) ${}_6P_4$

(2) ${}_5P_3$

(3) ${}_{11}P_2$

(4) ${}_7P_7$

2 1, 2, 3, 4, 5 の5枚のカードの中から4枚のカードを取り出して4けたの整数をつくるとき，次の問いに答えなさい。

(1) 4けたの整数は何個できるか求めなさい。

(2) 5でわり切れる4けたの整数は何個できるか求めなさい。

3 次の方法は全部で何通りあるか求めなさい。

(1) 12人の中から委員長，副委員長を1人ずつ選ぶときの選び方

(2) 9人のリレーの選手の中から，走る順番を考えて4人を選ぶときの選び方

4 次の値を求めなさい。

(1) $3! \times 5!$

(2) $\dfrac{8!}{4!}$

5 9人ちょうどで野球チームをつくった。打順は何通りあるか求めなさい。

検

5 条件がついた順列

1 男子5人，女子3人の計8人の中から4人が1列に並ぶとき，両端が男子，中の2人が女子である並び方は何通りあるか求めなさい。

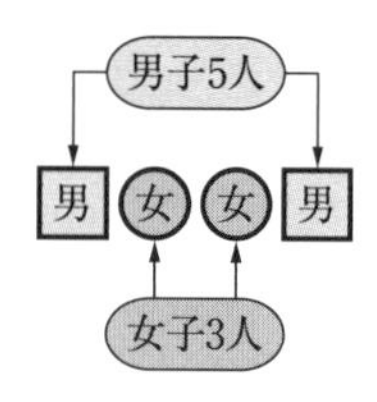

解 両端の男子の並び方は

$_5P_2 = 5\times$ ア $=$ イ (通り) ←5人から2人を選んで並べる

この並び方のそれぞれについて，

中の2人の女子の並び方は

$_3P_2 =$ ウ $\times 2 =$ エ (通り) ←3人から2人を選んで並べる

よって，求める並び方は

オ $\times 6 =$ カ (通り) ←積の法則

両端に条件がついた並び方

両端とそれ以外とに分けて並び方を考える。

2 男子3人，女子2人の計5人が1列に並んで写真をとるとき，次のそれぞれの場合について並び方は何通りあるか求めなさい。

(1) 女子2人が両端に並ぶ

(2) 女子2人がとなりあって並ぶ

解 (1) 両端の女子2人の並び方は キ $! = 2$ (通り)

この並び方のそれぞれについて，

中の3人の男子の並び方は

$3! =$ ク (通り)

よって，求める並び方は

$2\times$ ケ $=$ コ (通り) ←積の法則

(2) 女子2人をまとめて1人と考えると，

男子3人とあわせた4人の並び方は

$4! =$ サ (通り)

この並び方のそれぞれについて，

女子2人の並び方は

$2! =$ シ (通り)

よって，求める並び方は

ス $\times 2 =$ セ (通り) ←積の法則

4!通り

(女)(女) 男 男 男

2!通り

いつもとなりあう並び方

となりあうものを1つのまとまりとして並び方を考える。

1章●場合の数と確率

DRILL ◆ドリル◆

1 男子 4 人，女子 5 人の計 9 人の中から 5 人を選んで 1 列に並べるとき，両端が男子，中の 3 人が女子である並び方は何通りあるか求めなさい。

2 トランプのダイヤのカードの中から 6 枚取り出して左から順に並べるとき，両端が絵札で，中の 4 枚が数字札である並べ方は何通りあるか求めなさい。

3 男子 5 人，女子 2 人の計 7 人が 1 列に並んで写真をとるとき，次のそれぞれの場合について並び方は何通りあるか求めなさい。

(1) 女子 2 人が両端に並ぶ

(2) 女子 2 人がとなりあって並ぶ

4 A，B，C，D，E，F，G，H，I の 9 枚のカードを 1 列に並べるとき，次のような並べ方は何通りあるか求めなさい。

(1) A，B，C がとなりあうように並べる

(2) B，C，D，E がとなりあうように並べる

検

6 円順列・重複順列

1 A，B，C，D，E の 5 人が円形のテーブルにつく場合について，次の問いに答えなさい。

(1) 座り方は何通りあるか求めなさい。

(2) B と C がとなりあう座り方は何通りあるか求めなさい。

円順列

異なる n 個のものを円形に並べる順列を円順列といい，その順列の総数は

$(n-1)!$

解 (1) 右の図で，A から見た位置関係はどちらも同じであり，これらは 1 通りの座り方として考えられる。

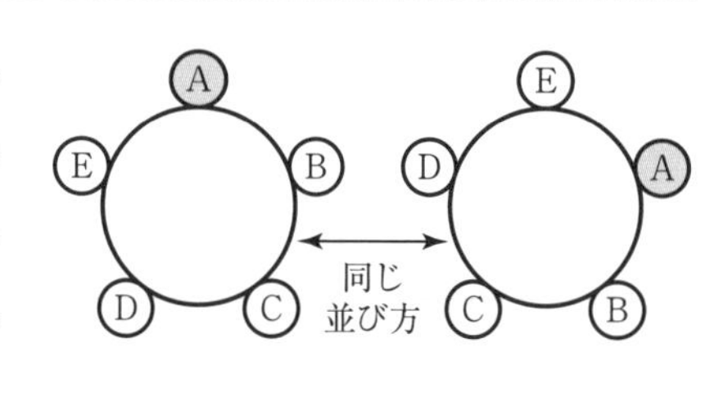

5 人の座り方の総数を求めるには，たとえば A の位置を固定して，A 以外の残りの 4 人が座る順列を考えればよい。

よって，4 人の座り方の総数は

$(5-1)! = 4! =$ [ア　　] (通り)

↑ A 以外の人数

(2) B と C をまとめて 1 人と考えると，残り 3 人とあわせた 4 人の座り方は

$(4-1)! = 3! =$ [イ　　] (通り)

この座り方のそれぞれについて，

B と C の並び方は

[ウ　　] $! = 2$ (通り)

よって，求める座り方は

[エ　　] $\times 2 =$ [オ　　] (通り)　←積の法則

2 1，2，3，4，5 の数字を使って 3 けたの整数をつくる。同じ数字をくり返し使ってもよいとき，整数は何個できるか求めなさい。

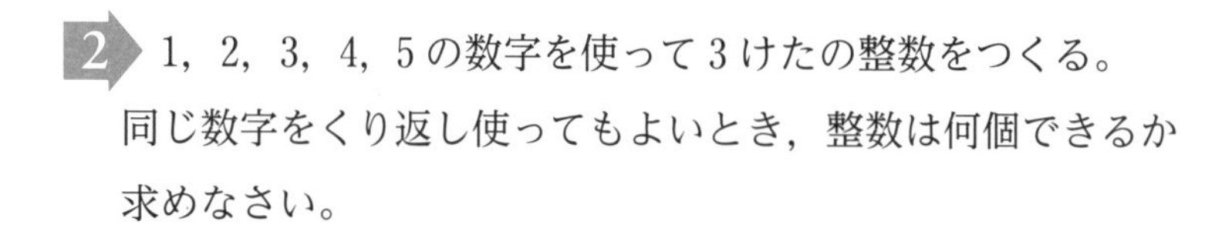

重複順列

同じものをくり返し使ってもよい場合の順列を重複順列という。

異なる n 個のものから r 個取る重複順列の総数は

$\underbrace{n \times n \times \cdots\cdots \times n}_{r \text{個の積}} = n^r$

解 百の位の数は，1 から 5 までの [カ　　] 通り

十の位の数も 1 から 5 までの [キ　　] 通り

一の位の数も 1 から 5 までの [ク　　] 通り

よって，3 けたの整数は

[ケ　　] $\times 5 \times 5 =$ [コ　　] (個) できる。

DRILL ◆ドリル◆

1 7人が円形のテーブルにつくとき，座り方は何通りあるか求めなさい。

2 8人が手をつないで輪をつくるとき，並び方は何通りあるか求めなさい。

3 両親と子供4人の6人家族が食事に行き，円形のテーブルにつく場合について，次の問いに答えなさい。

(1) 座り方は何通りあるか求めなさい。

(2) 両親がとなりあう座り方は何通りあるか求めなさい。

4 1，2，3の数字を使って5けたの整数をつくる。同じ数字をくり返し使ってもよいとき，整数は何個できるか求めなさい。

5 A，B，Cの3人がジャンケンをするとき，3人の手の出し方の総数は何通りあるか求めなさい。

6 0，1，2，3の数字を使って4けたの整数をつくる。同じ数字をくり返し使ってもよいとき，整数は何個できるか求めなさい。

検

まとめの問題 場合の数 1

1 9 以下の自然数の集合を全体集合 U，集合 $A=\{2, 3, 5, 7\}$，集合 $B=\{1, 3, 9\}$ とするとき，次の集合を，要素をかき並べて表しなさい。

(1) $A \cup B$　(2) $A \cap B$　(3) $\overline{A}$

(4) $\overline{A} \cup \overline{B}$　(5) $\overline{A} \cap \overline{B}$　(6) $\overline{A \cap B}$

(7) $\overline{A \cup B}$

2 100 以下の自然数の集合を全体集合とし，3 の倍数の集合を A，7 の倍数の集合を B とするとき，次の値を求めなさい。

(1) $n(A)$　(2) $n(B)$

(3) $n(A \cap B)$　(4) $n(A \cup B)$

3 40 人のクラスで，兄と姉のいる生徒の数を調べたところ，兄のいる生徒は 9 人，姉のいる生徒は 8 人，兄と姉の両方がいる生徒は 5 人だった。このとき，次の生徒は何人いるか求めなさい。

(1) 兄または姉がいる生徒　(2) 兄も姉もいない生徒

4 大小 2 個のさいころを同時に投げるとき，次の場合の数を求めなさい。

(1) 目の数の和が 4　(2) 目の数の和が 9 または 10

5 数学の参考書が 7 種類，英語の参考書が 6 種類ある。この中からそれぞれ 1 種類ずつ選ぶとき，選び方は何通りあるか求めなさい。

6 1, 2, 3, 4, 5, 6, 7 の 7 枚のカードの中から 3 枚のカードを取り出して 3 けたの整数をつくるとき，次の問いに答えなさい。

(1) 3 けたの整数は何個できるか求めなさい。

(2) 5 でわり切れる 3 けたの整数は何個できるか求めなさい。

7 トランプのダイヤの数字札 10 枚を 1 列に並べるとき，並べ方は何通りあるか求めなさい。

8 男子 4 人，女子 4 人の計 8 人の中から 5 人を選んで 1 列に並べるとき，両端が男子，中の 3 人が女子である並び方は何通りあるか求めなさい。

9 男子 6 人，女子 2 人の計 8 人が 1 列に並んで写真をとるとき，次のそれぞれの場合について並び方は何通りあるか求めなさい。

(1) 女子 2 人が両端に並ぶ

(2) 女子 2 人がとなりあって並ぶ

10 女子 2 人と男子 5 人の計 7 人が円形のテーブルにつく場合について，次の問いに答えなさい。

(1) 座り方は何通りあるか求めなさい。

(2) 女子 2 人がいつもとなりあう座り方は何通りあるか求めなさい。

11 0，1，2，3，4 の数字を使って 3 けたの整数をつくる。同じ数字を何回使ってもよいとき，整数は何個できるか求めなさい。

検

7 組合せ(1)

1 次の値を求めなさい。

7からはじめて2個

(1) $_7C_2 = \dfrac{7 \times \boxed{ア}}{2 \times 1} = \boxed{イ}$

2からはじめて2個

(2) $_{10}C_3 = \dfrac{10 \times \boxed{ウ} \times 8}{3 \times 2 \times 1} = \boxed{エ}$

2 10人の生徒の中から代表を4人選ぶとき，選び方は何通りあるか求めなさい。

解 10人の中から4人を選ぶ組合せの総数は

$_{10}C_4 = \dfrac{10 \times 9 \times \boxed{オ} \times 7}{\boxed{カ} \times 3 \times 2 \times 1} = \boxed{キ}$（通り）

3 右の図のように，円周上に7個の点A，B，C，D，E，F，Gがある。そのうち3点を選びそれらを頂点とする三角形をつくるとき，三角形は何個できるか求めなさい。

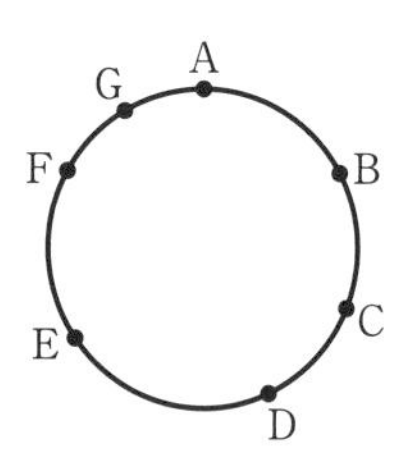

解 7個の点から3個選ぶと三角形が1個できる。

よって，求める個数は

$_7C_3 = \dfrac{7 \times \boxed{ク} \times 5}{3 \times 2 \times 1} = \boxed{ケ}$（個）

4 男子6人，女子5人の中から，男子2人，女子2人を選ぶとき，選び方は何通りあるか求めなさい。

解 男子2人の選び方は

$_6C_2 = \dfrac{6 \times 5}{2 \times 1} = \boxed{コ}$（通り） ←6人から2人を選ぶ

この選び方のそれぞれについて，

女子2人の選び方は

$_5C_2 = \dfrac{5 \times 4}{2 \times 1} = \boxed{サ}$（通り） ←5人から2人を選ぶ

よって，求める選び方は

$15 \times 10 = \boxed{シ}$（通り） ←積の法則

組合せの総数 $_nC_r$

異なるn個のものからr個取る組合せの総数は

$$_nC_r = \frac{_nP_r}{r!} = \frac{n(n-1)\cdots\cdots(n-r+1)}{r(r-1)\times\cdots\cdots\times 3\times 2\times 1}$$

積の法則

ことがらAの起こる場合がm通りあり，それぞれについて，ことがらBの起こる場合がn通りあるとき，AとBがともに起こる場合の数は

$m \times n$（通り）

DRILL ◆ドリル◆

1 次の値を求めなさい。

(1) ${}_{10}C_4$

(2) ${}_{9}C_3$

(3) ${}_{7}C_5$

(4) ${}_{12}C_6$

2 次の場合の数を求めなさい。

(1) 8 人の選手の中から 3 人の代表を選ぶときの選び方

(2) 9 種類の参考書の中から 2 種類を選ぶときの選び方

3 右の図のように，円周上に 9 個の点 A，B，C，D，E，F，G，H，I がある。このとき，これらを頂点とする次の多角形は何個できるか求めなさい。

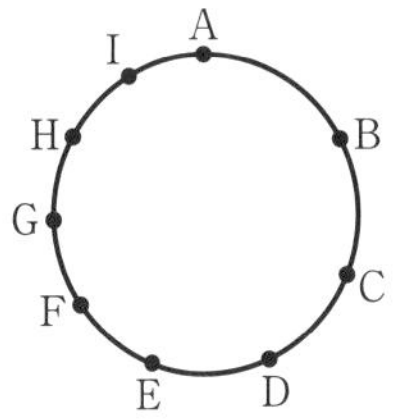

(1) 三角形

(2) 四角形

4 男子 7 人，女子 5 人の中から，4 人の委員を選ぶとき，次の選び方は何通りあるか求めなさい。

(1) 男子 2 人と女子 2 人を選ぶ選び方

(2) 男子 3 人と女子 1 人を選ぶ選び方

5 右の図のように，長方形の縦と横の辺にそれぞれ平行な線が引いてある。この図の中に長方形は全部で何個あるか求めなさい。

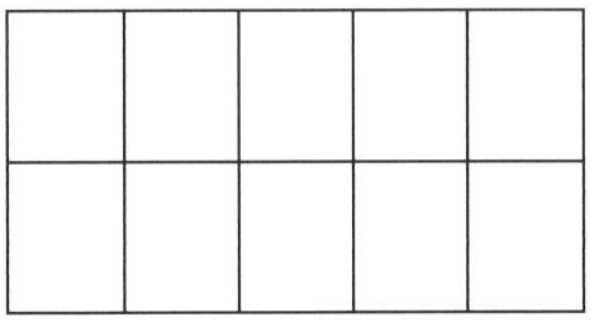

検

8 組合せ(2)

1 次の値を求めなさい。

(1) ${}_{11}C_8$　　(2) ${}_{40}C_{38}$　　(3) ${}_{1000}C_{999}$　　(4) ${}_{5}C_0$

解 (1) ${}_{11}C_8 = {}_{11}C_{\boxed{ア}} = \dfrac{11 \times 10 \times \boxed{ウ}}{\boxed{イ} \times 2 \times 1} = \boxed{エ}$

（値を小さくし計算を楽に／たすと 11）

(2) ${}_{40}C_{38} = {}_{40}C_{\boxed{オ}} = \dfrac{40 \times \boxed{カ}}{2 \times 1} = \boxed{キ}$

(3) ${}_{1000}C_{999} = {}_{1000}C_{\boxed{ク}} = \boxed{ケ}$

(4) ${}_{5}C_0 = \boxed{コ}$　← ${}_nC_0 = 1$

2 右の図のような道路があるとき，A 地点から B 地点まで行く最短経路の道順は何通りあるか求めなさい。

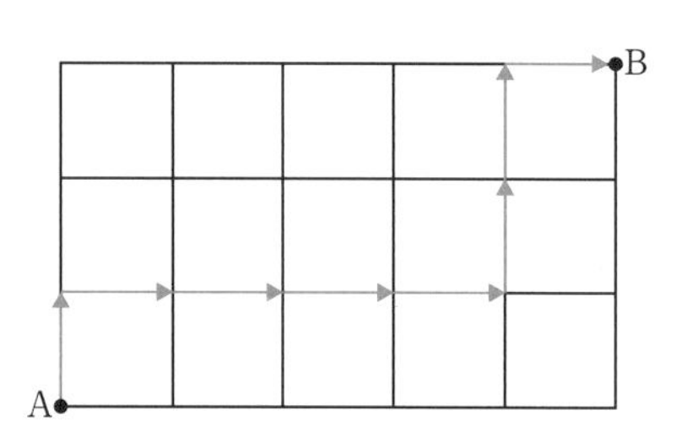

解 この道路で

上へ 1 区画進むことを　↑

右へ 1 区画進むことを　→

で表すと，最短経路の道順は，

［サ］個の ↑ と［シ］個の → を

1 列に並べることで示される。

←上の図の道順では，↑→→→→↑↑→

これは，［ス］個の場所のうちの

［セ］個に ↑

を入れることである。

よって，道順の総数を求めるには，

8 個の場所のうち，

↑ を入れる 3 個を決めればよいから

$${}_8C_3 = \frac{8 \times 7 \times 6}{3 \times 2 \times 1} = \boxed{ソ} \text{（通り）}$$

${}_nC_r$ の計算のくふう

${}_nC_r = {}_nC_{n-r}$

また，$r = n$ のとき

${}_nC_n = {}_nC_0 = 1$

1章●場合の数と確率

1 次の値を求めなさい。

(1) ${}_7C_6$

(2) ${}_{12}C_8$

(3) ${}_{50}C_{48}$

(4) ${}_8C_0$

2 右の図のような道路があるとき，次の場合の最短経路の道順は何通りあるか求めなさい。

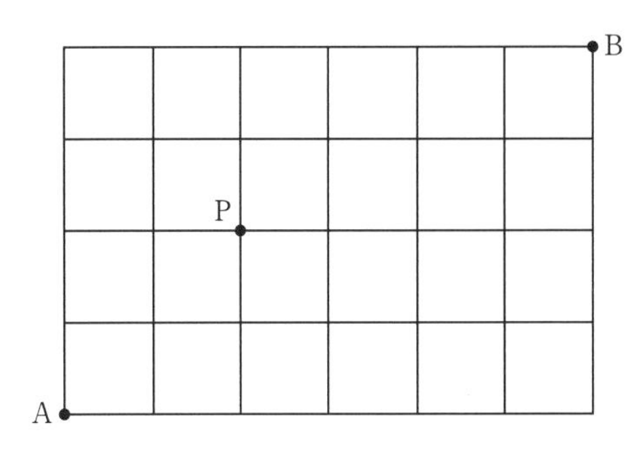

(1) A 地点から B 地点まで行く

(2) A 地点から P 地点を通って B 地点まで行く

まとめの問題　場合の数 2

1 次の値を求めなさい。

(1) ${}_9C_4$

(2) ${}_{12}C_{12}$

(3) ${}_{10}C_9$

(4) ${}_{50}C_0$

(5) ${}_7C_3+{}_7C_2$

(6) ${}_{10}C_2\times{}_5C_2$

2 次の場合の数を求めなさい。

(1) 10 人の生徒の中から 3 人の体育委員を選ぶときの選び方

(2) 8 種類の数学の参考書の中から 4 種類を選ぶときの選び方

(3) 1 から 9 までの数字が 1 つずつかかれている 9 枚のカードの中から 3 枚のカードを選ぶときの選び方

(4) 6 つの野球チームの中から対戦する 2 つのチームを選ぶときの選び方

3 右の図のように，円周上に 10 個の点 A，B，C，D，E，F，G，H，I，J がある。このとき，これらを頂点とする次の多角形は何個できるか求めなさい。

(1) 四角形

(2) 五角形

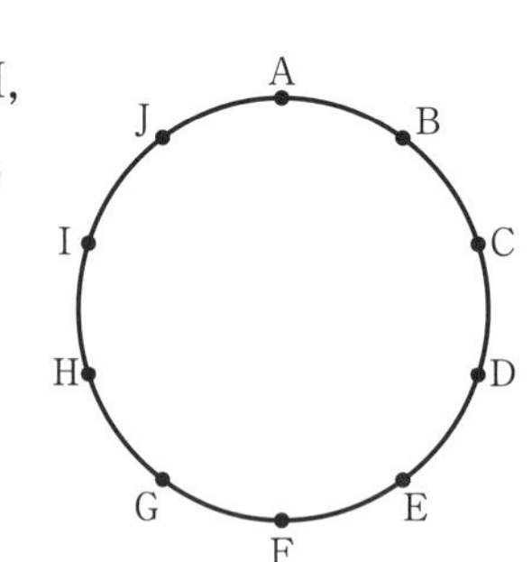

4 男子 10 人，女子 7 人の中から，5 人の委員を選ぶとき，次の選び方は何通りあるか求めなさい。

(1) 男子 3 人と女子 2 人を選ぶ選び方

(2) 男子 2 人と女子 3 人を選ぶ選び方

5 右の図のように，5 本と 6 本の平行線が交わっている。これらの平行線によってできる平行四辺形は全部で何個あるか求めなさい。

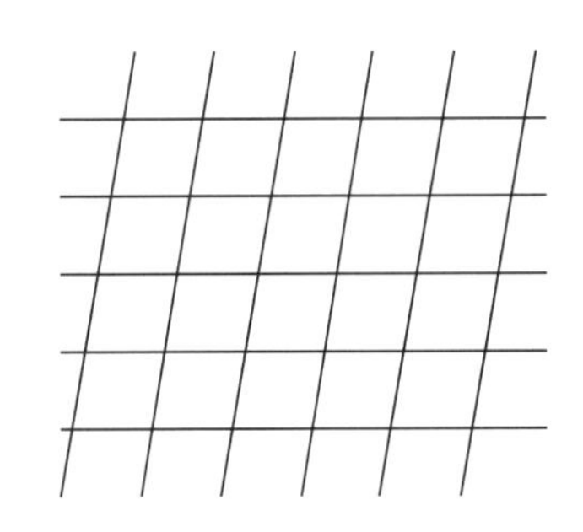

6 右の図のような道路があるとき，次の場合の最短経路の道順は何通りあるか求めなさい。

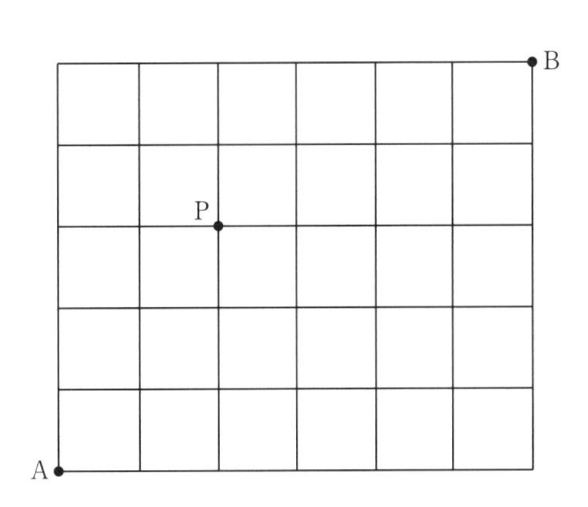

(1) A 地点から B 地点まで行く

(2) A 地点から P 地点を通って B 地点まで行く

9 確率の求め方

1 1個のさいころを投げるとき，3以上の目が出る確率を求めなさい。

解 目の出方は，全部で，1，2，3，4，5，6の6通りある。
このうち，3以上の目になる場合は，3，4，5，6の［ア］通りである。
よって，求める確率は $\dfrac{［イ］}{6}=\dfrac{［ウ］}{3}$ ←約分する

2 大小2個のさいころを同時に投げるとき，目の数の差が2になる確率を求めなさい。

解 2個のさいころの目の出方は，全部で
$6\times6=36$（通り） ←積の法則
このうち，目の数の差が2になるのは，
目の出方を（大，小）で表すと
（1，3），（2，4），（3，1），（3，5），
（4，2），（4，6），（5，3），（6，4）
の［エ］通りである。
よって，求める確率は $\dfrac{［オ］}{36}=\dfrac{［カ］}{9}$ ←約分する

大＼小	1	2	3	4	5	6
1	0	1	2	3	4	5
2	1	0	1	2	3	4
3	2	1	0	1	2	3
4	3	2	1	0	1	2
5	4	3	2	1	0	1
6	5	4	3	2	1	0

3 大中小3個のさいころを同時に投げるとき，目の数の和が5になる確率を求めなさい。

解 3個のさいころの目の出方は，全部で
$6\times6\times6=216$（通り） ←積の法則
このうち，3個の目の数の和が5になるのは，
目の出方を（大，中，小）で表すと
（1，1，3），（1，2，2），（1，3，1）
（2，1，2），（2，2，1），（3，1，1）
の［キ］通りである。
よって，求める確率は $\dfrac{［ク］}{216}=\dfrac{1}{［ケ］}$ ←約分する

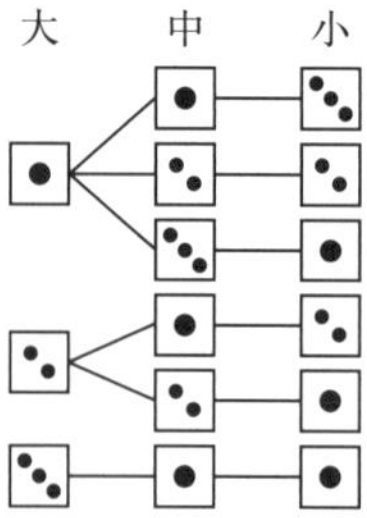

大　中　小
1 ─ 1 ─ 3
1 ─ 2 ─ 2
1 ─ 3 ─ 1
2 ─ 1 ─ 2
2 ─ 2 ─ 1
3 ─ 1 ─ 1

事象 A の確率 $P(A)$

起こりうるすべての場合の数を N 通りとして，そのおのおのの起こり方は同様に確からしいとする。N 通りのうち，事象 A が起こる場合の数を a 通りとするとき

$$P(A)=\frac{a}{N}$$

$0\leqq a\leqq N$ だから

$$0\leqq P(A)\leqq 1$$

↑まったく起こらない　↑必ず起こる

DRILL ◆ドリル◆

1 1個のさいころを投げるとき，次の確率を求めなさい。

(1) 5以上の目が出る確率　　(2) 偶数の目が出る確率

2 大小2個のさいころを同時に投げるとき，次の確率を求めなさい。

(1) 目の数の差が3になる確率　　(2) 目の数の和が4以下になる確率

3 Kさん，Lさん，Mさんの3人がじゃんけんを1回するとき，Kさんだけが勝つ確率を求めなさい。

Kさん　Lさん　Mさん

Kさんだけが勝つ

4 5円，10円，50円，100円の4枚の硬貨を同時に投げるとき，次の確率を求めなさい。

(1) 4枚とも表が出る確率　　(2) 1枚が表で3枚は裏が出る確率

5 大中小3個のさいころを同時に投げるとき，目の数の和が6になる確率を求めなさい。

検

10 組合せを利用する確率

1 4本の当たりくじを含む10本のくじの中から同時に3本のくじを引くとき，3本とも当たりくじである確率を求めなさい。

解 10本のくじの中から3本引く組合せの総数は

$${}_{10}C_3 = \frac{10\times9\times8}{3\times2\times1} = \boxed{ア}\ (\text{通り})$$

このうち，当たりくじ4本の中から3本引く組合せの総数は

$${}_4C_3 = {}_4C_1 = \boxed{イ}\ (\text{通り})$$

よって，求める確率は $\dfrac{\boxed{ウ}}{\boxed{エ}} = \dfrac{1}{\boxed{オ}}$ ←約分する

2 白玉3個，黒玉6個の計9個が入っている袋から同時に3個の玉を取り出すとき，次の確率を求めなさい。

(1) 3個とも黒玉である確率

(2) 2個が白玉で，1個が黒玉である確率

解 9個の玉の中から3個取り出す組合せの総数は

$${}_9C_3 = \frac{9\times8\times7}{3\times2\times1} = \boxed{カ}\ (\text{通り})$$

(1) 黒玉6個の中から3個取り出す組合せの総数は

$${}_6C_3 = \frac{6\times5\times4}{3\times2\times1} = \boxed{キ}\ (\text{通り})$$

よって，求める確率は $\dfrac{\boxed{ク}}{\boxed{ケ}} = \dfrac{\boxed{コ}}{21}$ ←約分する

(2) 白玉3個の中から2個取り出し，黒玉6個の中から1個取り出す組合せの総数は

$${}_3C_2 \times {}_6C_1 = \boxed{サ} \times \boxed{シ}$$

$$= \boxed{ス}\ (\text{通り})$$ ←積の法則

よって，求める確率は $\dfrac{\boxed{セ}}{\boxed{ソ}} = \dfrac{\boxed{タ}}{14}$ ←約分する

組合せの総数 ${}_nC_r$

$${}_nC_r = \frac{{}_nP_r}{r!}$$

$$= \frac{n(n-1)\cdots\cdots(n-r+1)}{r(r-1)\times\cdots\cdots\times3\times2\times1}$$

DRILL ◆ドリル◆

1 5本の当たりくじを含む11本のくじの中から同時に4本のくじを引くとき，次の確率を求めなさい。

(1) 4本とも当たりくじである確率　　(2) 4本ともはずれくじである確率

2 1から9までの数字が1つずつかかれている9枚のカードがある。この中から同時に2枚のカードを引くとき，2枚とも偶数である確率を求めなさい。

3 トランプのダイヤとクラブのカード26枚の中から同時に3枚のカードを引くとき，次の確率を求めなさい。

(1) 3枚とも絵札である確率　　(2) 3枚とも数字札である確率

4 白玉5個，黒玉7個の計12個が入っている袋から同時に3個の玉を取り出すとき，次の確率を求めなさい。

(1) 2個が白玉で，1個が黒玉である確率　　(2) 1個が白玉で，2個が黒玉である確率

5 4本の当たりくじを含む11本のくじの中から同時に4本のくじを引くとき，次の確率を求めなさい。

(1) 3本が当たり，1本がはずれである確率　　(2) 2本が当たり，2本がはずれである確率

検

11 排反事象の確率

1 大小2個のさいころを同時に投げるとき，目の数の差が4または5である確率を求めなさい。

解 2個のさいころの目の出方は，全部で

$6\times6=36$（通り） ←積の法則

大＼小	⚀	⚁	⚂	⚃	⚄	⚅
⚀	0	1	2	3	4	5
⚁	1	0	1	2	3	4
⚂	2	1	0	1	2	3
⚃	3	2	1	0	1	2
⚄	4	3	2	1	0	1
⚅	5	4	3	2	1	0

「目の数の差が4である」事象をA

「目の数の差が5である」事象をB

とすると

$$P(A)=\frac{\boxed{ア}}{36},\quad P(B)=\frac{2}{36}$$

これら2つの事象は排反事象であるから，求める確率は

$$\frac{\boxed{イ}}{36}+\frac{2}{36}=\frac{\boxed{ウ}}{36}=\frac{1}{\boxed{エ}}$$ ←約分する

2 白玉5個，黒玉6個の計11個が入っている袋から同時に2個の玉を取り出すとき，2個とも同じ色である確率を求めなさい。

解 11個の玉の中から2個取り出す組合せの総数は

$${}_{11}\mathrm{C}_2=\frac{11\times10}{2\times1}=55\text{（通り）}$$

「2個とも白玉である」事象をA

「2個とも黒玉である」事象をB

とすると

$$P(A)=\frac{{}_5\mathrm{C}_2}{55}=\frac{\boxed{オ}}{55}$$

$$P(B)=\frac{{}_6\mathrm{C}_2}{55}=\frac{15}{55}$$

「2個とも同じ色である」事象は和事象 $A\cup B$ であり，

A と B は排反事象であるから，求める確率は

$$P(A\cup B)=P(A)+P(B)$$

$$=\frac{\boxed{カ}}{55}+\frac{15}{55}=\frac{\boxed{キ}}{55}=\frac{\boxed{ク}}{11}$$ ←約分する

和事象

2つの事象A，Bについて「AまたはBが起こる」事象をAとBの和事象といい，$A\cup B$で表す。

和事象 $A\cup B$ の確率は，$P(A\cup B)$ で表す。

排反事象

2つの事象AとBが同時に起こらないとき，事象AとBはたがいに排反である，または，事象AとBは排反事象であるという。

AとBは排反

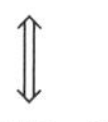

AとBは同時に起こらない

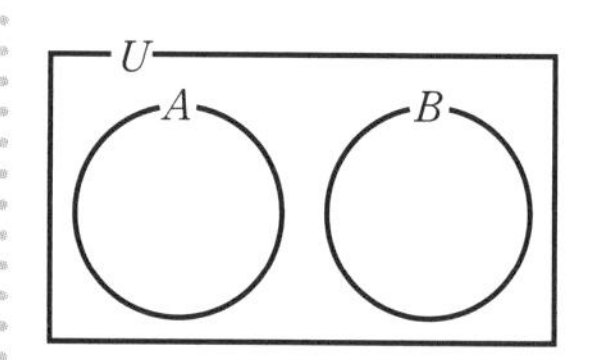

排反事象の確率

2つの事象AとBが排反事象であるとき

$P(A\cup B)$

$=P(A)+P(B)$

DRILL ◆ドリル◆

1 1から9までの数字が1つずつかかれている9枚のカードの中から1枚のカードを引くとき，4の倍数または奇数である確率を求めなさい。

2 大小2個のさいころを同時に投げるとき，次の確率を求めなさい。

(1) 目の数の和が7または8である確率

(2) 目の数の和が4の倍数である確率

3 白玉3個，黒玉7個の計10個が入っている袋から同時に2個の玉を取り出すとき，2個とも同じ色である確率を求めなさい。

4 白玉4個，黒玉5個の計9個が入っている袋から同時に3個の玉を取り出すとき，3個とも同じ色である確率を求めなさい。

5 男子6人，女子7人の計13人の中から，くじ引きで3人の代表を選ぶとき，3人が同性である確率を求めなさい。

検

12 余事象を利用する確率

1 1から12までの数字が1つずつかかれている12枚のカードの中から1枚のカードを引くとき，次の確率を求めなさい。

(1) 5の倍数である確率　　(2) 5の倍数でない確率

解 (1) 5の倍数である事象を A とすると，

求める確率は　$P(A)=\dfrac{\fbox{ア}}{12}=\dfrac{\fbox{イ}}{6}$

(2) 5の倍数でない事象 $\overline{A}$ は，

5の倍数である事象 A の余事象だから，求める確率は，

$P(\overline{A})=1-P(A)=1-\dfrac{\fbox{ウ}}{6}=\dfrac{\fbox{エ}}{6}$

2 4枚の硬貨を同時に投げるとき，少なくとも1枚は表が出る確率を求めなさい。

解 4枚の硬貨の表と裏の出方は，全部で $2^4=\fbox{オ}$（通り）

「少なくとも1枚は表が出る」事象を A とすると，

余事象 $\overline{A}$ は「4枚とも裏が出る」事象だから

$P(\overline{A})=\dfrac{1}{16}$

よって，求める確率は

$P(A)=1-P(\overline{A})=1-\dfrac{\fbox{カ}}{16}=\dfrac{\fbox{キ}}{16}$

3 男子2人,女子4人の計6人の中からくじ引きで2人の代表を選ぶとき，少なくとも1人は男子が選ばれる確率を求めなさい。

解 6人の中から2人の代表を選ぶ組合せの総数は

${}_6C_2=\fbox{ク}$（通り）

「少なくとも1人は男子が選ばれる」事象を A とすると，

余事象 $\overline{A}$ は，「2人とも女子が選ばれる」事象だから

$P(\overline{A})=\dfrac{{}_4C_2}{\fbox{ケ}}=\dfrac{\fbox{コ}}{5}$　←約分する

よって，求める確率は

$P(A)=1-P(\overline{A})=1-\dfrac{\fbox{サ}}{5}=\dfrac{\fbox{シ}}{5}$

事象 A の余事象 $\overline{A}$

事象 A に対して，「A が起こらない」という事象を A の余事象といい，$\overline{A}$ で表す。

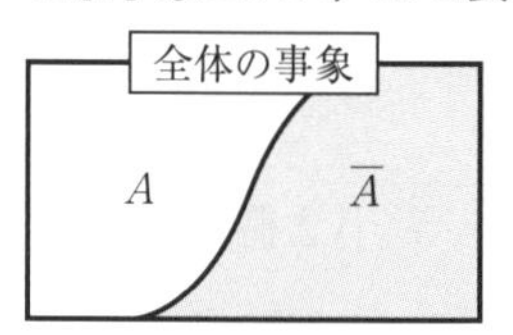

余事象を利用する確率

$P(A)+P(\overline{A})=1$

から

$P(A)=1-P(\overline{A})$

$P(\overline{A})=1-P(A)$

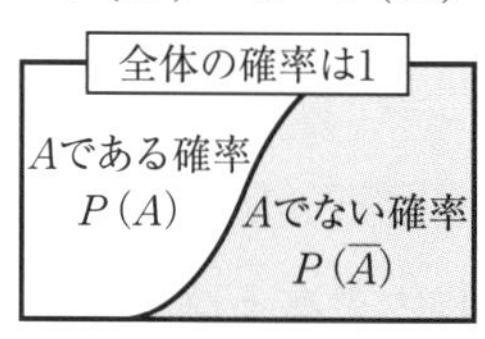

「少なくとも……」の確率

余事象 $\overline{A}$ を調べて

$P(A)=1-P(\overline{A})$

を利用する。

1 1から15までの数字が1つずつかかれている15枚のカードの中から1枚のカードを引くとき，次の確率を求めなさい。

(1) 4の倍数である確率　　(2) 4の倍数でない確率

2 5枚の硬貨を同時に投げるとき，少なくとも1枚は表が出る確率を求めなさい。

3 6枚の硬貨を同時に投げるとき，少なくとも1枚は裏が出る確率を求めなさい。

4 3個のさいころを同時に投げるとき，次の確率を求めなさい。

(1) 少なくとも1個は偶数の目が出る確率　　(2) 少なくとも1個は5以上の目が出る確率

5 男子4人，女子4人の計8人の中からくじ引きで3人の代表を選ぶとき，少なくとも1人は女子が選ばれる確率を求めなさい。

6 白玉3個，黒玉5個の計8個が入っている袋から同時に3個の玉を取り出すとき，次の確率を求めなさい。

(1) 少なくとも1個は黒玉である確率　　(2) 少なくとも1個は白玉である確率

検

まとめの問題　確率 1

1 大小 2 個のさいころを同時に投げるとき，目の数の和が 11 となる確率を求めなさい。

2 4 本の当たりくじを含む 15 本のくじの中から同時に 3 本のくじを引くとき，次の確率を求めなさい。

(1) 3 本ともはずれくじである確率

(2) 2 本が当たり，1 本がはずれである確率

3 A さん，B さん，C さん，D さんの 4 人がじゃんけんを 1 回するとき，次の確率を求めなさい。

(1) B さんだけが勝つ確率

(2) 1 人だけが勝つ確率

4 1 から 13 までの数字が 1 つずつかかれた 13 枚のカードの中から 1 枚のカードを引くとき，5 または偶数のカードである確率を求めなさい。

5　白玉 6 個，黒玉 4 個の計 10 個が入っている袋から同時に 3 個の玉を取り出すとき，次の確率を求めなさい。

(1)　2 個が白玉で 1 個が黒玉である確率　　(2)　3 個とも同じ色が出る確率

6　大小 2 個のさいころを同時に投げるとき，少なくとも 1 個は 2 以下の目が出る確率を求めなさい。

7　男子 5 人，女子 4 人の計 9 人の中からくじ引きで 3 人の代表を選ぶとき，少なくとも 1 人は女子が選ばれる確率を求めなさい。

8　白玉 5 個，赤玉 7 個の計 12 個が入っている袋から同時に 3 個の玉を取り出すとき，次の確率を求めなさい。

(1)　少なくとも 1 個は白玉である確率　　(2)　少なくとも 1 個は赤玉である確率

検

13 独立な試行とその確率

1 白玉 7 個，黒玉 5 個の計 12 個が入っている袋から 1 個の玉を取り出してもとにもどし，ふたたび 1 個の玉を取り出すとき，次の確率を求めなさい。

(1) 2 回とも黒玉である確率

(2) 1 回目は白玉，2 回目は黒玉である確率

解 1 回目と 2 回目の試行はたがいに独立である。

袋から白玉を取り出す確率は $\dfrac{\boxed{ア}}{12}$

袋から黒玉を取り出す確率は $\dfrac{\boxed{イ}}{12}$

(1) 求める確率は $\dfrac{\boxed{ウ}}{12} \times \dfrac{\boxed{エ}}{12} = \dfrac{\boxed{オ}}{144}$

(2) 求める確率は $\dfrac{7}{12} \times \dfrac{\boxed{カ}}{12} = \dfrac{\boxed{キ}}{144}$

2 3 本の当たりくじを含む 7 本のくじ A と，4 本の当たりくじを含む 11 本のくじ B がある。A，B 2 つの中からそれぞれ 1 本ずつくじを引くとき，次の確率を求めなさい。

(1) 2 本とも当たりくじである確率

(2) A から引いたくじだけ当たりくじである確率

解 A からくじを引く試行と B からくじを引く試行はたがいに独立である。

(1) A から当たりくじを引く確率は，$\dfrac{3}{\boxed{ク}}$

B から当たりくじを引く確率は，$\dfrac{\boxed{ケ}}{11}$

よって，求める確率は $\dfrac{3}{7} \times \dfrac{\boxed{コ}}{11} = \dfrac{\boxed{サ}}{77}$

(2) B からはずれくじを引く確率は，$\dfrac{\boxed{シ}}{11}$

よって，求める確率は $\dfrac{3}{7} \times \dfrac{\boxed{ス}}{11} = \dfrac{\boxed{セ}}{\boxed{ソ}}$ ←約分する

たがいに独立である試行

2 つの試行において，それぞれの試行の結果がたがいに影響を与えないとき，これらの試行は独立であるという。

独立な試行の確率

2 つの独立な試行について，1 つの試行で事象 A が起こり，もう 1 つの試行で事象 B が起こる確率は，

$P(A) \times P(B)$

独立な 3 つ以上の試行についても，同様なことが成り立つ。

1　1個のさいころと1枚のコインを投げるとき，さいころの目の数が5以上で，コインは裏が出る確率を求めなさい。

2　Aの袋には，赤玉3個，白玉4個の計7個が入っており，Bの袋には，赤玉4個，白玉2個の計6個が入っている。A，B 2つの袋の中からそれぞれ1個ずつ玉を取り出すとき，次の確率を求めなさい。

⑴　2個とも赤玉である確率

⑵　2個とも白玉である確率

3　6本の当たりくじを含む15本のくじがある。この中から1本を引いてもとにもどし，ふたたび1本を引くとき，次の確率を求めなさい。

⑴　2回とも当たりくじである確率

⑵　1回目だけ当たりくじである確率

4　Kさん，Lさん，Mさんの3人がある試験に合格する確率は，それぞれ $\frac{2}{3}$，$\frac{3}{5}$，$\frac{1}{2}$ である。3人がこの試験を受けるとき，次の確率を求めなさい。

⑴　3人とも合格する確率

⑵　Lさんだけが合格する確率

検

14 反復試行とその確率

1 1個のさいころをくり返し4回投げるとき，次の確率を求めなさい。

(1) 6の目が2回だけ出る確率

(2) 偶数の目が3回だけ出る確率

解 (1) 1回の試行で6の目が出る確率は $\frac{\boxed{ア}}{6}$

よって，求める確率は

$${}_4C_2 \times \left(\frac{\boxed{イ}}{6}\right)^2 \times \left(1-\frac{1}{6}\right)^{4-2} = 6 \times \frac{\boxed{ウ}}{36} \times \frac{25}{36}$$

6の目が出る確率　6の目が出ない確率

$$= \frac{\boxed{エ}}{216}$$

(2) 1回の試行で偶数の目が出る確率は $\frac{\boxed{オ}}{6} = \frac{1}{\boxed{カ}}$

よって，求める確率は

$${}_4C_3 \times \left(\frac{1}{\boxed{キ}}\right)^3 \times \left(1-\frac{1}{2}\right)^{4-3} = \boxed{ク} \times \frac{1}{8} \times \frac{1}{\boxed{ケ}}$$

$$= \frac{1}{\boxed{コ}}$$

2 Aさんはテニスでサーブを打つとき，$\frac{2}{3}$ の確率で成功させることができる。Aさんが5本サーブを打つとき，4本以上成功させる確率を求めなさい。

解 4本だけ成功する事象の確率は

$${}_5C_4 \times \left(\frac{2}{3}\right)^4 \times \left(1-\frac{\boxed{サ}}{3}\right)^{5-4} = 5 \times \frac{\boxed{シ}}{81} \times \frac{\boxed{ス}}{3}$$

$$= \frac{\boxed{セ}}{243}$$

また，5本成功する事象の確率は

$${}_5C_5 \times \left(\frac{2}{3}\right)^5 \times \left(1-\frac{2}{3}\right)^{5-5} = \frac{\boxed{ソ}}{243}$$

← $\left(1-\frac{2}{3}\right)^{5-5} = \left(\frac{1}{3}\right)^0 = 1$

これら2つの事象は排反事象であるから，求める確率は

$$\frac{\boxed{タ}}{243} + \frac{\boxed{チ}}{243} = \frac{\boxed{ツ}}{243}$$

反復試行の確率

1回の試行で事象 A の起こる確率を p とする。この試行を n 回くり返すとき，A が r 回だけ起こる確率は

$${}_nC_r \times p^r \times (1-p)^{n-r}$$

（r：A の起こる回数，$n-r$：A の起こらない回数，p：A の起こる確率，$1-p$：A の起こらない確率）

ただし，$p^0=1$，$(1-p)^0=1$ とする。

排反事象

2つの事象 A と B が同時に起こらないとき，事象 A と B はたがいに排反である，または，事象 A と B は排反事象であるという。

A と B は排反
⇕
A と B は同時に起こらない

排反事象の確率

2つの事象 A と B が排反事象であるとき

$P(A \cup B)$
$= P(A) + P(B)$

DRILL ◆ドリル◆

1 1個のさいころをくり返し5回投げるとき，次の確率を求めなさい。

(1) 3の倍数の目が2回だけ出る確率

(2) 4以下の目が1回だけ出る確率

2 1枚の硬貨をくり返し7回投げるとき，次の確率を求めなさい。

(1) 表が3回だけ出る確率

(2) 表が6回だけ出る確率

3 1から5までの数字が1つずつかかれた5枚のカードの中から1枚のカードを引いて，もとにもどす。これを4回くり返すとき，次の確率を求めなさい。

(1) 3のカードが2回だけ出る確率

(2) 偶数のカードが3回だけ出る確率

4 Bさんはアーチェリーで矢を射るとき，$\frac{5}{6}$の確率で的に命中させることができる。Bさんが3回矢を射るとき，2回以上的に命中させる確率を求めなさい。

5 Cさんはバスケットボールのフリースローを$\frac{1}{2}$の確率で成功させることができる。Cさんが8回フリースローを投げるとき，6回以上成功させる確率を求めなさい。

検

15 条件つき確率

1 赤玉3個，白玉4個の計7個が入っている袋からAさんとBさんがこの順に1個ずつ玉を取り出す。Aさんが赤玉を取り出したとき，Bさんが赤玉を取り出す条件つき確率を求めなさい。ただし，取り出した玉はもどさないものとする。

解 Aさんが赤玉を取り出す事象をA，

Bさんが赤玉を取り出す事象をBとする。

Aさんが赤玉を取り出した残りは，赤玉［ア］個，

白玉4個となっているから，求める確率は

$$P_A(B)=\frac{［イ］}{6}=\frac{［ウ］}{［エ］}$$

2 右の表は，ある水族館でアンケートに答えた90人について，おとな，こども，魚が好き，魚以外が好きと答えた数を示している。

	魚	魚以外	計
おとな	21	9	30
こども	29	31	60
計	50	40	90

このアンケートの中から1枚を選ぶとき「おとなである」事象をA,「魚が好きである」事象をBとして，次の確率を求めなさい。

(1) $P(B)$　　(2) $P_A(B)$　　(3) $P_{\overline{B}}(A)$

解 (1) すべてのアンケートの中で魚が好きであると答えた確率だから

$$P(B)=\frac{［オ］}{90}=\frac{［カ］}{9}$$ ←約分する

(2) 選ばれたアンケートがおとなであったことがわかった場合，その人が魚が好きである条件つき確率だから

$$P_A(B)=\frac{21}{［キ］}=\frac{7}{［ク］}$$ ←約分する

(3) 選ばれたアンケートが魚以外が好きであったことがわかった場合，その人がおとなである条件つき確率だから

$$P_{\overline{B}}(A)=\frac{［ケ］}{［コ］}$$

条件つき確率

2つの事象A，Bについて，事象Aが起こった条件のもとで事象Bが起こる確率を，Aが起こったときのBの条件つき確率といい$P_A(B)$で表す。

DRILL ◆ドリル◆

1 白玉 4 個，黒玉 5 個の計 9 個が入っている袋から A さんと B さんがこの順に 1 個ずつ玉を取り出す。A さんが白玉を取り出したとき，B さんが黒玉を取り出す条件つき確率を求めなさい。ただし，取り出した玉はもどさないものとする。

2 白玉 4 個，黒玉 6 個の計 10 個が入っている袋がある。A さんと B さんがこの順に玉を 1 個ずつ取り出すとき，「A さんが白玉を取り出す」事象を A，「B さんが白玉を取り出す」事象を B として，次の確率を求めなさい。ただし，取り出した玉をもどさないものとする。

(1) $P(A)$　　(2) $P_A(B)$

(3) $P_A(\overline{B})$　　(4) $P_{\overline{A}}(\overline{B})$

3 ジョーカーを除く 1 組 52 枚のトランプの中から 1 枚を引くとき，「絵札である」事象を A，「スペードである」事象を B として，次の確率を求めなさい。

(1) $P(A)$　　(2) $P_A(B)$

(3) $P_B(A)$　　(4) $P_{\overline{B}}(A)$

4 右の表は，あるクラスの生徒 40 人について，男子，女子，通学方法は自転車のみか，それ以外かの数を示している。このクラスの中から 1 人を選ぶとき，「男子である」事象を A，「自転車のみである」事象を B として，次の確率を求めなさい。

	自転車のみ	それ以外	計
男子	10	12	22
女子	6	12	18
計	16	24	40

(1) $P(A)$　　(2) $P_A(B)$

(3) $P_{\overline{A}}(B)$　　(4) $P_B(\overline{A})$

検

16 乗法定理・期待値

1 4本の当たりくじを含む11本のくじの中から，Aさんと Bさんがこの順に1本ずつ引くとき，Bさんが当たる確率を求めなさい。ただし，引いたくじはもどさないものとする。

解 「Aさんが当たる」事象を A,「Bさんが当たる」事象を B とする。

Aさんが当たる確率は $P(A)=\dfrac{\boxed{ア}}{\boxed{イ}}$

Bさんが当たる確率は，次の2通りに分けられる。

(ア) Aさんが当たり，Bさんも当たる事象 $A\cap B$

このとき $P(A\cap B)=P(A)\times P_A(B)$

$$=\frac{\boxed{ウ}}{11}\times\frac{3}{\boxed{エ}}=\frac{12}{110}$$

(イ) Aさんがはずれ，Bさんが当たる事象 $\overline{A}\cap B$

このとき $P(\overline{A}\cap B)=P(\overline{A})\times P_{\overline{A}}(B)$

$$=\frac{\boxed{オ}}{11}\times\frac{\boxed{カ}}{10}=\frac{\boxed{キ}}{110}$$

(ア)と(イ)は排反事象であるから，Bさんが当たる確率は

$$P(B)=\frac{12}{110}+\frac{\boxed{ク}}{110}$$

$$=\frac{40}{110}=\frac{\boxed{ケ}}{\boxed{コ}}$$ ←約分する

積事象 $A\cap B$

2つの事象 A, B について「A と B がともに起こる」事象を A と B の積事象といい，$A\cap B$ で表す。

乗法定理

積事象の確率 $P(A\cap B)$ について，次の乗法定理が成り立つ。

$P(A\cap B)=P(A)\times P_A(B)$

くじに当たる確率

当たりくじ（はずれくじ）を引く確率は，くじを引く順序に関係しない。

2 赤玉2個，白玉3個の計5個が入っている袋から1個の玉を取り出し，赤玉が出れば150点，白玉が出れば50点となるゲームをする。このとき，得点の期待値を求めなさい。

解 得点とそれに対応する確率を表にすると，下のようになる。

	赤	白	計
得点	150点	50点	
確率	$\dfrac{2}{5}$	$\dfrac{\boxed{サ}}{5}$	1

左の表から

$$150\times\frac{2}{5}+50\times\frac{\boxed{シ}}{5}$$

$$=60+\boxed{ス}$$

$$=\boxed{セ}\text{（点）}$$

期待値

ある試行において，起こる事象の賞金や得点が，

x_1, x_2, x_3, ……, x_n

それに対応する確率が

p_1, p_2, p_3, ……, p_n

と与えられたとき，

期待値は

$x_1p_1+x_2p_2+x_3p_3+\cdots\cdots+x_np_n$

となる。

DRILL ◆ドリル◆

1 5本の当たりくじを含む15本のくじの中から，AさんとBさんがこの順に1本ずつ引くとき，次の確率を求めなさい。ただし，引いたくじはもどさないものとする。

(1) Aさんが当たる確率

(2) AさんもBさんも当たる確率

(3) Aさんがはずれ，Bさんが当たる確率

(4) Bさんが当たる確率

2 6本の当たりくじを含む20本のくじの中から，AさんとBさんがこの順に1本ずつ引くとき，次の確率を求めなさい。ただし，引いたくじはもどさないものとする。

(1) Aさんがはずれる確率

(2) AさんもBさんもはずれる確率

(3) Aさんが当たり，Bさんがはずれる確率

(4) Bさんがはずれる確率

3 白玉2個，黒玉4個の計6個が入っている袋から1個の玉を取り出し，白玉が出れば90点，黒玉が出れば30点となるゲームをする。このとき，得点の期待値を求めなさい。

4 大小2個のさいころを同時に投げ，出た目の数の和が5の倍数のとき300円，5の倍数以外のとき120円もらえるゲームをする。このとき，もらえる金額の期待値を求めなさい。

検

まとめの問題　確率 2

1　6 個のさいころを同時に投げるとき，次の確率を求めなさい。

(1)　6 個とも偶数の目が出る確率

(2)　6 個とも 3 の倍数の目が出る確率

2　5 本の当たりくじを含む 20 本のくじの中から 1 本引いてもとにもどし，ふたたび 1 本を引くとき，次の確率を求めなさい。

(1)　2 回とも当たりくじである確率

(2)　1 回目だけ当たりくじである確率

3　1 枚の硬貨をくり返し 5 回投げるとき，次の確率を求めなさい。

(1)　表が 2 回だけ出る確率

(2)　表が 4 回だけ出る確率

4　1 から 4 までの数字が 1 つずつかかれた 4 枚のカードの中から 1 枚のカードを引いてもとにもどす。これを 4 回くり返すとき，1 のカードが 3 回以上出る確率を求めなさい。

5 右の表は，バス通学の生徒 50 人について，男子，女子，通学方法はバスのみか，バスとほかの交通機関の組合せかの数を示している。この生徒の中から 1 人を選ぶとき，「女子である」事象を A，「バスのみである」事象を B として，次の確率を求めなさい。

	バスのみ	バスと何か	計
男子	8	22	30
女子	6	14	20
計	14	36	50

(1) $P_A(B)$　　(2) $P_B(A)$　　(3) $P_{\overline{A}}(B)$

6 白玉 3 個，赤玉 6 個の計 9 個が入っている袋がある。A さんと B さんがこの順に玉を 1 個ずつ取り出すとき，「A さんが赤玉を取り出す」事象を A，「B さんが赤玉を取り出す」事象を B として，次の確率を求めなさい。ただし，取り出した玉はもどさないものとする。

(1) $P_A(B)$　　(2) $P_{\overline{A}}(B)$　　(3) $P_{\overline{A}}(\overline{B})$

7 白玉 10 個，赤玉 15 個の計 25 個が入っている袋から，C さんと D さんがこの順に玉を 1 個ずつ取り出すとき，D さんが赤玉を取り出す確率を求めなさい。ただし，取り出した玉はもどさないものとする。

8 4 本の当たりくじを含む 16 本のくじの中から，K さんと L さんがこの順に 1 本ずつ引くとき，L さんがはずれる確率を求めなさい。ただし，引いたくじはもどさないものとする。

17 三角形と線分の比

1 次の図で，$\angle x$，$\angle y$ の大きさを求めなさい。

解 $\triangle$ABE の内角の和は 180° だから

$\angle x + 110° +$ [ア] ° $= 180°$

$\angle x =$ [イ] °

$\triangle$BCD の内角と外角の関係から

$\angle y +$ [ウ] ° $= 50°$

$\angle y =$ [エ] °

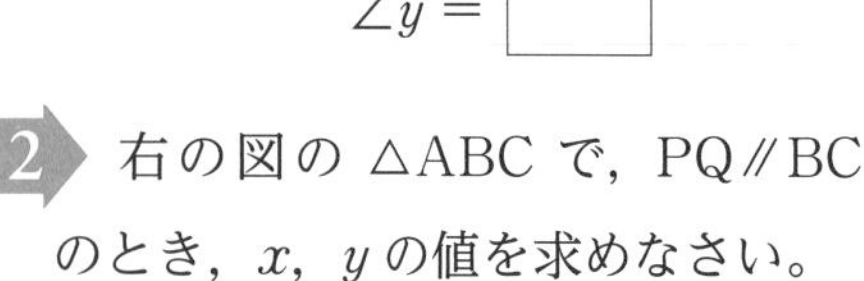

2 右の図の $\triangle$ABC で，PQ∥BC のとき，x，y の値を求めなさい。

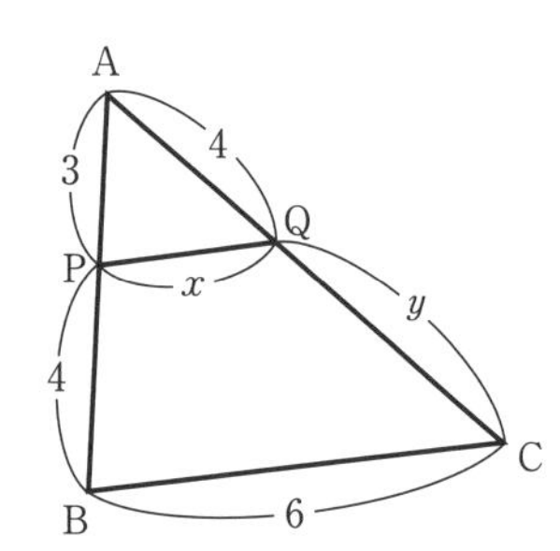

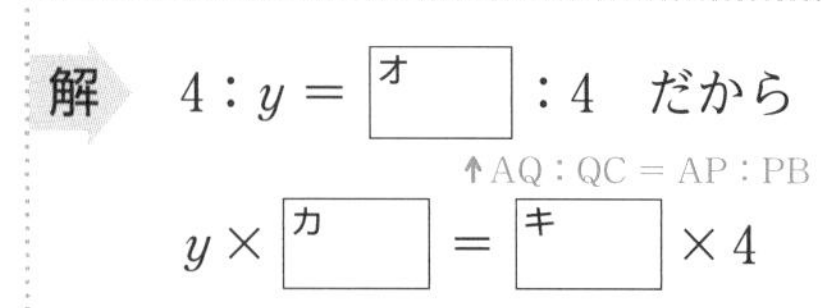

解 $4 : y =$ [オ] $: 4$　だから

↑AQ：QC＝AP：PB

$y \times$ [カ] $=$ [キ] $\times 4$

よって　$y =$ [ク]

また　$3 : (3 +$ [ケ] $) = x : 6$　だから

↑AP：AB＝PQ：BC

[コ] $\times x = 3 \times 6$

よって　$x =$ [サ]

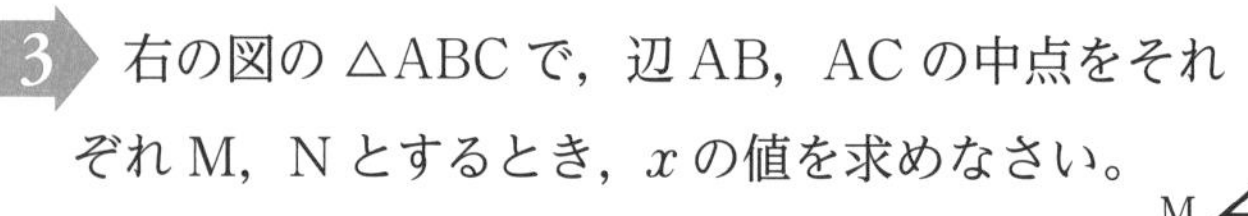

3 右の図の $\triangle$ABC で，辺 AB，AC の中点をそれぞれ M，N とするとき，x の値を求めなさい。

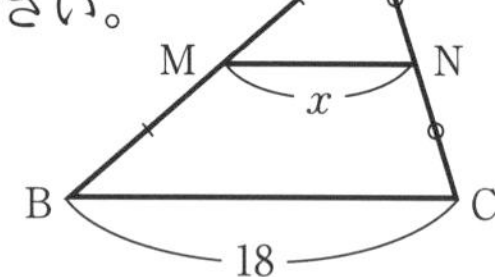

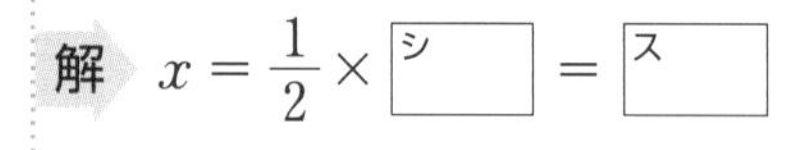

解 $x = \frac{1}{2} \times$ [シ] $=$ [ス]

4 右の図の $\triangle$ABC で，AD が $\angle$A の 2 等分線のとき，x の値を求めなさい。

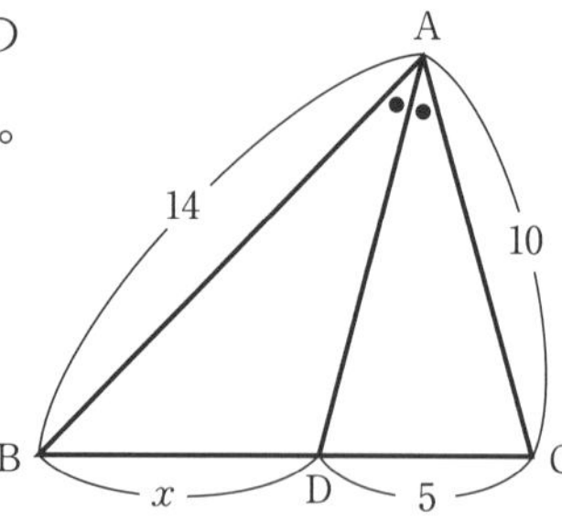

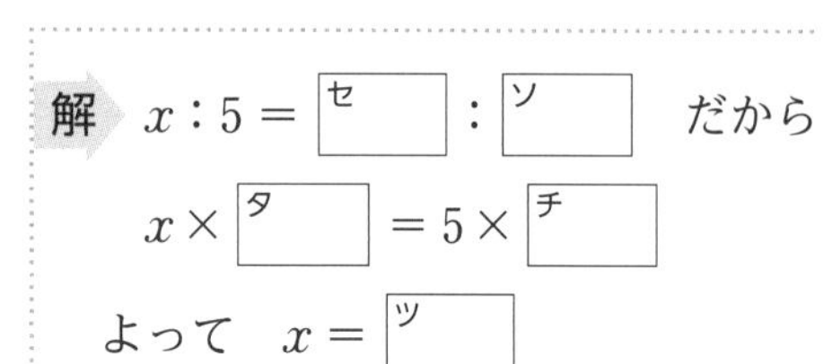

解 $x : 5 =$ [セ] ： [ソ]　だから

$x \times$ [タ] $= 5 \times$ [チ]

よって　$x =$ [ツ]

三角形の内角と外角

1. 三角形の 3 つの内角の和は 180° である。
2. 三角形の 1 つの外角は，それにとなりあわない 2 つの内角の和に等しい。

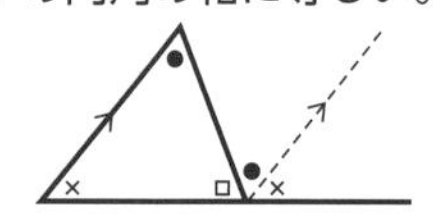

平行線と線分の比

$\triangle$ABC で，辺 AB, AC 上の点をそれぞれ P，Q とする。PQ∥BC　ならば

1. AP：PB＝AQ：QC

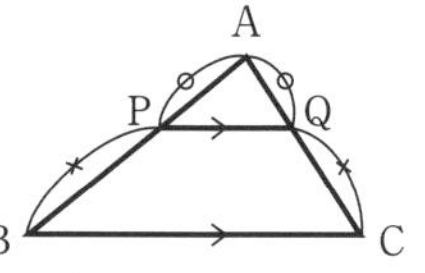

2. AP：AB＝AQ：AC
　AP：AB＝PQ：BC

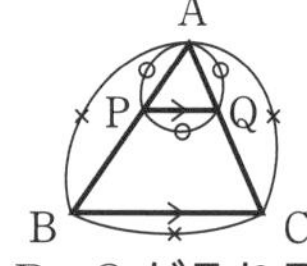

点 P，Q がそれぞれ辺 AB，AC の延長線上にあっても成り立つ。

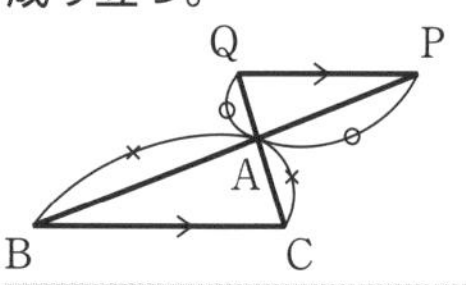

中点連結定理

$\triangle$ABC で，辺 AB，AC の中点をそれぞれ M，N とすると

MN∥BC，MN $= \frac{1}{2}$BC

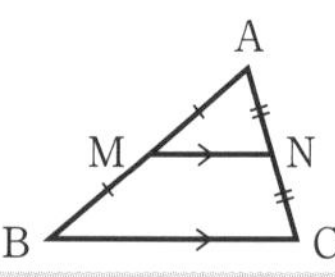

角の 2 等分線と線分の比

$\triangle$ABC で，$\angle$A の 2 等分線と辺 BC の交点を D とすると

BD：DC＝AB：AC

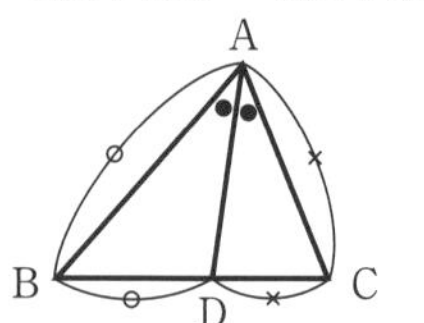

2章●図形の性質

1 次の図で，$\angle x$，$\angle y$ の大きさを求めなさい。

(1)

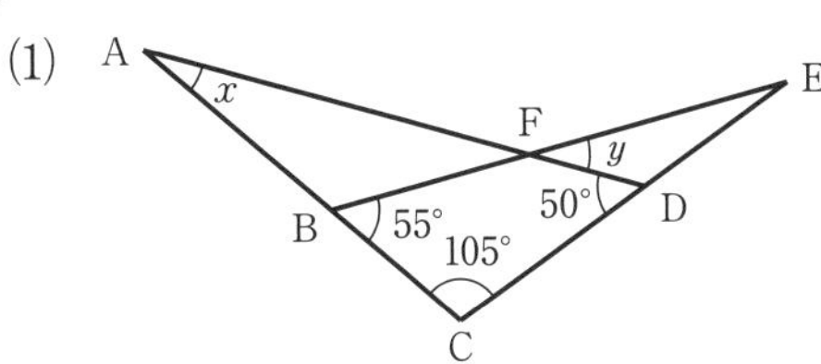

(2)

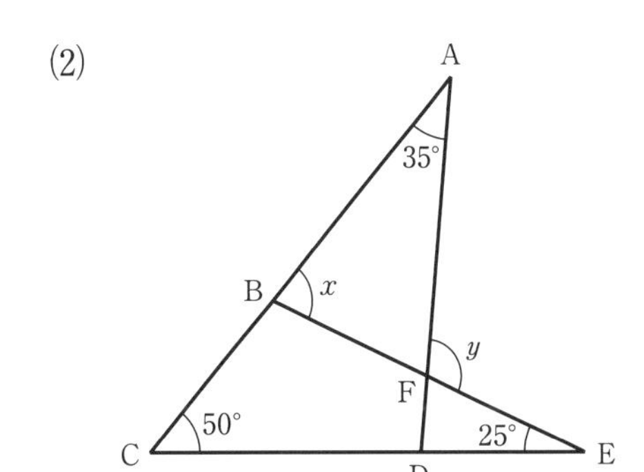

2 次の図の △ABC で，PQ∥BC のとき，x，y の値を求めなさい。

(1)

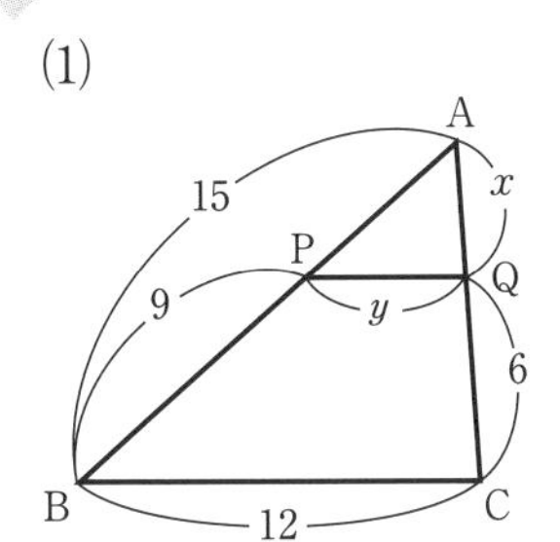

(2)

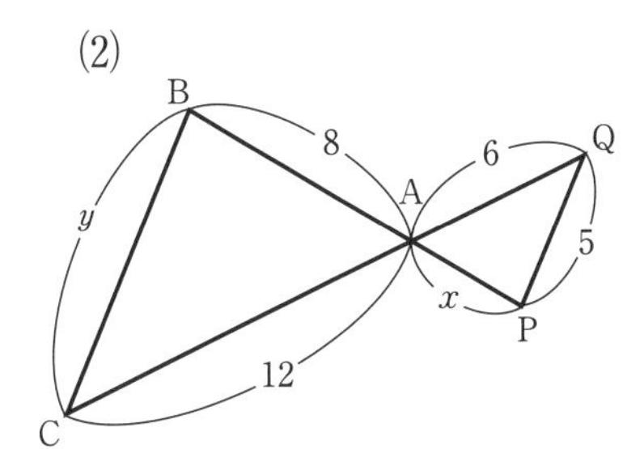

(3)

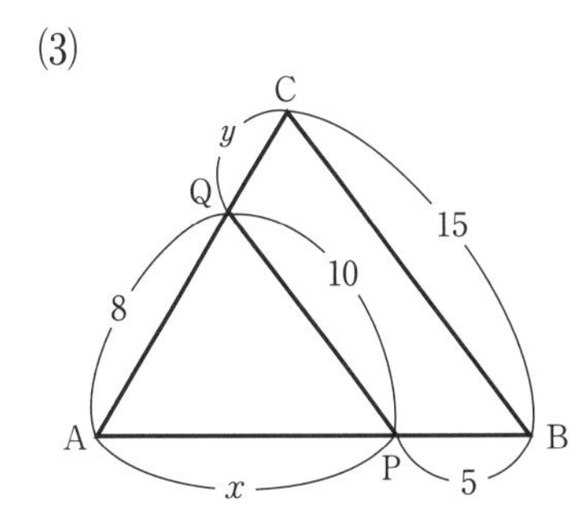

3 次の図の △ABC で，辺 AB，AC の中点をそれぞれ M，N とするとき，x の値を求めなさい。

(1)

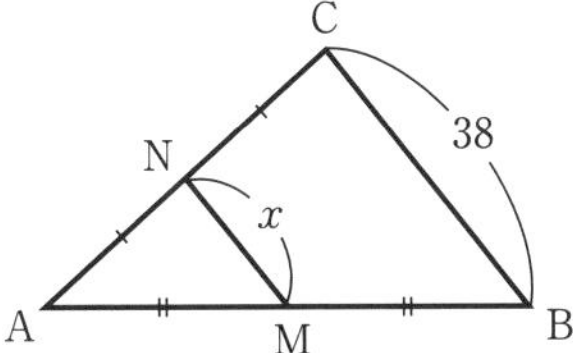

(2)

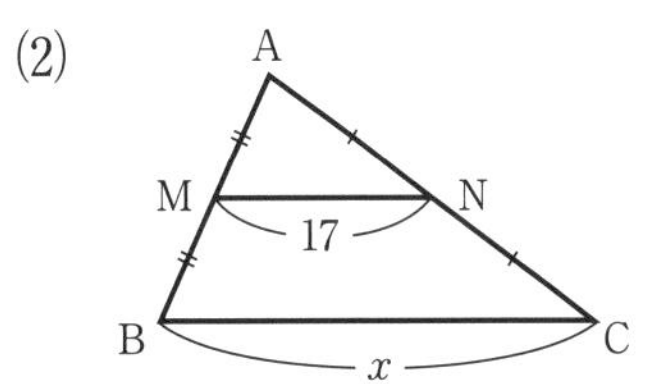

4 次の図の △ABC で，AD が ∠A の 2 等分線のとき，x の値を求めなさい。

(1)

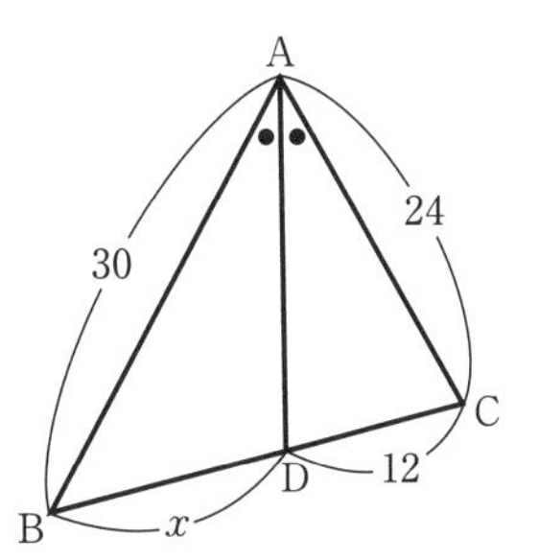

(2)

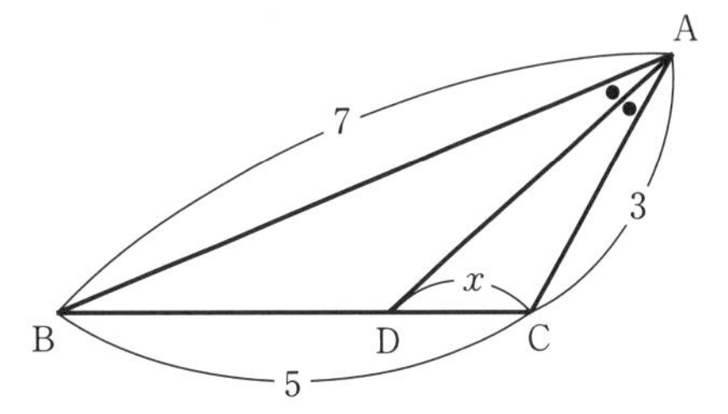

18 三角形の外心・内心・重心

1 右の図の △ABC で，点 O が外心のとき，∠x の大きさを求めなさい。

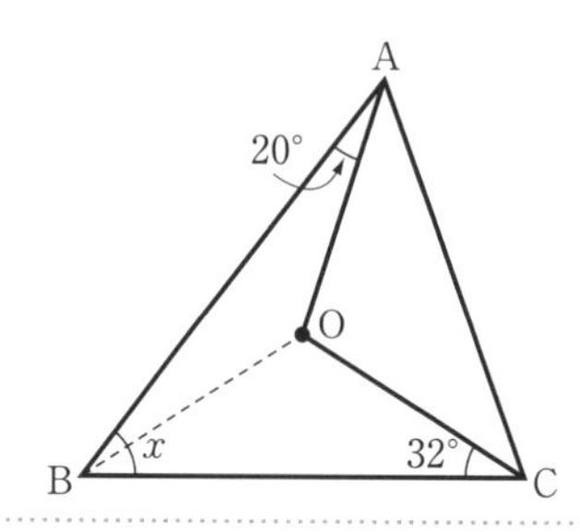

解 OA，OB，OC は外接円の半径だから

OA ＝ OB ＝ ［ア］

よって，△OBC，△OAB は，［イ］三角形 だから

∠OBC ＝ ∠OCB ＝ ［ウ］°

∠OBA ＝ ∠OAB ＝ ［エ］°

したがって， ∠x ＝ ∠OBC ＋ ∠OBA

＝ ［オ］° ＋ 20° ＝ ［カ］°

2 右の図の △ABC で，点 I が内心のとき，∠x の大きさを求めなさい。

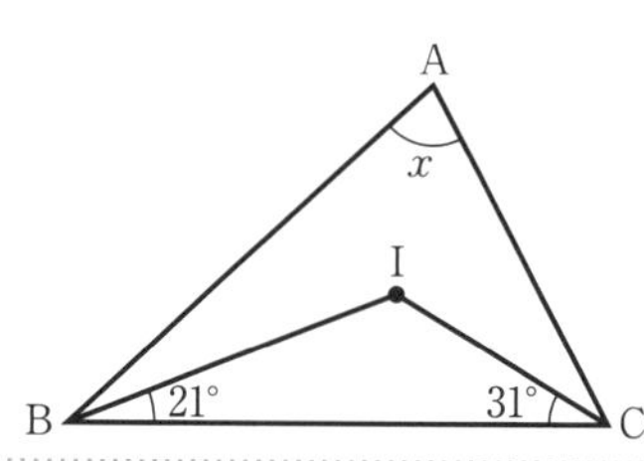

解 BI，CI はそれぞれ ∠B，∠C の 2 等分線だから

∠ABC ＝ 2 × ［キ］° ＝ ［ク］°

∠ACB ＝ 2 × ［ケ］° ＝ ［コ］°

△ABC の内角の和は 180° だから

∠x ＝ 180° −（∠ABC ＋ ∠ACB）

＝ 180° −（［サ］° ＋ ［シ］°）

＝ ［ス］°

3 右の図の △ABC で，点 G が重心のとき，BD，GD の長さを求めなさい。

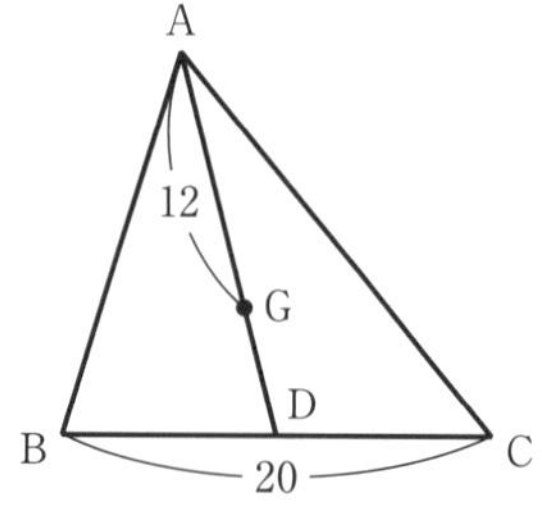

解 点 D は BC の中点だから BD ＝ ［セ］

AG：GD ＝ 2：1 だから GD ＝ $\frac{1}{2}$AG ＝ ［ソ］

三角形の外心

△ABC の 3 辺の垂直 2 等分線は 1 点で交わる。その交点 O が △ABC の外心であり，O を中心として △ABC の外接円がかける。

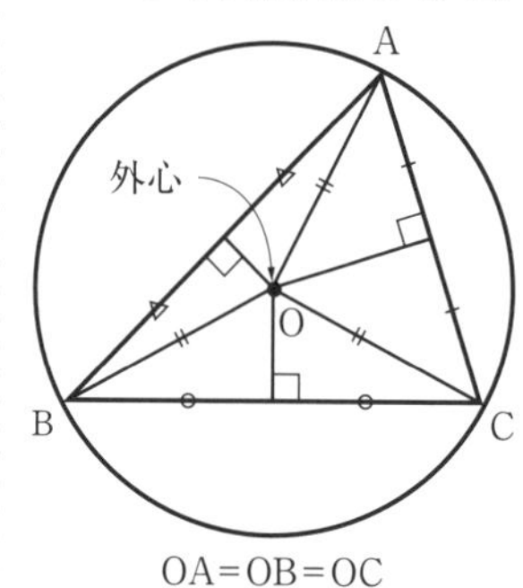

OA＝OB＝OC

三角形の内心

△ABC の 3 つの内角の 2 等分線は 1 点で交わる。
その交点 I が △ABC の内心であり，I を中心として △ABC の内接円がかける。

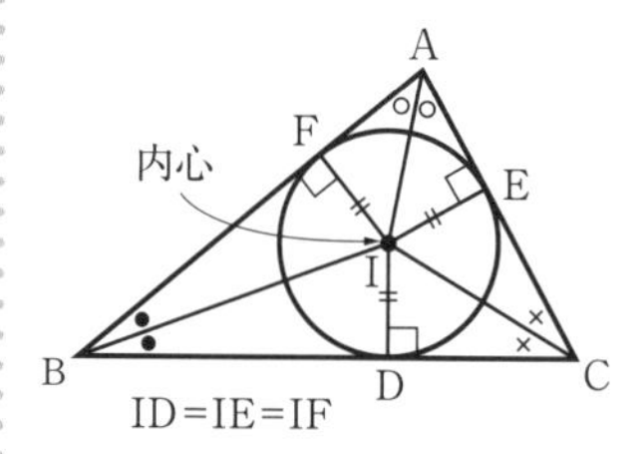

ID＝IE＝IF

中線

三角形の 1 つの頂点とその対辺の中点とを結ぶ線分を中線という。

三角形の重心

△ABC の 3 つの中線は 1 点で交わる。その交点 G が △ABC の重心であり，重心 G は，3 つの中線をそれぞれ 2：1 に分ける。

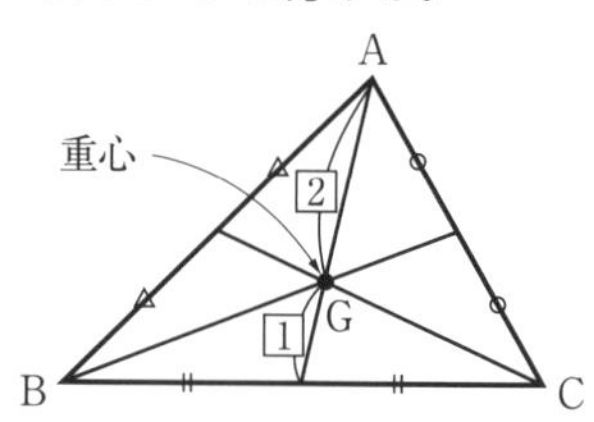

DRILL ◆ドリル◆

1 次の図の △ABC で，点 O が外心のとき，$\angle x$ の大きさを求めなさい。

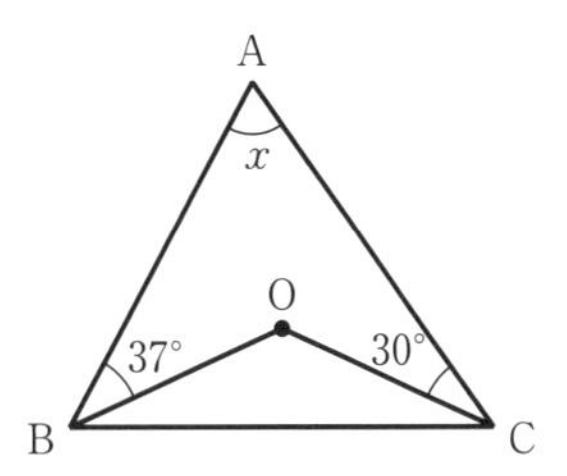

2 次の図の △ABC で，点 O が外心のとき，$\angle x$，$\angle y$ の大きさを求めなさい。

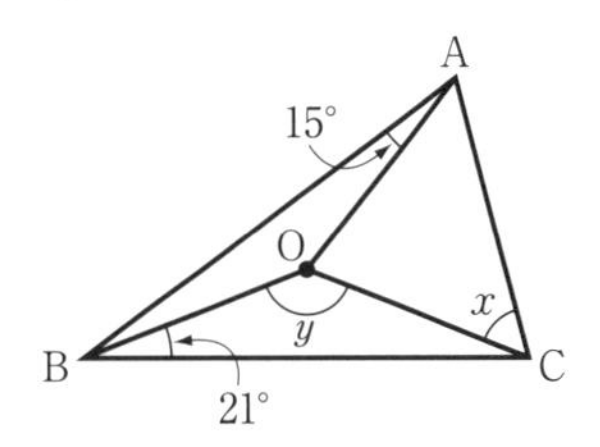

3 次の図の △ABC で，点 I が内心のとき，$\angle x$ の大きさを求めなさい。

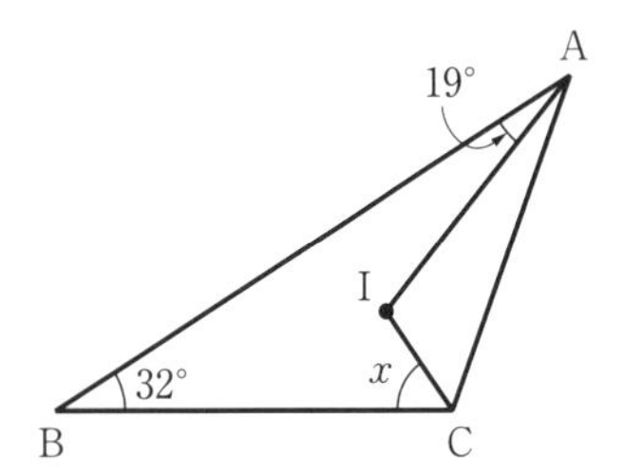

4 次の図の △ABC で，点 I が内心のとき，$\angle x$，$\angle y$ の大きさを求めなさい。

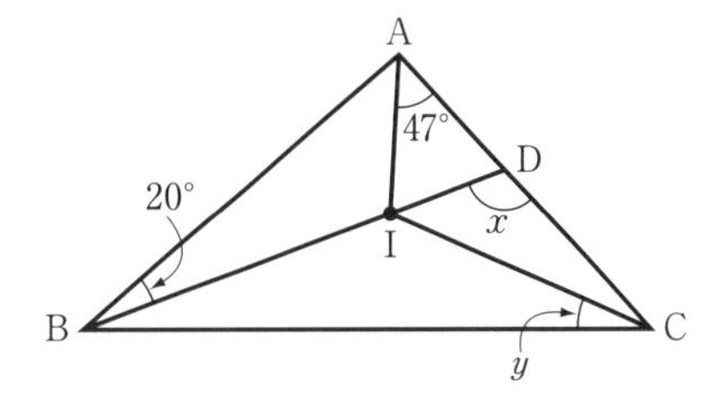

5 右の図の △ABC で，点 G が重心のとき，次の長さを求めなさい。

(1)　BD　　(2)　EC

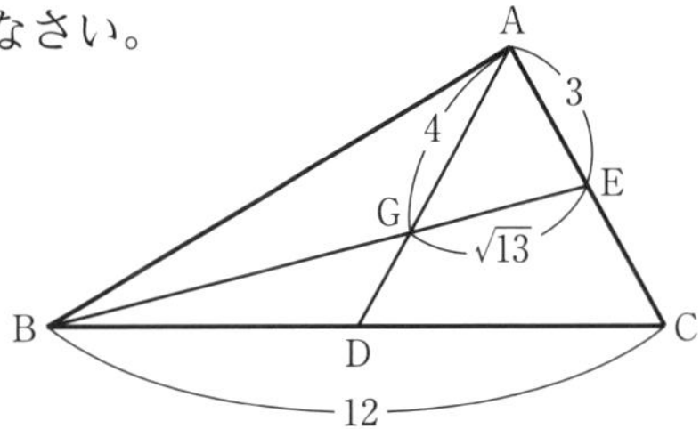

(3)　GD　　(4)　BG

検

19 円周角・円と四角形・円の接線

1 右の図で，$\angle x$，$\angle y$ の大きさを求めなさい。

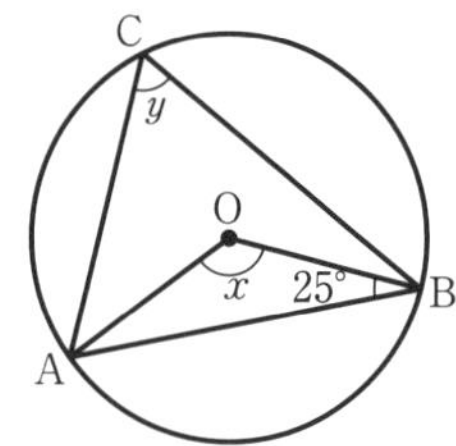

解 △OAB は，円 O の半径を 2 辺とする 2 等辺三角形だから，

$\angle x = $ ア $° - $ イ $\times 25° = $ ウ $°$ ←$\angle x$ は円 O の中心角

$\angle y = \dfrac{1}{2} \times $ エ $° = $ オ $°$ ←$\angle y$ は円 O の円周角

2 右の図で，$\angle x$，$\angle y$ の大きさを求めなさい。

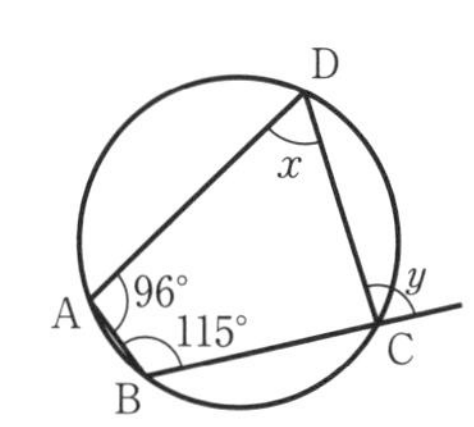

解 $\angle x + $ カ $° = 180°$ だから

$\angle x = 180° - $ キ $° = $ ク $°$

また　$\angle y = $ ケ $°$

3 右の図で，AT が円 O の接線のとき，$\angle x$ の大きさを求めなさい。

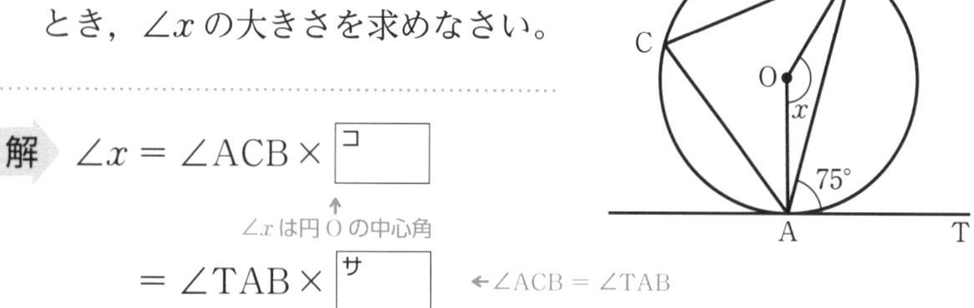

解 $\angle x = \angle ACB \times $ コ

↑ $\angle x$ は円 O の中心角

$= \angle TAB \times $ サ ←$\angle ACB = \angle TAB$

$= $ シ $°$

4 右の図の円 O は △ABC の内接円で，D，E，F はその接点である。x の値を求めなさい。

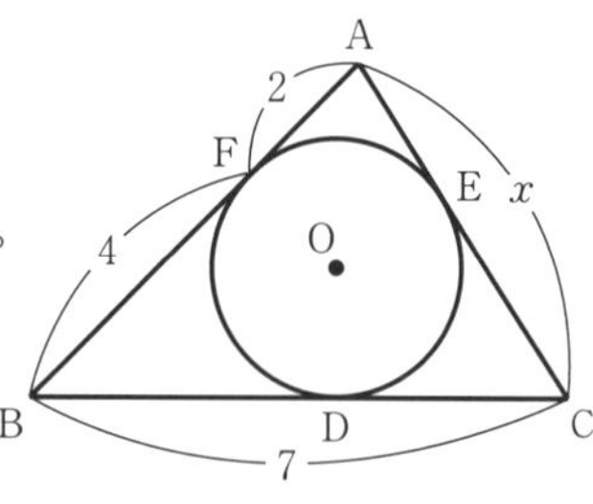

解 BD = BF = 4，AE = AF = ス

CE = CD = BC − BD = 7 − セ = ソ

よって　x = AE + EC = タ + チ = ツ

円周角の定理

1 つの弧に対して

1. 円周角の大きさは，中心角の大きさの半分である。
2. 円周角の大きさはすべて等しい。

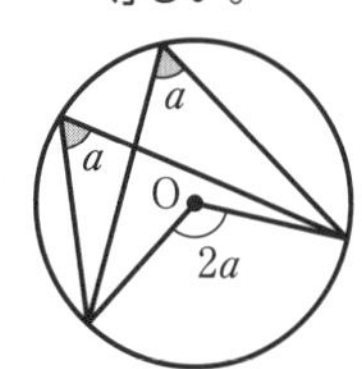

円に内接する四角形

円に内接する四角形において

1. 1 組の対角の和は 180° である。
2. 1 つの内角は，その対角にとなりあう外角に等しい。

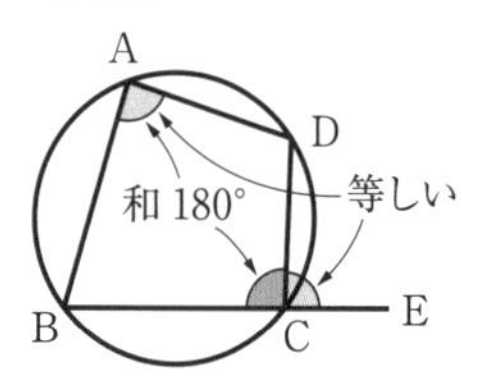

$\angle BAD = \angle DCE$

接線と弦のつくる角

円周上の点 A における接線を AT，弧 AB に対する円周角を $\angle ACB$ とすると

$\angle TAB = \angle ACB$

接線の長さ

円の外部の点 P から円に 2 本の接線を引き，接点を A，B とすると

PA = PB

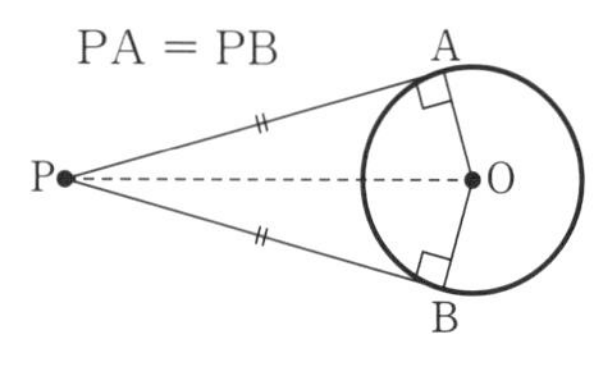

DRILL ◆ドリル◆

1 次の図で，$\angle x$，$\angle y$ の大きさを求めなさい。

(1)

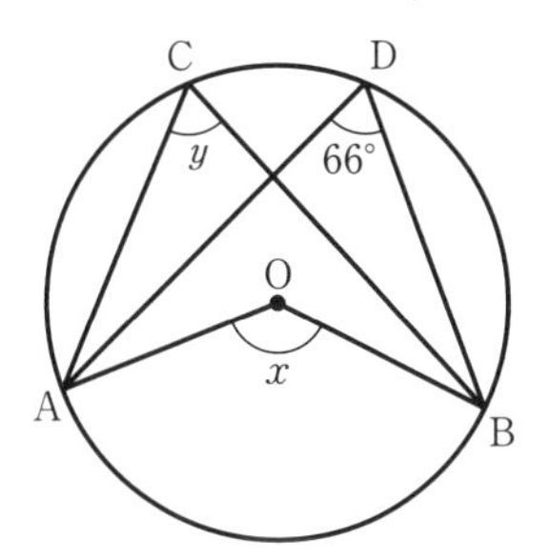

(2)

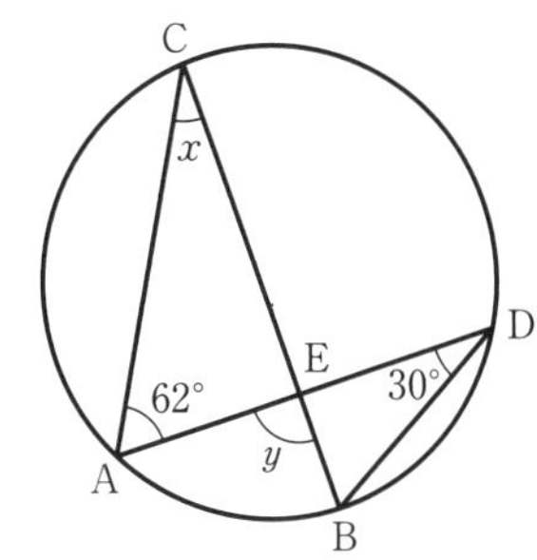

(3)

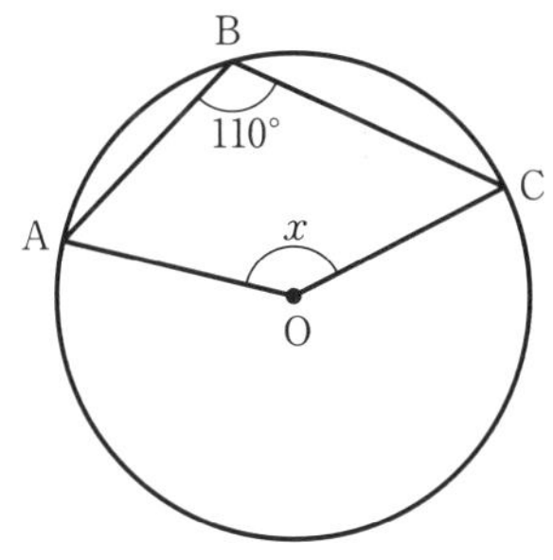

(4)

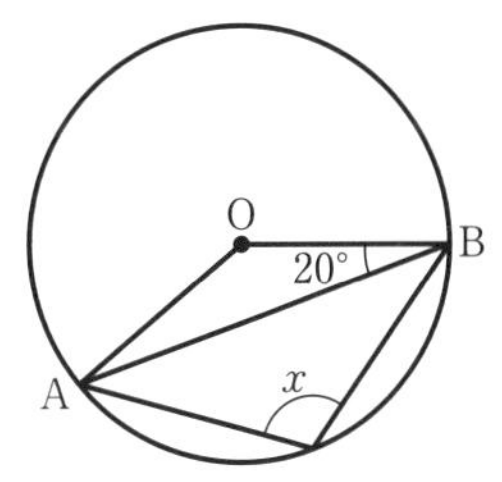

2 次の図で，$\angle x$，$\angle y$ の大きさを求めなさい。

(1)

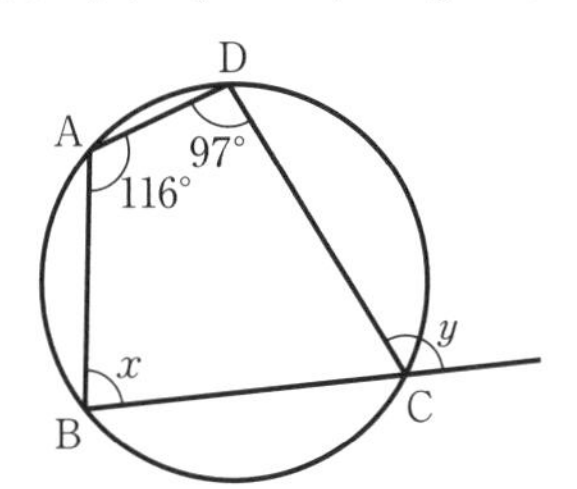

(2)

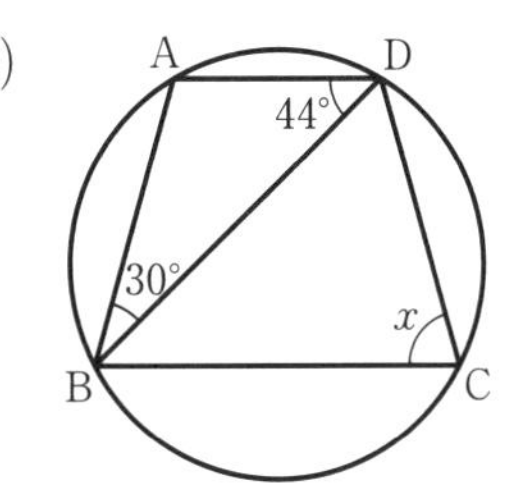

3 次の図で，PT が円 O の接線のとき，$\angle x$，$\angle y$ の大きさを求めなさい。

(1)

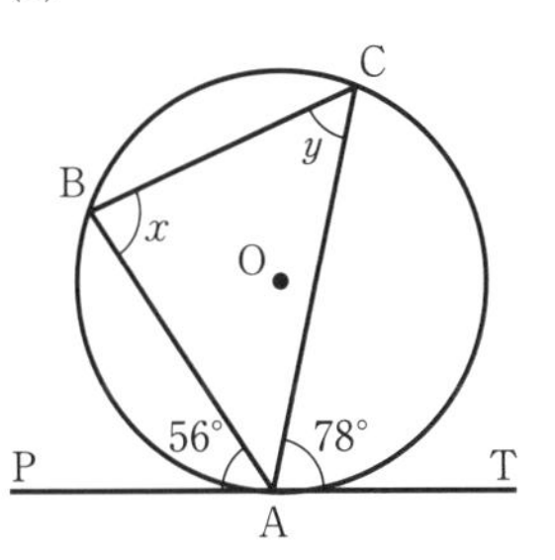

(2)

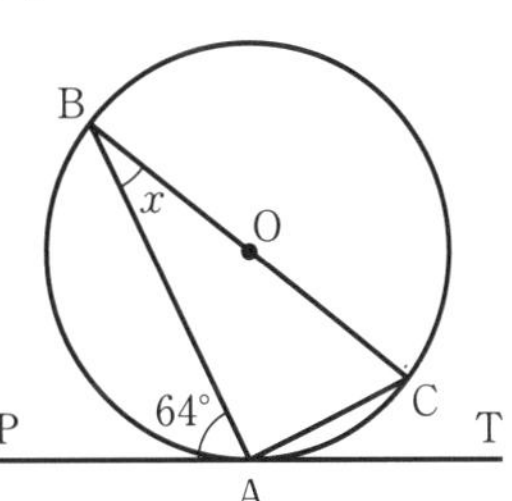

4 次の図の円 O は △ABC の内接円で，D，E，F はその接点である。x の値を求めなさい。

(1)

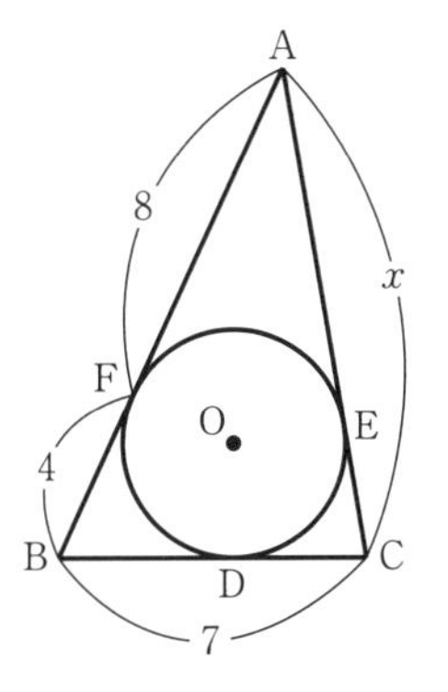

(2)

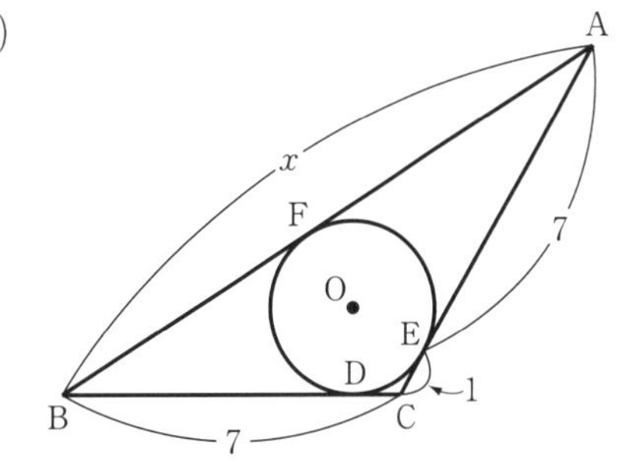

検

20 方べきの定理・2つの円

1 次の図で，x の値を求めなさい。

(1)

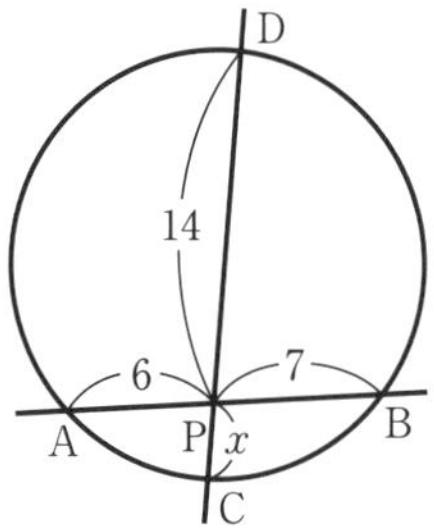

(2) PC が円の接線のとき

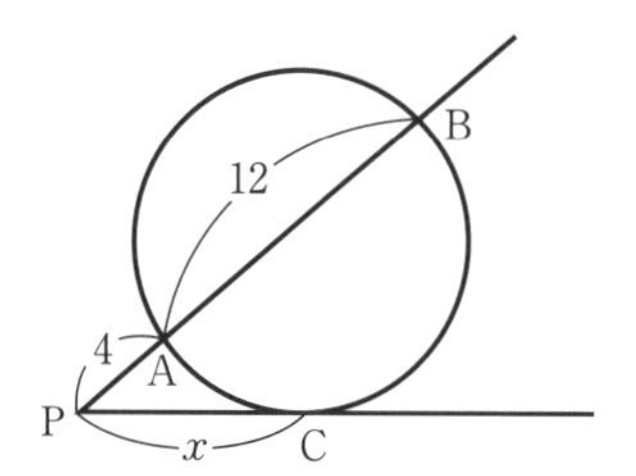

解 (1) $PA \times PB = PC \times PD$ より

$6 \times 7 = x \times$ ア□

これを解いて $x =$ イ□

(2) $PA \times PB = PC^2$ より

$4 \times ($ ウ□ $+ 12) = x^2$

$x^2 =$ エ□ ←$x = \pm 8$

$x > 0$ だから　$x =$ オ□

2 2つの円 O，O′ の半径がそれぞれ 6 cm，4 cm で，中心間の距離を d cm とするとき，次の問いに答えなさい。

(1) 2つの円が外側で接するとき，d の値を求めなさい。

(2) 2つの円が内側で接するとき，d の値を求めなさい。

(3) 2つの円が2点で交わるとき，d の値の範囲を不等号を使って表しなさい。

解 (1) $d = 6$ カ□ $4 =$ キ□

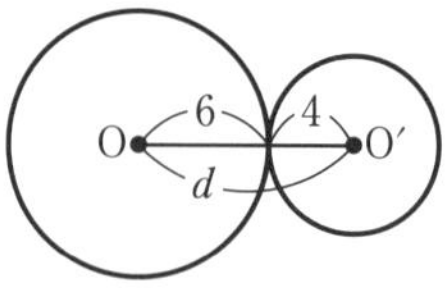

(2) $d = 6$ ク□ $4 =$ ケ□

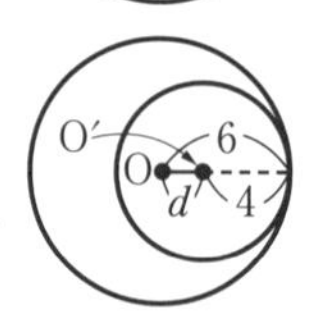

(3) $6 -$ コ□ $< d < 6 +$ サ□

シ□ $< d <$ ス□

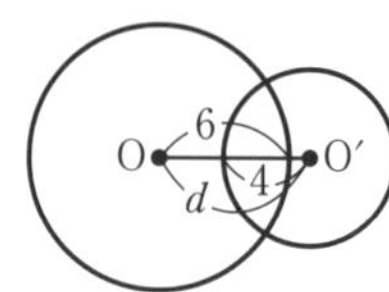

方べきの定理(1)

円周上にない点 P を通る2本の直線が円と A，B および C，D で交わるとき

$PA \times PB = PC \times PD$

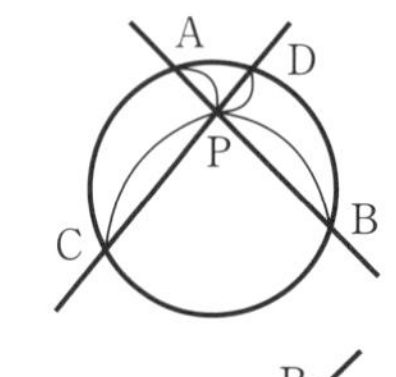

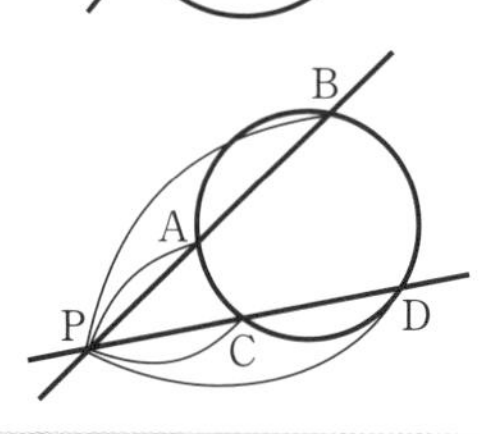

方べきの定理(2)

円の外部の点 P を通る2本の直線のうち，1本が円と2点 A，B で交わり，もう1本が点 C で円に接するとき

$PA \times PB = PC^2$

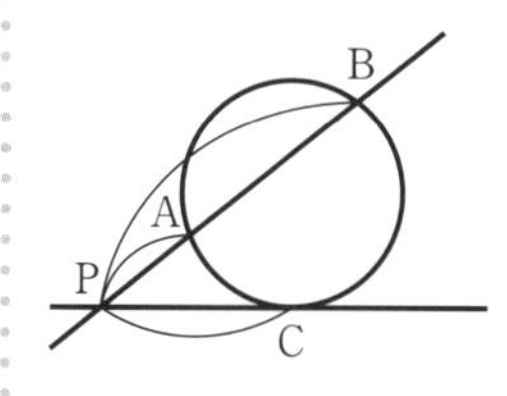

2つの円の位置関係

2つの円 O，O′ の半径を r，r' $(r > r')$，中心間の距離を d とする

(ア) 外側にある
$d > r + r'$

(イ) 外側で接する
$d = r + r'$

(ウ) 2点で交わる
$r - r' < d < r + r'$

(エ) 内側で接する
$d = r - r'$

(オ) 内側にある
$d < r - r'$

2章●図形の性質

1 次の図で，x の値を求めなさい。

(1)

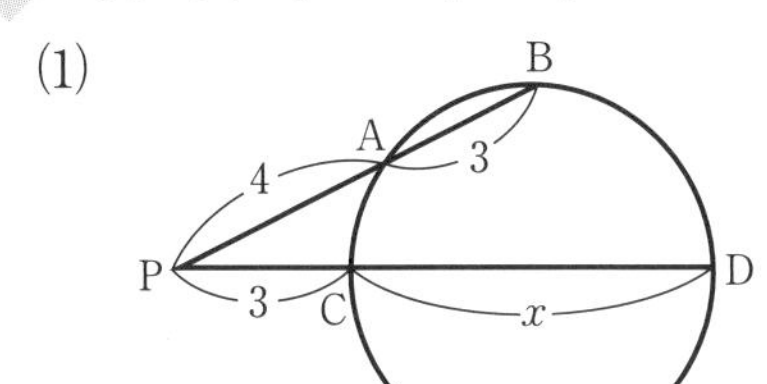

(2)

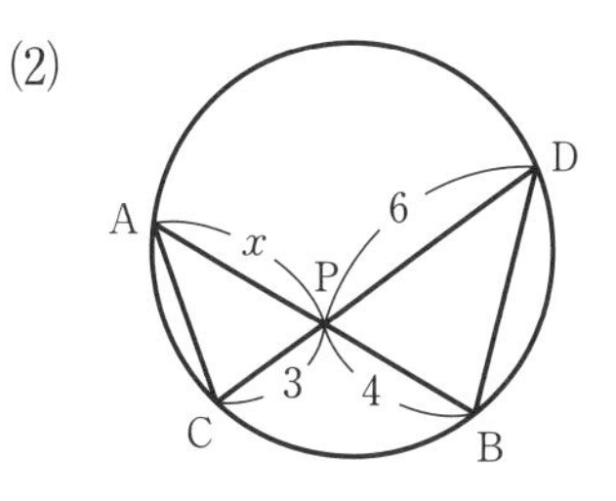

(3) PC が円の接線のとき

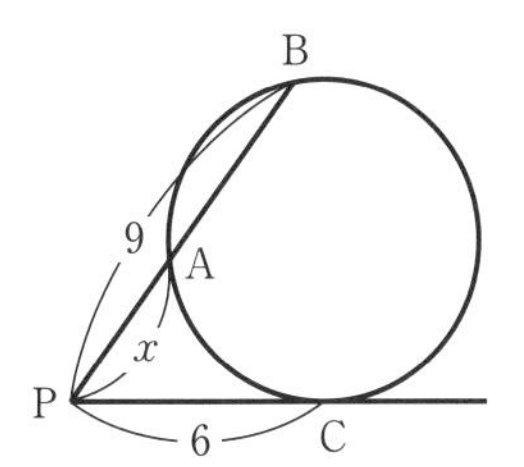

(4) PC が円の接線のとき

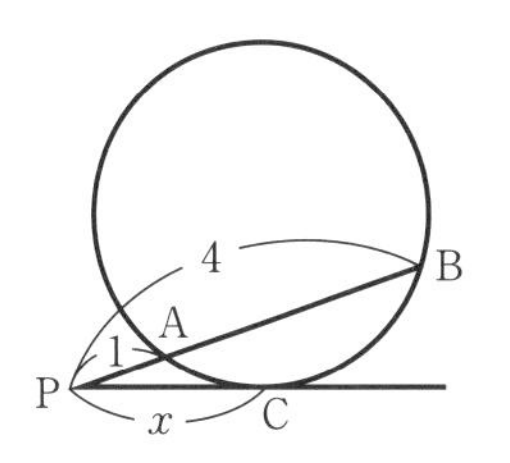

2 2 つの円 O，O′ の半径がそれぞれ 15 cm，8 cm で，中心間の距離を d cm とするとき，d の値がどのような範囲にあるとき，2 つの円 O，O′ が 2 点で交わるか，不等号を使って表しなさい。

3 半径が x cm と y cm の 2 つの円がある。この 2 つの円が外側で接しているときの中心間の距離は 9 cm で，2 つの円が内側で接しているときの中心間の距離が 5 cm である。$x > y$ として，次の問いに答えなさい。

(1) 2 つの円が外側で接しているときの x と y の関係を式で表しなさい。

(2) x と y の値を求めなさい。

検

21 基本の作図・いろいろな作図

1 次の図を順にしたがって作図しなさい。

(1)　線分 AB の垂直 2 等分線

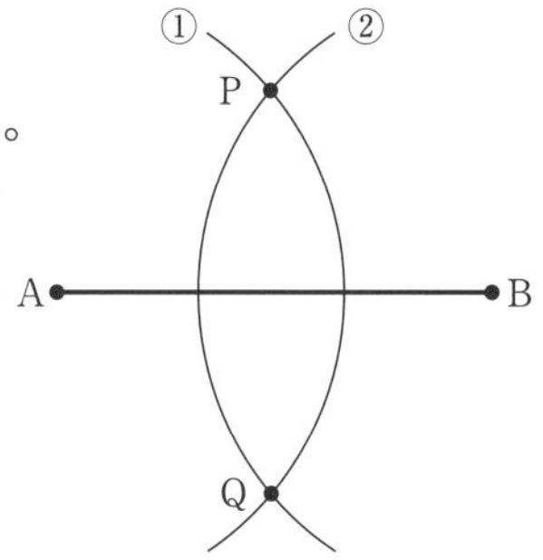

①点 A を中心として [ア] をかく。

②点 B を中心として，①でかいた円と同じ [イ] の円をかき，2 つの円の [ウ] を P，Q とする。

③点 P と点 Q を [エ] で結ぶ。

(2)　∠AOB の 2 等分線

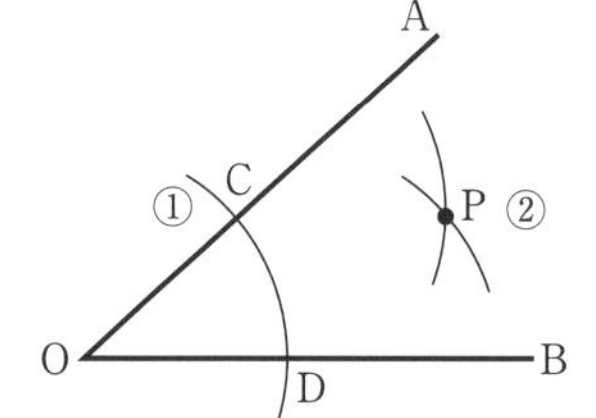

①点 O を中心として [オ] をかき，OA との [カ] を C，OB との [キ] を D とする。

②点 C，D を中心として同じ [ク] の円をかき，交点を P とする。

③点 O と点 P を [ケ] で結ぶ。

(3)　点 P を通り直線 l と平行な直線

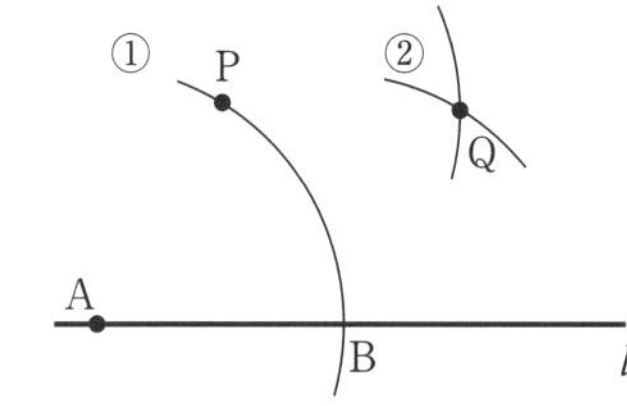

①直線 l 上に点 A をとる。点 A を中心として [コ] が AP の [サ] をかき，直線 l との交点を B とする。

②点 P，B を中心として①でかいた円と同じ [シ] の円をかき，[ス] を Q とする。

③点 P と点 Q を [セ] で結ぶ。

(4)　線分 AB を 3 等分する点

①点 A を端点として，[ソ] l を引く。点 A を中心として円をかき，l との交点を P とする。

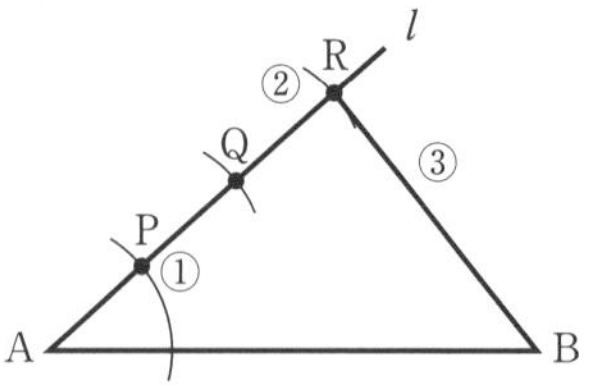

②点 P を [タ] として①でかいた円と同じ [チ] の円をかき，l との交点を Q とする。同様にして，点 [ツ] を中心として同じ半径の円をかき，l との交点を R とする。

③線分 RB を引き，P，Q から RB に [テ] な直線を引いて，線分 AB との交点をそれぞれ C，D とする。

作図のしかた

平面図形の作図で許されるのは，

①定規を用いて，与えられた 2 点を通る直線を引くこと

②コンパスを用いて，与えられた点を中心として円をかくこと

である。

作図とひし形の性質

作図はひし形の性質を利用している。ひし形は 4 辺の長さが等しい四角形である。

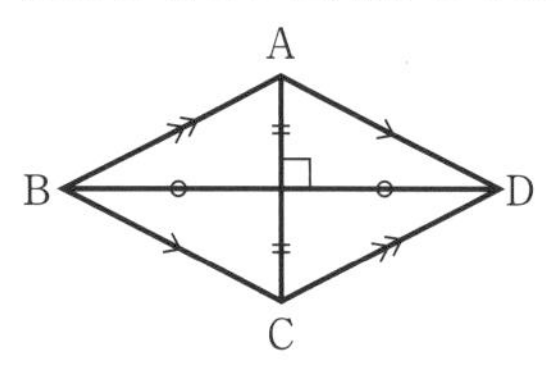

(1)では
対角線がたがいに他を垂直に 2 等分する
ことを用いている。

(2)では
対角線が頂点のそれぞれの角を 2 等分する
ことを用いている。

(3)では
ひし形の向かいあう 2 つの辺は平行である
ことを用いている。

(4)では
平行線と線分の比の性質
を用いている。

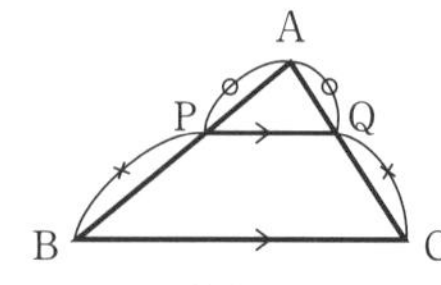

△ABC の辺 AB，AC 上の点 P，Q について

PQ∥BC　ならば

AP：PB = AQ：QC

DRILL ◆ドリル◆

1 次の図を作図しなさい。

(1) 線分 AB の垂直 2 等分線

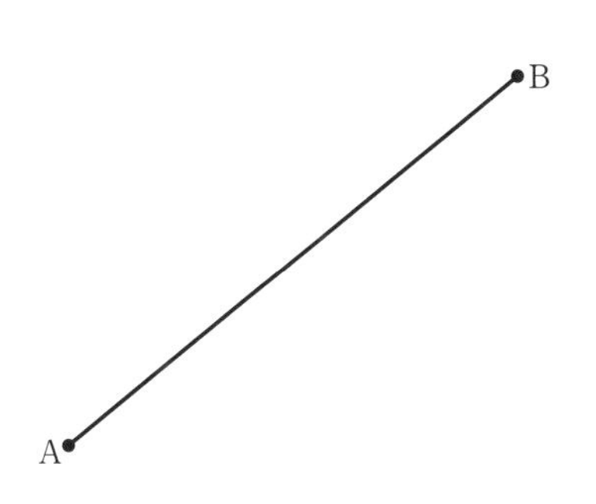

(2) 点 P から直線 l に引く垂線

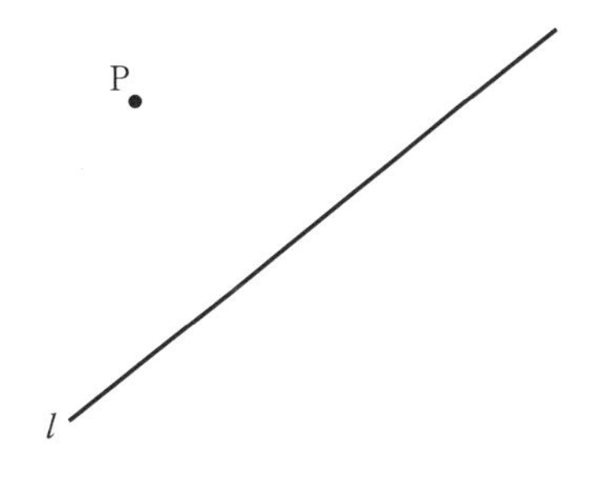

(3) ∠AOB の 2 等分線

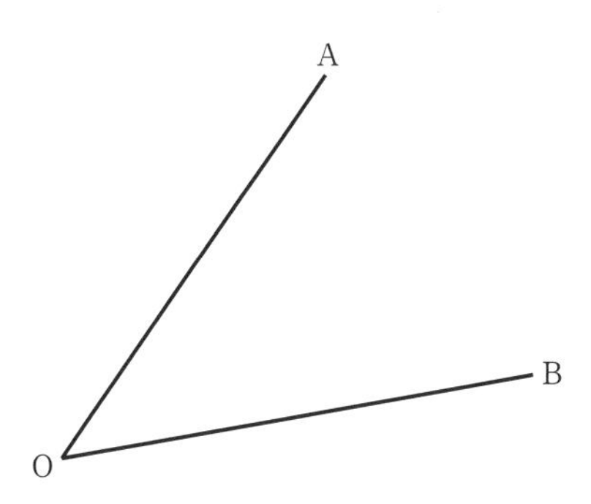

(4) 点 P を通り直線 l と平行な直線

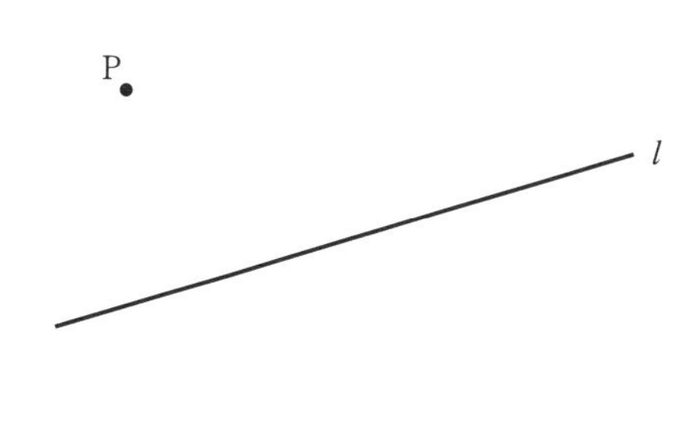

(5) 線分 AB を 3 等分する点 C，D

(6) 線分 AB で AC：CB = 3：2 となる点 C

検

22 三角形の外心・内心・重心の作図

1 次の点を作図する手順を示しなさい。

(1) △ABC の外心

①辺 AB の ア を引く。

②辺 AC の イ を引く。

③①，②の 2 直線の交点 O を求める。

この点 O が，求める ウ である。

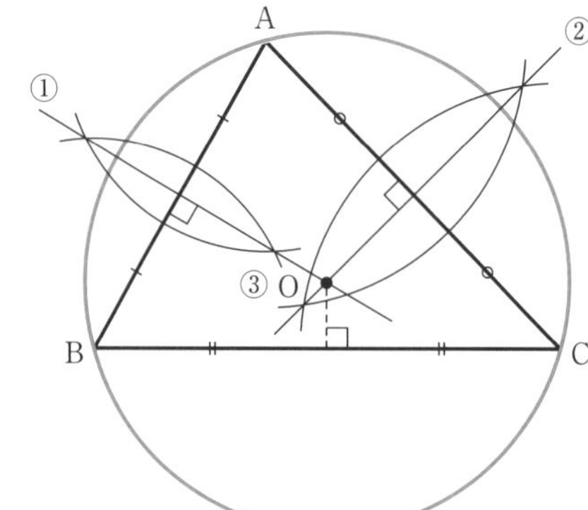

(2) △ABC の内心

①∠B の エ を引く。

②∠C の オ を引く。

③①，②の 2 直線の交点 I を求める。

この点 I が，求める カ である。

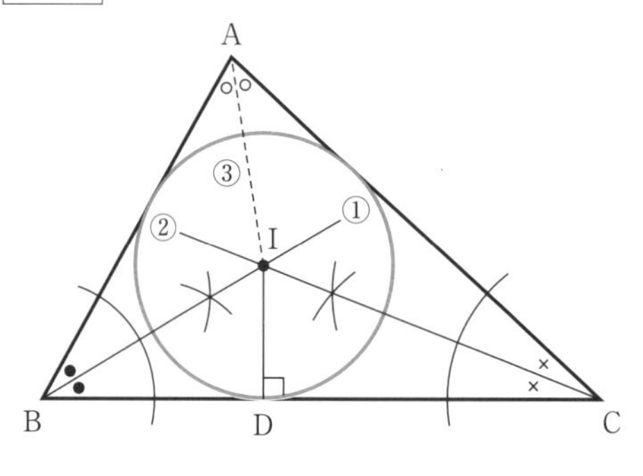

(3) △ABC の重心

①辺 BC の キ D を求め，ク AD を引く。

②辺 AC の ケ E を求め，コ BE を引く。

③中線 AD，BE の交点 G を求める。

この点 G が，求める サ である。

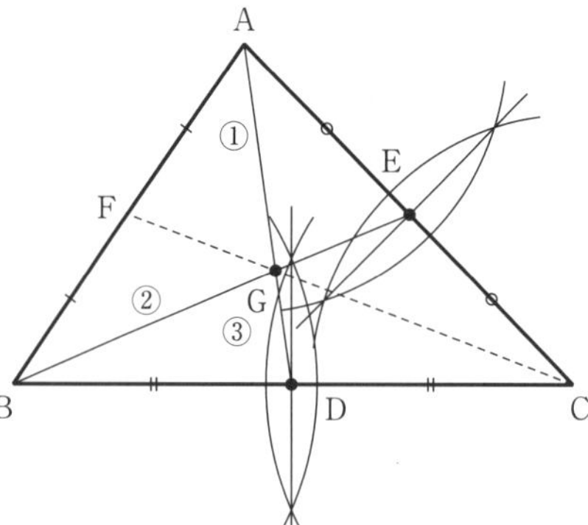

三角形の外心

△ABC の 3 辺の垂直 2 等分線は 1 点で交わる。その交点 O が △ABC の外心であり，O を中心として △ABC の外接円がかける。

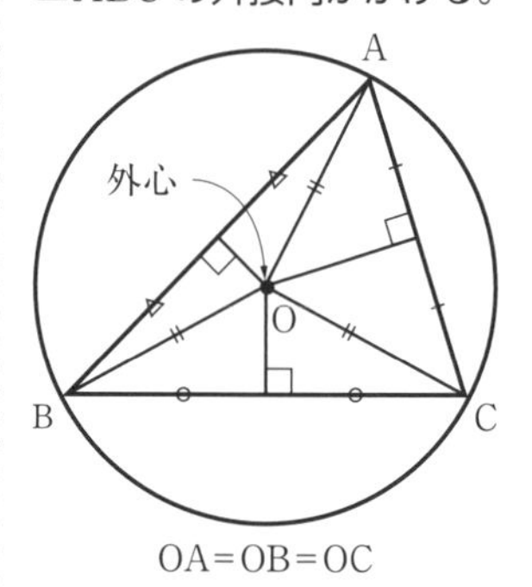

OA＝OB＝OC

三角形の内心

△ABC の 3 つの内角の 2 等分線は 1 点で交わる。その交点 I が △ABC の内心であり，I を中心として △ABC の内接円がかける。

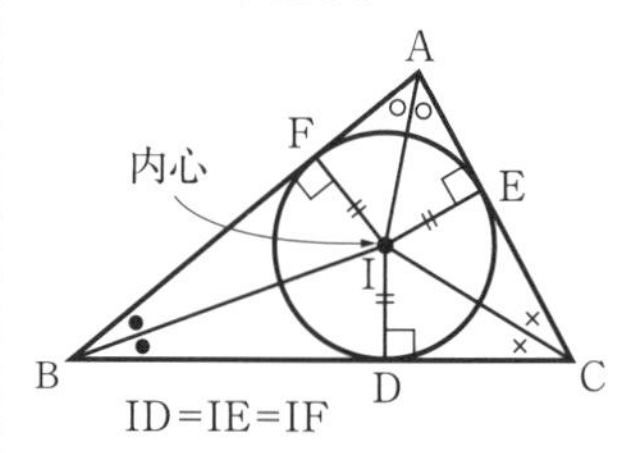

ID＝IE＝IF

三角形の重心

三角形の 1 つの頂点とその対辺の中点とを結ぶ線分が中線である。

△ABC の 3 つの中線は 1 点で交わる。その交点 G が △ABC の重心である。重心 G は，3 つの中線をそれぞれ 2：1 に分ける。

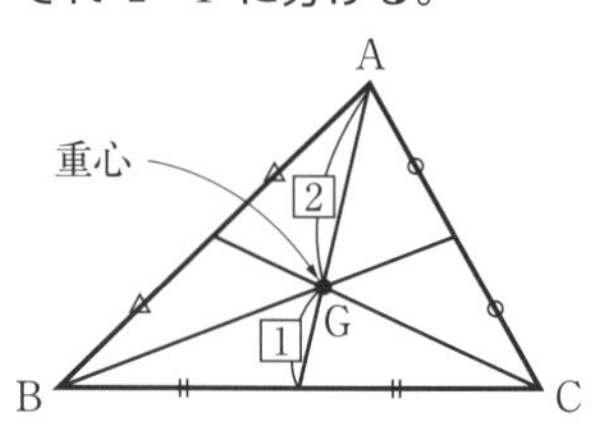

DRILL ◆ドリル◆

1 次の図の △ABC の外心を求め，外接円をかきなさい。

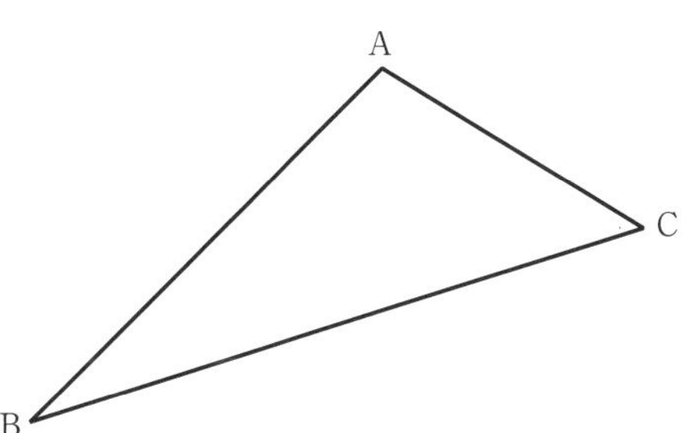

2 次の図の 3 点 A，B，C を通るような円をかきなさい。

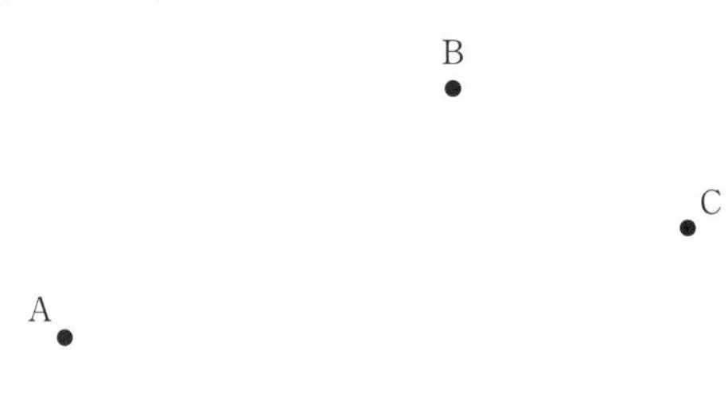

3 次の図の △ABC の内心を求め，内接円をかきなさい。

(1)

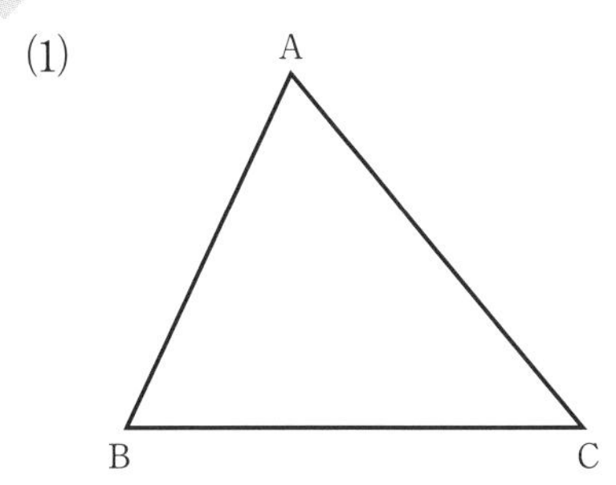

(2)

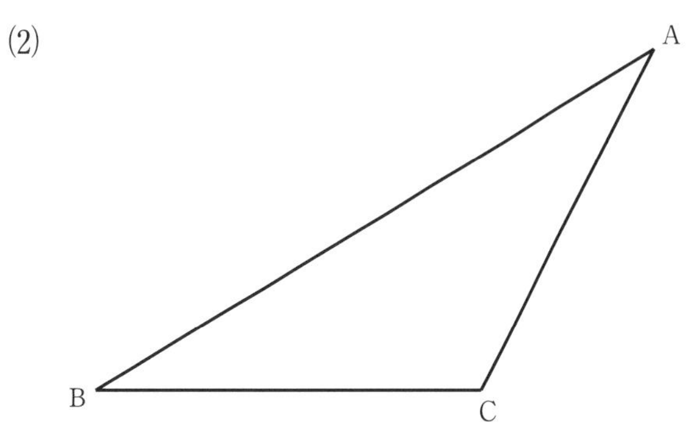

4 次の図の △ABC の重心を求めなさい。

(1)

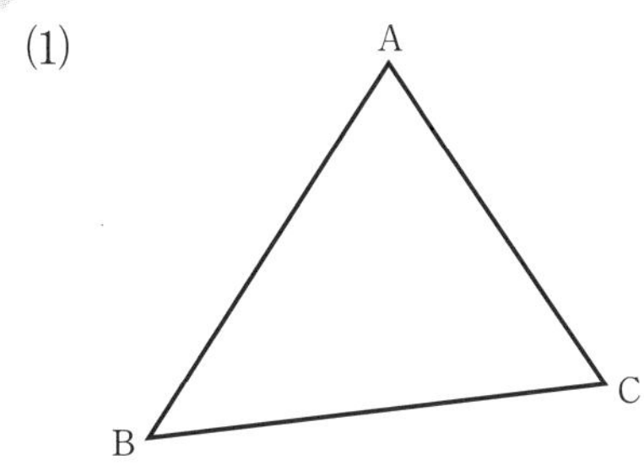

(2)

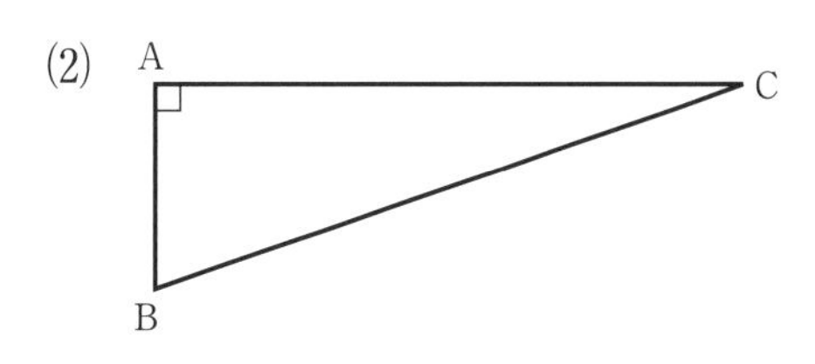

検

23 空間図形

1 右の図の立方体で，次のものを求めなさい。

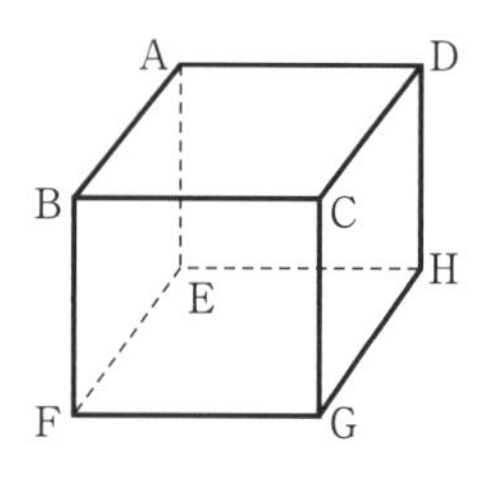

(1) 直線 AE と直線 CD のつくる角

(2) 平面 AEGC と平面 ABCD のつくる角

(3) 直線 BC と平行な平面

(4) 直線 BC と垂直な平面

解 (1) 直線 CD を直線 ア に平行移動して考えると，直線 AE と直線 CD のつくる角は イ °

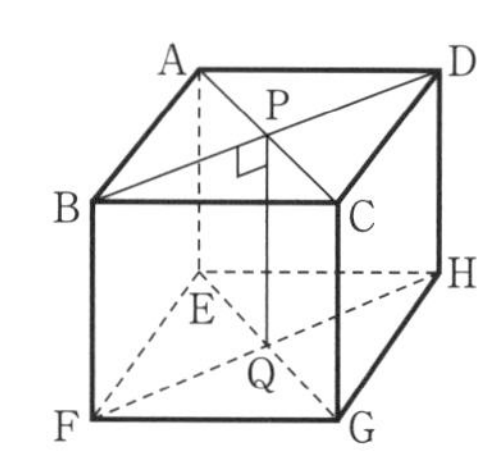

(2) ∠QPB ＝ 90° より，
平面 AEGC と平面 ABCD のつくる角は ウ °

(3) 直線 BC と平行な平面は，平面 AEHD と平面 エ

(4) BC⊥AB，BC⊥BF より，直線 BC と垂直な平面は，平面 オ 。同様に，直線 BC と平面 CGHD も垂直。

2 次の立体について，頂点の数を v，辺の数を e，面の数を f として，$v-e+f$ の値を求めなさい。

(1)

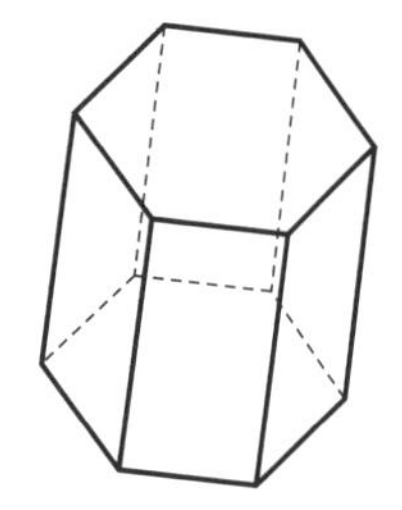

(2)

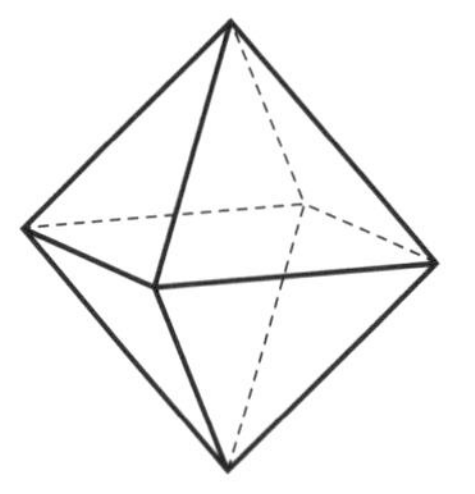

解 (1) $v=$ カ ，$e=$ キ ，$f=$ ク
よって，$v-e+f=$ ケ

(2) $v=$ コ ，$e=$ サ ，$f=$ シ
よって，$v-e+f=$ ス

平面の決定

(1) 一直線上にない 3 点
(2) 1 つの直線とその直線上にない点
(3) 交わる 2 直線
(4) 平行な 2 直線

2 直線 l，m の位置関係

(1) 交わる
(2) 平行である
(3) ねじれの位置にある

とくに，l，m のつくる角が直角のとき，$l \perp m$ で表す。

2 平面 α，β の位置関係

(1) 交わる（交線ができる）
(2) 交わらない（$\alpha /\!/ \beta$）

とくに，α，β のつくる角が直角のとき，$\alpha \perp \beta$ で表す。

直線 l と平面 α の位置関係

(1) 1 点で交わる（交点ができる）
(2) 直線が平面に含まれる
(3) 平行である（$l /\!/ \alpha$）

とくに，直線 l が，交点 A を通る平面 α 上のすべての直線と垂直であるとき，$l \perp \alpha$ で表す。

正多面体

すべての面が合同な正多角形で，各頂点に同じ数だけの面が集まっている多面体。

1. 正四面体
2. 正六面体(立方体)
3. 正八面体
4. 正十二面体
5. 正二十面体

オイラーの多面体定理

多面体の頂点の数を v，辺の数を e，面の数を f とすると

$v-e+f=2$

が成り立つ。

DRILL ◆ドリル◆

1 右の図の立方体で，次のものを求めなさい。

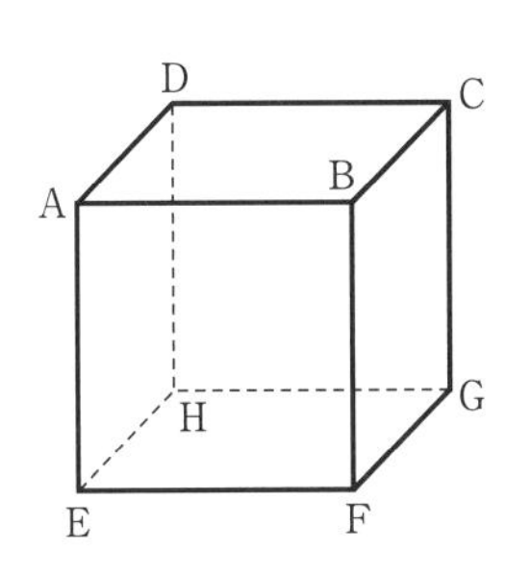

(1) 直線 CD と直線 BE のつくる角

(2) 直線 BE と直線 DG のつくる角

(3) 平面 AEFB と平面 AHGB のつくる角

(4) 平面 AEHD と平面 AHGB のつくる角

(5) 直線 EF と平行な平面

(6) 直線 EF と垂直な平面

(7) 平面 AEFB と垂直な直線

(8) 平面 ABCD と平行な直線

2 次の立体について，頂点の数を v，辺の数を e，面の数を f として，$v-e+f$ の値を求めなさい。

(1)

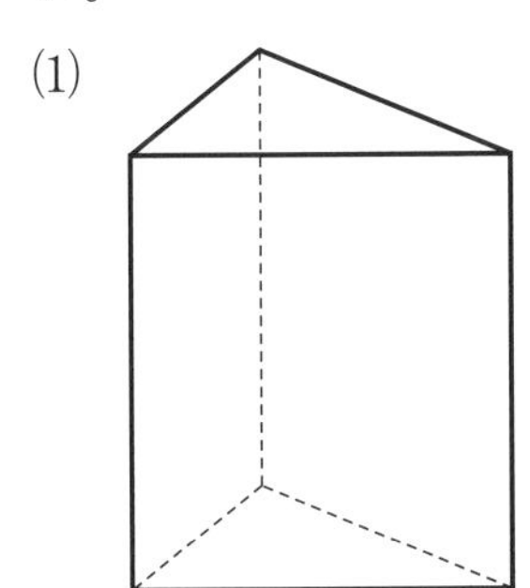

(2)

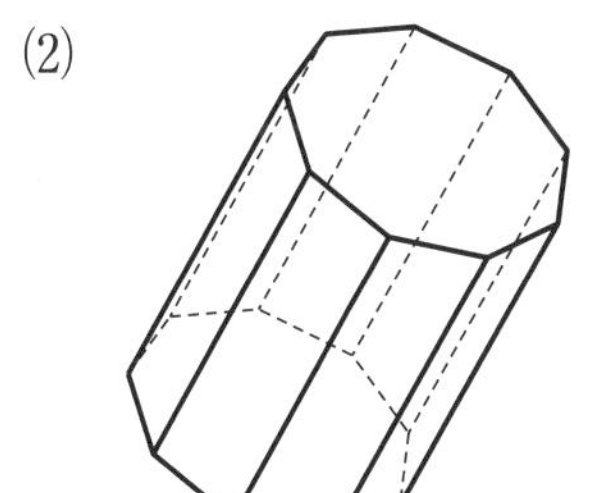

(3)

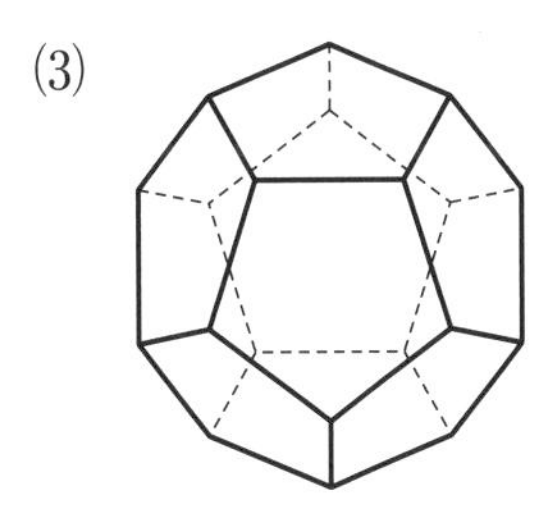

検

図形の性質

1 次の図で，PQ∥BC のとき，x の値を求めなさい。

(1)

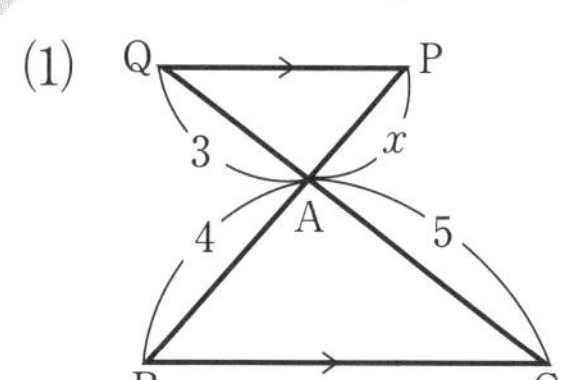

(2)

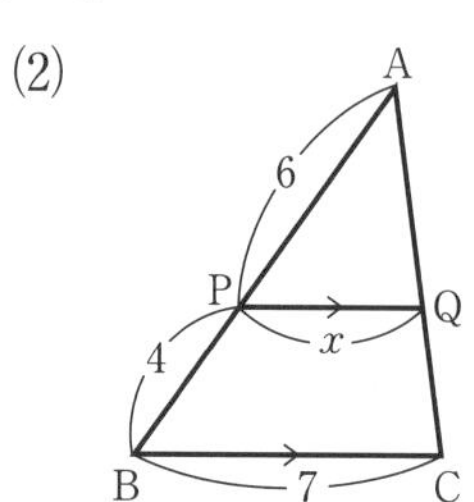

2 次の図で，AD は∠A の 2 等分線である。x の値を求めなさい。

(1)

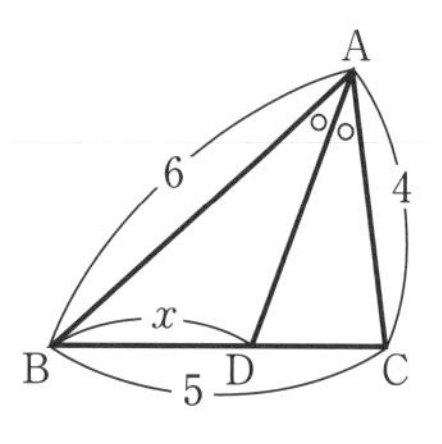

(2)

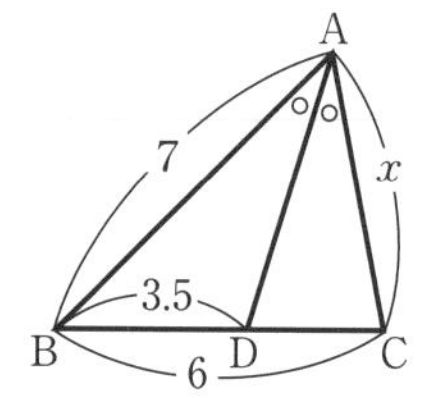

3 次の図の △ABC で，点 O が外心，点 I が内心のとき，∠x，∠y の大きさを求めなさい。

(1)

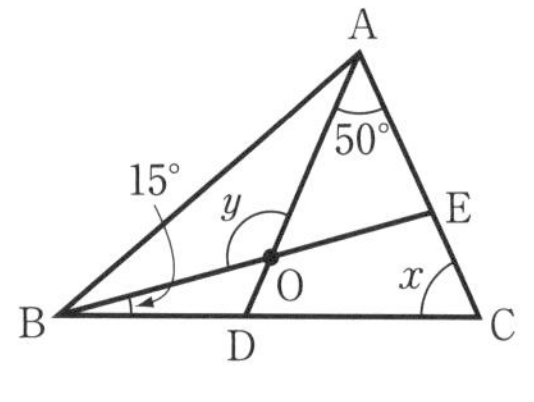

(2)

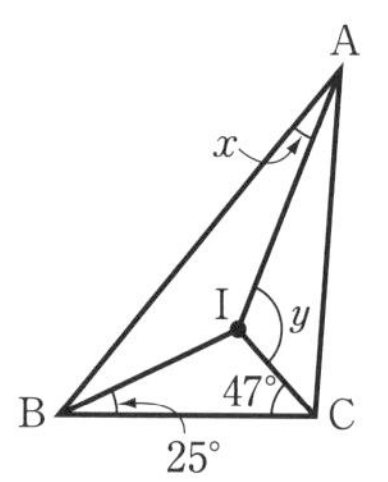

4 次の図で，点 G は △ABC の重心である。x，y の長さを求めなさい。

(1)

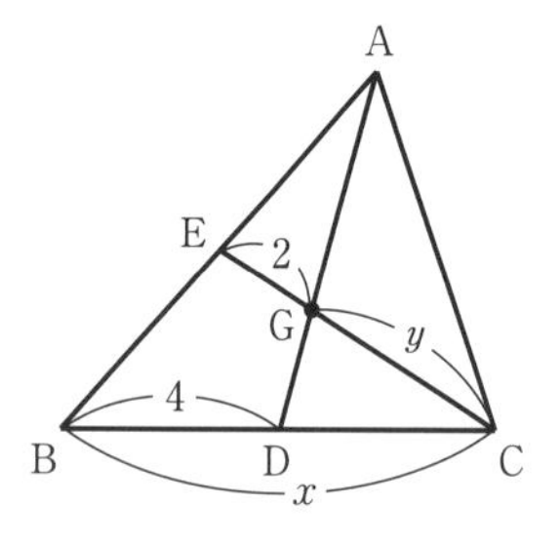

(2)

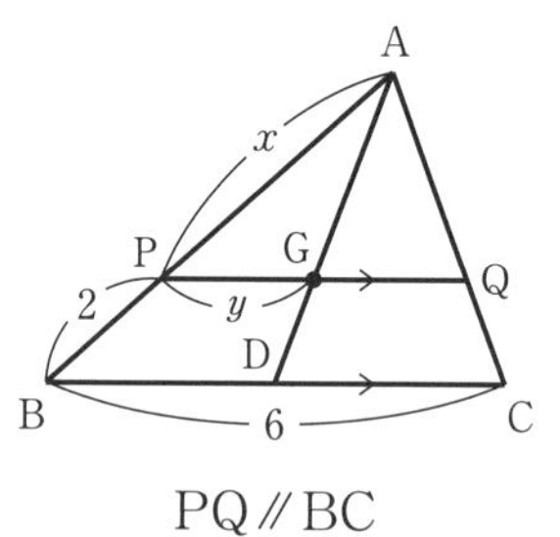

PQ∥BC

5 次の図で，∠x の大きさを求めなさい。

(1)

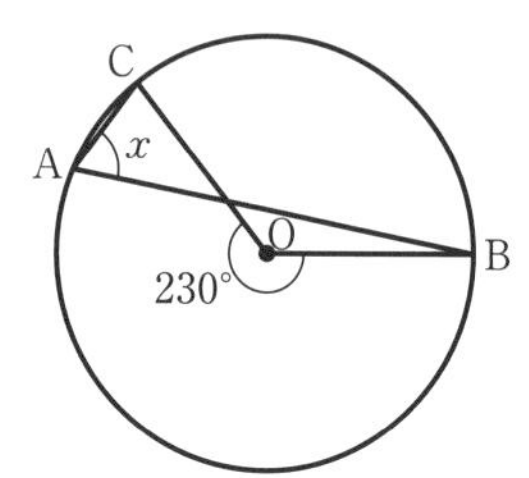

(2)

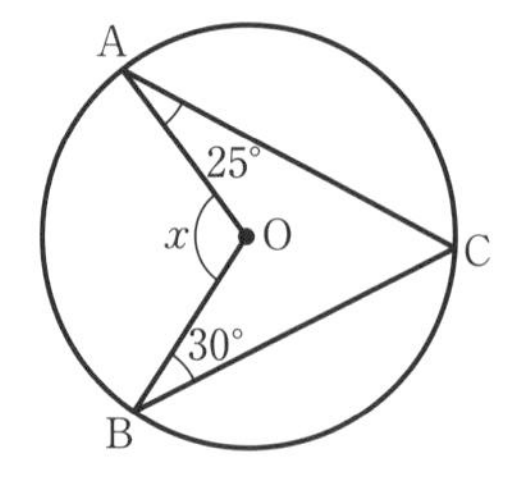

(3)

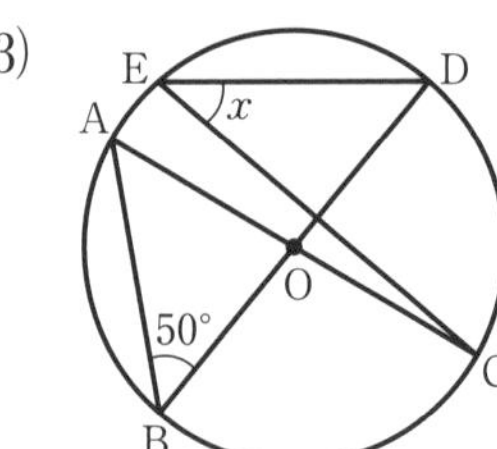

次の図で，l，m が円 O の接線のとき，$\angle x$，$\angle y$ の大きさを求めなさい。

(1)

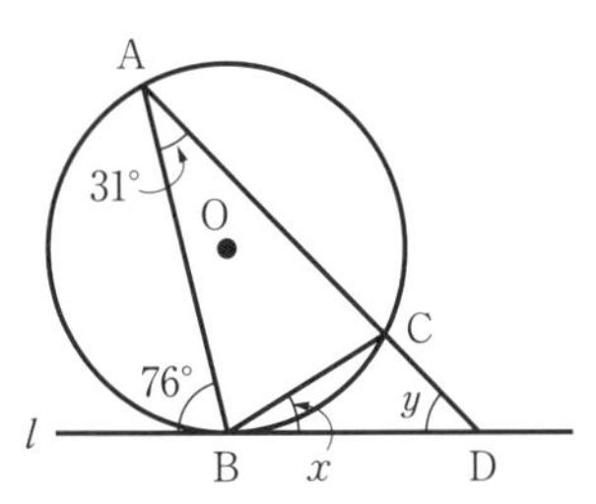

(2)

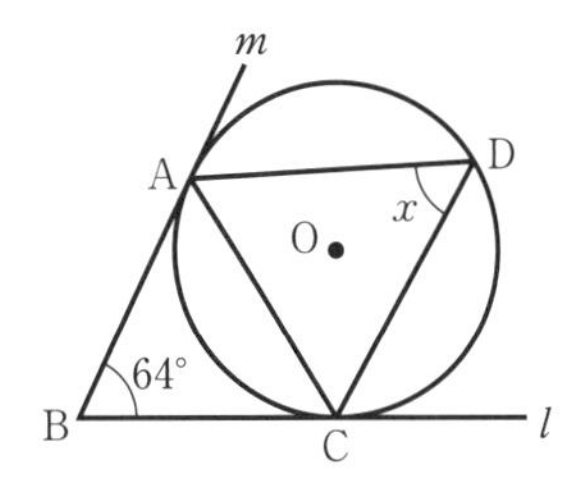

7　次の図で，$\angle x$，$\angle y$ の大きさを求めなさい。

(1)

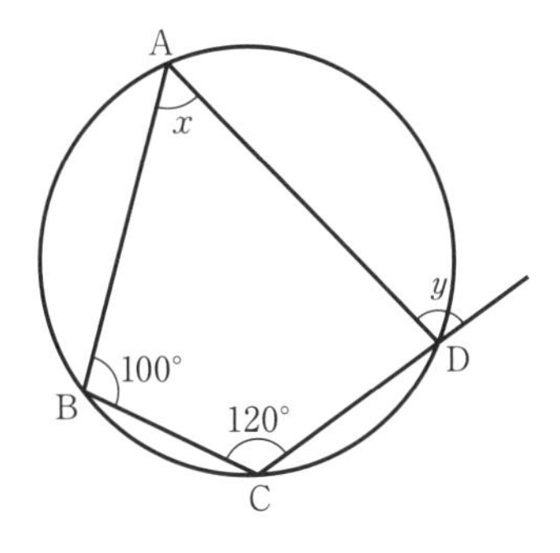

(2)

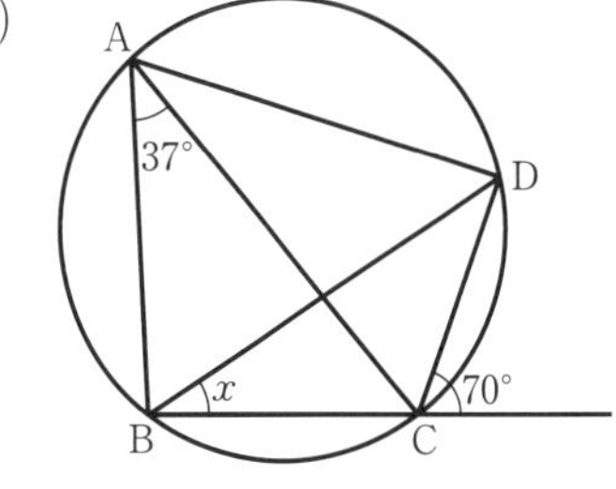

8　次の図で，x の値を求めなさい。

(1)　円 O は △ABC の内接円で，P，Q，R はその接点である。

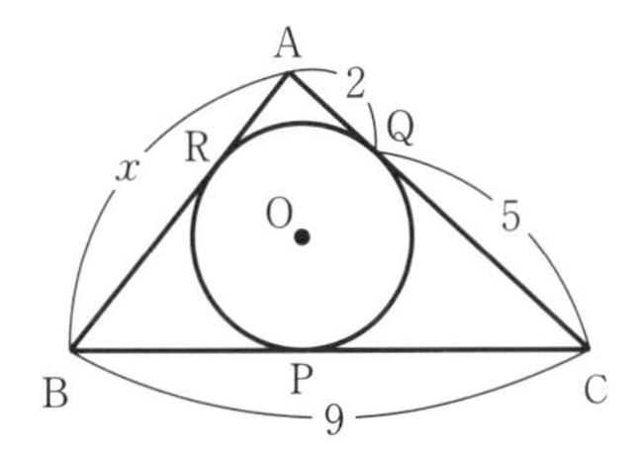

(2)

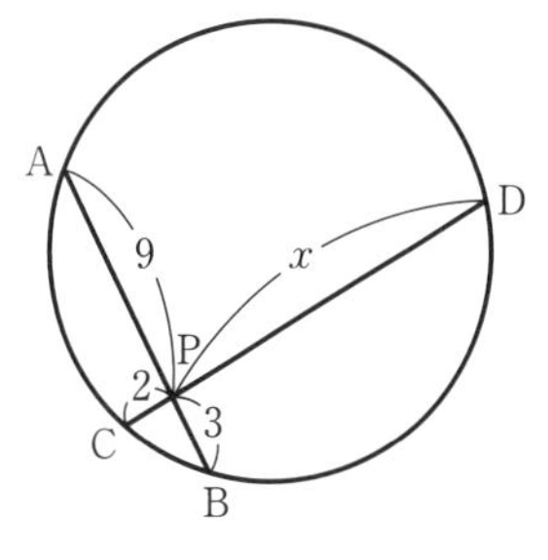

(3)

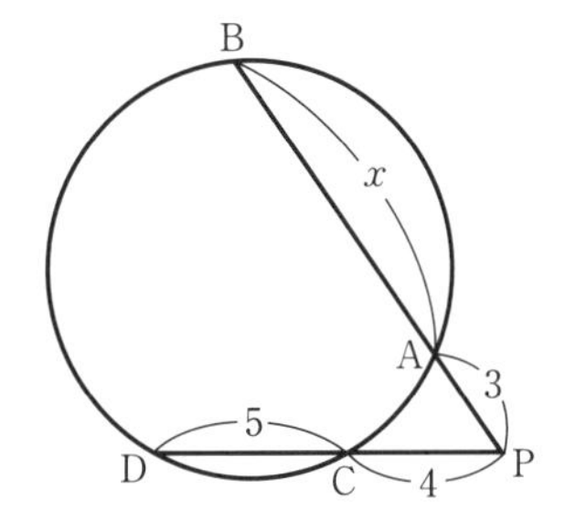

(4)　PT が円の接線のとき

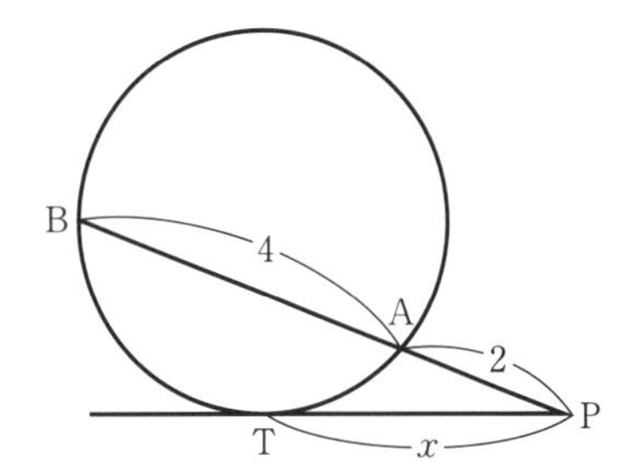

24 数の歴史

1 エジプトの記数法で表された次の数を，現在の記数法で表しなさい。

解 100 が 1 個，10 が ア 個，1 が 2 個だから，イ

2 エジプトの記数法で 3147 を表しなさい。

解 $3147 = 3 \times 1000 +$ ウ $\times 100 + 4 \times$ エ $+ 7 \times 1$だから

3 バビロニアの記数法で表された次の数を，現在の記数法で表しなさい。

(1)　(2)

解 (1)　10 の束が オ つと 1 が 2 つだから カ

(2)　60 の束が キ，10 の束が 1 つ，1 が 2 つだから ク

4 バビロニアの記数法で 143 を表しなさい。

解 $143 =$ ケ $\times 60 + 2 \times$ コ $+ 3 \times 1$だから

5 次の数を10^nを使った式で表しなさい。

(1)　562　　(2)　407

解 (1)　$562 =$ サ $\times 10^2 +$ シ $\times 10 +$ ス $\times 1$

(2)　$407 =$ セ $\times 10^2 +$ ソ $\times 10 +$ タ $\times 1$

記数法

数をかき表す方法

エジプトの記数法

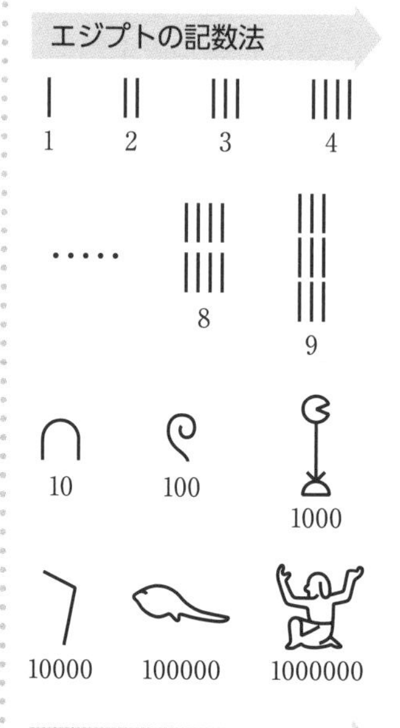

バビロニアの記数法

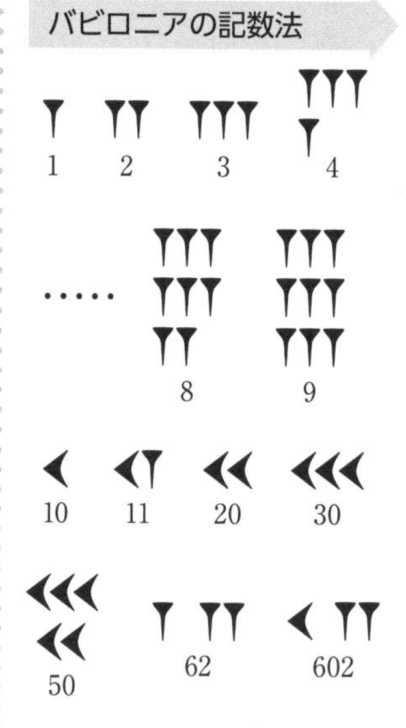

10 進法

10 集まるとそれを 1 つの束にして位を 1 つずつ上げていく数の表し方を 10 進法という。0 から 9 までの 10 個の数字を用いて表し，10^n を使った式でかくことができる。

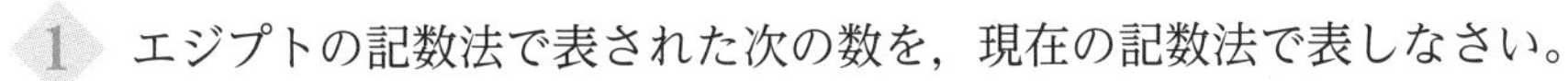

1 エジプトの記数法で表された次の数を，現在の記数法で表しなさい。

2 次の数をエジプトの記数法で表しなさい。

(1)　468　　　(2)　2025

3 バビロニアの記数法で表された次の数を，現在の記数法で表しなさい。

(1)　𒁹𒁹𒁹　𒁹𒁹　　　(2)　𒌋𒌋　𒌋𒌋𒌋𒌋𒁹

4 次の数をバビロニアの記数法で表しなさい。

(1)　203　　　(2)　1350

5 次の数を10^nを使った式で表しなさい。

(1)　794　　　(2)　3582

検

25 2進法

1 2進法で表された次の数を10進法で表しなさい。

(1) $101_{(2)} = \boxed{ア} \times 2^2 + \boxed{イ} \times 2 + \boxed{ウ} \times 1$

$= \boxed{エ} + 0 + 1 = \boxed{オ}$

(2) $11110_{(2)} = 1 \times 2^4 + 1 \times 2^3 + \boxed{カ} \times 2^2 + 1 \times 2 + 0 \times 1$

$= \boxed{キ} + \boxed{ク} + \boxed{ケ} + 2 + 0$

$= \boxed{コ}$

2 10進法で表された38を2進法で表しなさい。

解 38を $\boxed{サ}$ でわって，商 $\boxed{シ}$ を下にかき，余り $\boxed{ス}$ を19の横にかく。この計算をくり返して，最後の商と余りの数を下から順にかいていく。

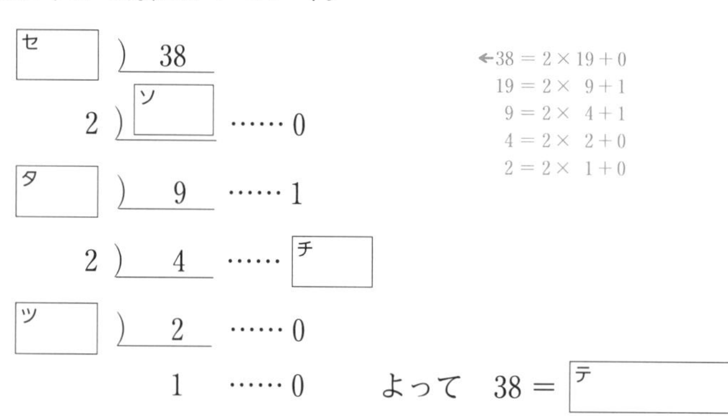

$\begin{array}{r} \boxed{セ} \;) \; 38 \\ 2 \;) \boxed{ソ} \cdots\cdots 0 \\ \boxed{タ} \;) \; 9 \cdots\cdots 1 \\ 2 \;) \; 4 \cdots\cdots \boxed{チ} \\ \boxed{ツ} \;) \; 2 \cdots\cdots 0 \\ 1 \cdots\cdots 0 \end{array}$

$\begin{aligned} &\leftarrow 38 = 2 \times 19 + 0 \\ & 19 = 2 \times 9 + 1 \\ & 9 = 2 \times 4 + 1 \\ & 4 = 2 \times 2 + 0 \\ & 2 = 2 \times 1 + 0 \end{aligned}$

よって $38 = \boxed{テ}_{(2)}$

3 2進法で，次のたし算をしなさい。

$1010_{(2)} + 1111_{(2)}$

解 次のように，右から左へ順に各位ごとにたしていき，各位の数の和が2になったら，その位は0にして，次の位に1をくり上げていく。

$$\begin{array}{r} {}^{1}{}^{1} \\ 1\;0\;1\;0 \\ +\; 1\;1\;1\;1 \\ \hline 1\;\boxed{ト}\;0\;\boxed{ナ}\;1 \end{array}$$

よって $1010_{(2)} + 1111_{(2)} = \boxed{ニ}_{(2)}$

3章 ● 数学と人間の活動

2進法

2集まるとそれを1つの束にして位を1つずつ上げていく数の表し方を2進法という。0と1の2個の数字を用いて表し，2^n を使った式でかくことができる。

2進法の計算

$0_{(2)} + 0_{(2)} = 0_{(2)}$

$1_{(2)} + 0_{(2)} = 1_{(2)}$

$0_{(2)} + 1_{(2)} = 1_{(2)}$

$1_{(2)} + 1_{(2)} = 10_{(2)}$

DRILL ◆ドリル◆

1 2進法で表された次の数を10進法で表しなさい。

(1) $111_{(2)}$

(2) $1011_{(2)}$

(3) $101010_{(2)}$

(4) $1000011_{(2)}$

2 10進法で表された次の数を2進法で表しなさい。

(1) 14

(2) 27

(3) 55

(4) 82

3 2進法で，次のたし算をしなさい。

(1) $1011_{(2)}+1111_{(2)}$

(2) $111_{(2)}+11111_{(2)}$

検

26 約数と倍数・長方形のしきつめ

1 32の約数をすべて求めなさい。

解 32をわり切ることができる整数を調べていく。

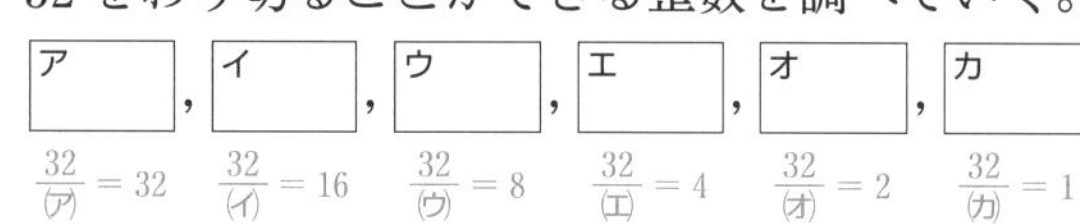

2 40以下の6の倍数をすべて求めなさい。

解 6に1から順に整数をかけていく。

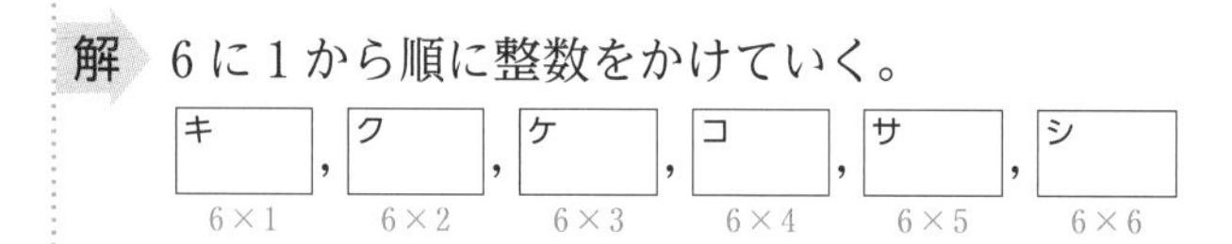

3 縦24，横66の長方形をしきつめる最大の正方形を見つけなさい。

解 [1] 66 = 24×［ス］＋［セ］だから，1辺24の正方形［ソ］つを切り取る。
（ス：66÷24の商，セ：66÷24の余り，ソ：66÷24の商）

[2] 24 = ［タ］× 1 ＋［チ］だから，1辺［ツ］の正方形［テ］つを切り取る。
（タ：66÷24の余り，1：24÷(タ)の商，チ：24÷(タ)の余り，ツ：66÷24の余り，テ：24÷(タ)の商）

[3] ［ト］＝［ナ］× 3 だから，残りの長方形は1辺［ニ］の正方形でしきつめられる。
（ト：66÷24の余り，ナ：24÷(タ)の余り，3：(ト)÷(ナ)の商）

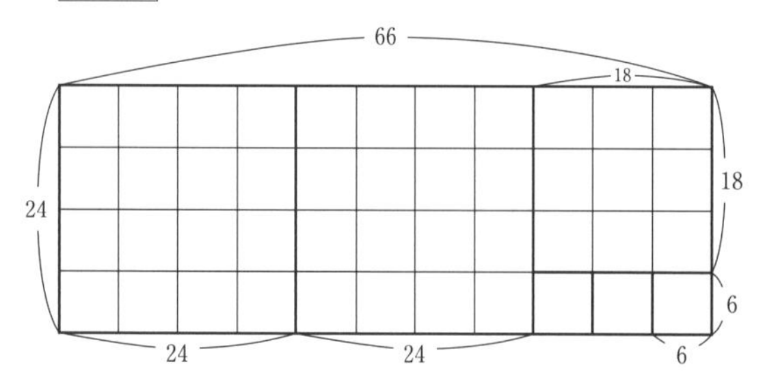

[1]～[3]より，もとの長方形は，1辺［ヌ］の最大の正方形でしきつめられる。これが求める正方形である。

約数と倍数

2つの整数 a，b について，
$a = b\times$(整数)と表せるとき
b は a の約数
a は b の倍数
という。

長方形のしきつめと最大公約数

長方形をしきつめる最大の正方形の1辺の長さは，長方形の縦と横の長さの最大公約数になっている。

DRILL ◆ドリル◆

1 次の数の約数をすべて求めなさい。

(1) 40

(2) 42

2 次の倍数をすべて求めなさい。

(1) 30 以下の 4 の倍数

(2) 50 以下の 5 の倍数

(3) 60 以下の 9 の倍数

(4) 80 以下の 11 の倍数

3 次の長方形をしきつめる最大の正方形を見つけなさい。

(1)

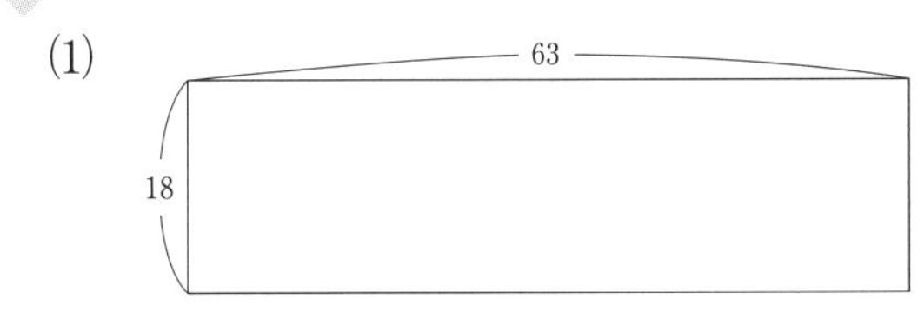

(2)

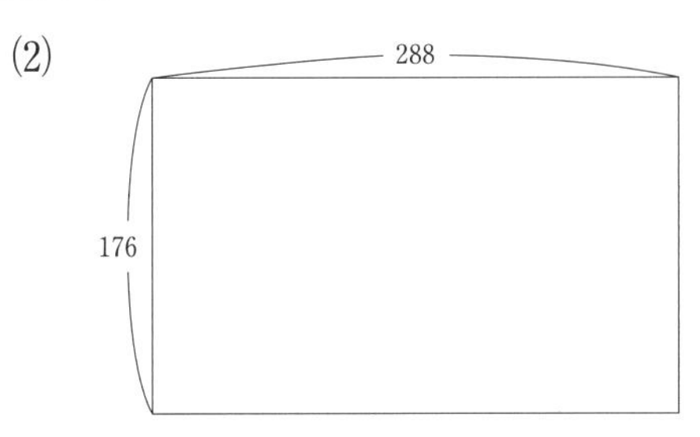

検

27 ユークリッドの互除法

1 互除法を用いて，次の 2 つの数の最大公約数を求めなさい。

(1) 190，133　　(2) 936，216

(3) 1001，343　　(4) 2635，1147

互除法

2 つの正の整数 a，b $(a > b)$ において，a を b でわったときの商を q，余りを r とすると

$a = b \times q + r$

$r \neq 0$ のとき

(a と b の最大公約数)

$=$ (b と r の最大公約数)

$r = 0$ のとき

(a と b の最大公約数) $= b$

解 (1) $190 = 133 \times$ [ア] $+$ [イ]

$133 =$ [ウ] $\times 2 +$ [エ]

[オ] $=$ [カ] $\times 3$

最大公約数は 19

(2) $936 = 216 \times$ [キ] $+$ [ク]

$216 =$ [ケ] $\times 3$

最大公約数は [コ]

(3) $1001 = 343 \times$ [サ] $+$ [シ]

$343 =$ [ス] $\times 1 +$ [セ]

[ソ] $= 28 \times$ [タ] $+$ [チ]

[ツ] $=$ [テ] $\times 4$

最大公約数は [ト]

$$
\begin{array}{r}
2 \\
343\,\overline{)1001} \\
686 \\
\hline
\end{array}
\begin{array}{r}
1 \\
315\,\overline{)343} \\
315 \\
\hline
\end{array}
\begin{array}{r}
11 \\
28\,\overline{)315} \\
28 \\
\hline
35 \\
28 \\
\hline
\end{array}
\begin{array}{r}
4 \\
7\,\overline{)28} \\
28 \\
\hline
0
\end{array}
$$

(4) $2635 = 1147 \times$ [ナ] $+$ [ニ]

$1147 =$ [ヌ] $\times 3 +$ [ネ]

[ノ] $= 124 \times$ [ハ] $+$ [ヒ]

[フ] $=$ [ヘ] $\times 1 +$ [ホ]

[マ] $=$ [ミ] $\times 3$

最大公約数は [ム]

$$
\begin{array}{r}
2 \\
1147\,\overline{)2635} \\
2294 \\
\hline
\end{array}
\begin{array}{r}
3 \\
341\,\overline{)1147} \\
1023 \\
\hline
\end{array}
\begin{array}{r}
2 \\
124\,\overline{)341} \\
248 \\
\hline
\end{array}
\begin{array}{r}
1 \\
93\,\overline{)124} \\
93 \\
\hline
\end{array}
\begin{array}{r}
3 \\
31\,\overline{)93} \\
93 \\
\hline
0
\end{array}
$$

DRILL ◆ドリル◆

1 互除法を用いて，次の 2 つの数の最大公約数を求めなさい。

(1) 816，378　　(2) 1309，2261

2 次の 2 辺をもつ長方形をしきつめる最大の正方形の 1 辺の長さを互除法を用いて求めなさい。

(1) 縦 782，横 460　　(2) 縦 3247，横 2292

検

28 土地の面積・相似と測定

1 右の図のような土地(ア)，(イ)がある。次の順にしたがって，(ア)，(イ)のそれぞれの土地の面積を変えずに，地点Aを通り，まっすぐな境界線を引きなさい。

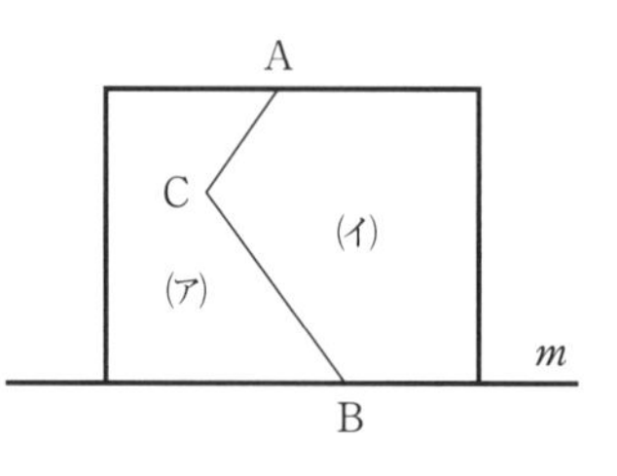

解 点Cを通って線分 ア に平行な直線を引き，直線 m との イ をDとする。
△ABCと△ABDにおいて，ABは共通の底辺，高さは平行線の間の距離で等しいので，2つの三角形の面積は等しくなる。
よって，求める境界線は ウ になる。

2 右の図で，色をつけた部分の土地の面積を求めなさい。

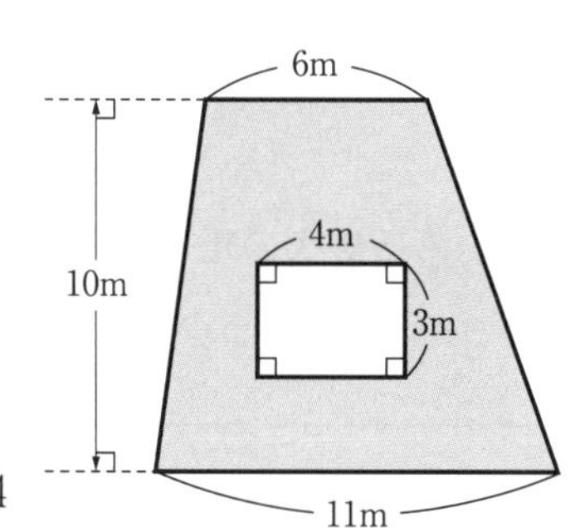

解 台形の面積から長方形の面積をひけばよい。

$\frac{1}{2}\times(6+$ エ $)\times 10-3\times 4$

$=$ オ $-12=$ カ (m^2)

3 右の図で，木の陰BCは3.6 mで，身長1.6 mの人の影EFは0.9 mである。木の高さACを求めなさい。

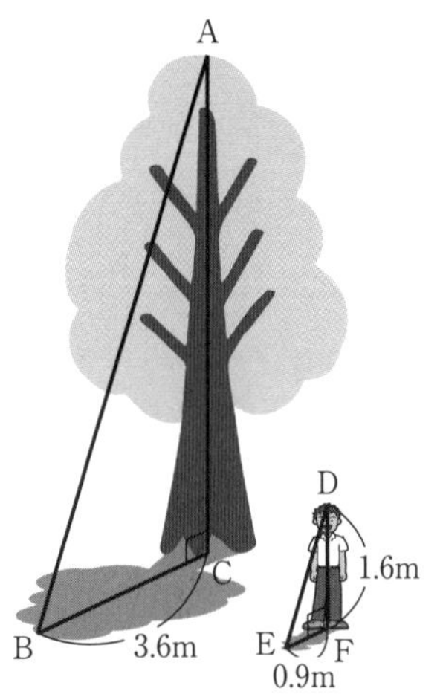

解 △ABCと△DEFは相似だから

AC : DF = BC : キ

AC : 1.6 = ク : ケ

コ × AC = 1.6 × サ

よって，AC = 1.6 × シ ÷ ス = セ (m)

相似な三角形

△ABCと△DEFが相似であるとき，次の式が成り立つ。

AB : DE = BC : EF
BC : EF = AC : DF
AC : DF = AB : DE

1 右の図のような四角形 ABCD の土地がある。BC の延長上に点 E をとり，この四角形 ABCD と面積が等しい三角形 ABE をつくりたい。点 E をどこにとればよいか答え，右の図に示しなさい。

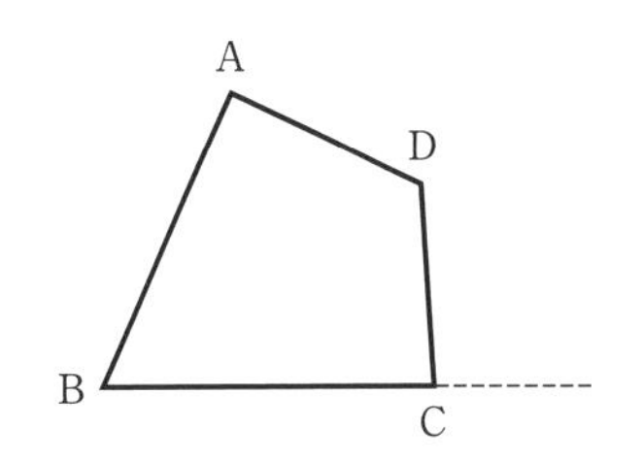

2 次の図で，色をつけた部分の土地の面積を求めなさい。

(1)

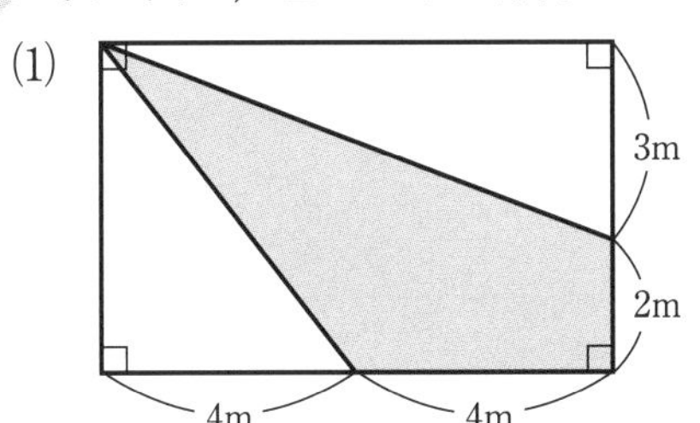

(2)

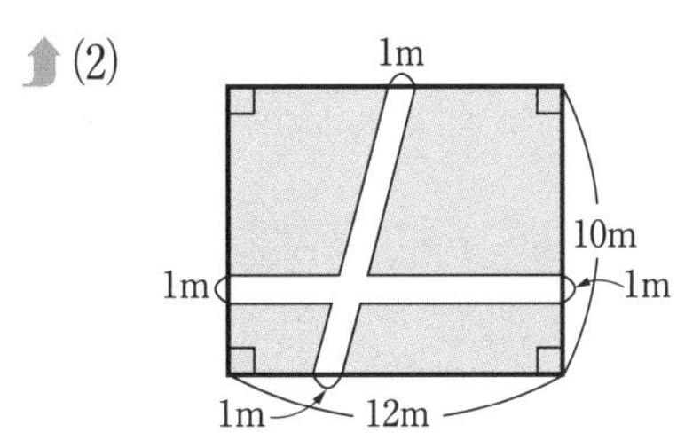

3 携帯電波中継塔の影 BC は 20 m で，このとき垂直に立てた長さ 1 m の物差しの影の長さは 0.8 m である。この塔の高さ AC を求めなさい。

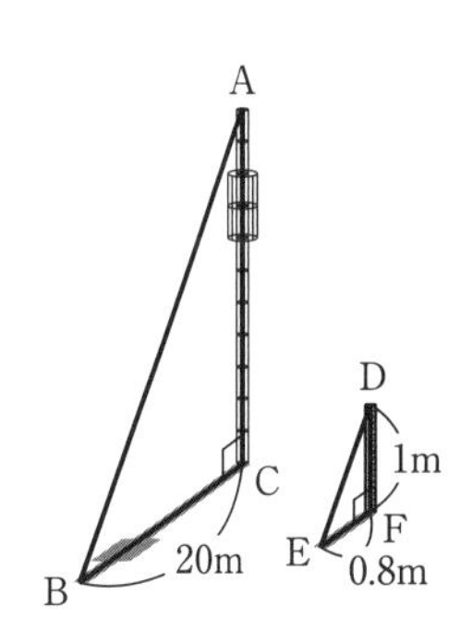

29 座標の考え方

1 次の点を下の図に示しなさい。

A(3, 2)　B(−1, 3)　C(−2, −1)　D(2, −2)

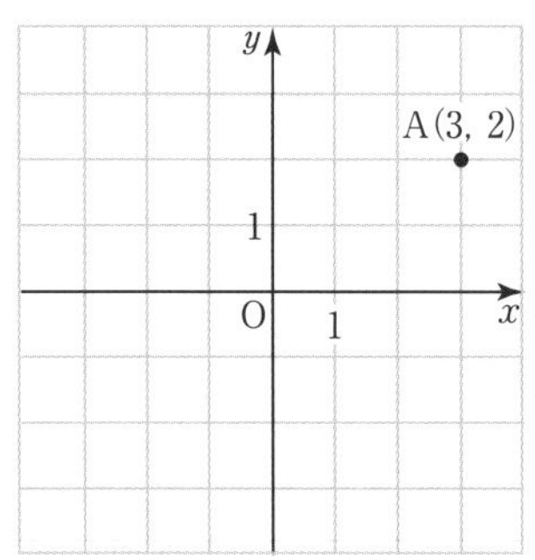

←Aのように B, C, D も表す

2 囲碁(いご)の入門用として，9路盤(ろばん)と呼ばれる碁盤(ごばん)がある。9路盤には，縦と横にそれぞれ9本の線が引かれていて，右の図のように線に番号がつけられている。ここで，「4六」は右の図で黒石●の位置を表している。右の図で，白石○の位置を答えなさい。

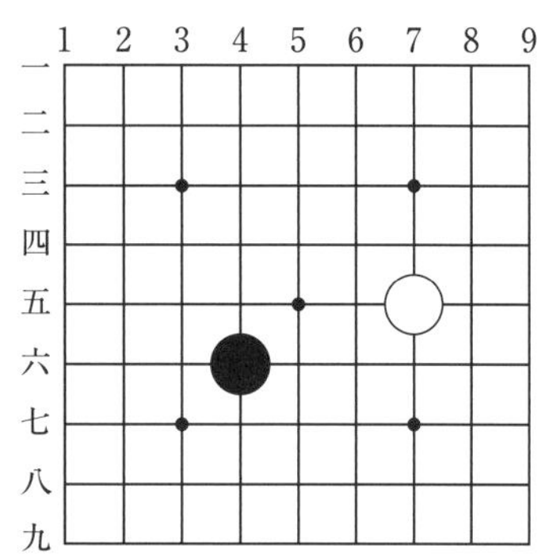

解 ア［　　］

3 (1) 右の図に点P(1, 2, 5)を図示しなさい。

(2) 点Pを，x軸，y軸，z軸の方向に，それぞれ4, 2, 3だけ移動した点Qの座標を求めなさい。

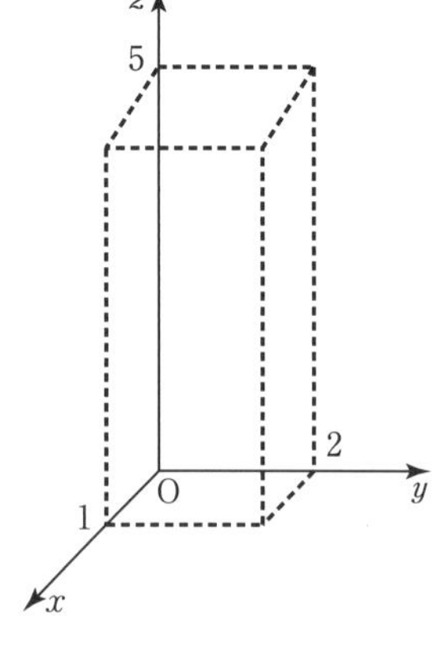

解 (2) 点Qの座標は，点Pのそれぞれ座標に移動した数を加えればよい。

よって，点Qの座標は

(1＋4, 2＋2, 5＋ イ［　　］)

したがって，(5, 4, ウ［　　］)

1 次の点を右の図に示しなさい。

点 A と x 軸に関して対称な点 B(3, −2)

点 A と y 軸に関して対称な点 C(−3, 2)

点 A と原点に関して対称な点 D(−3, −2)

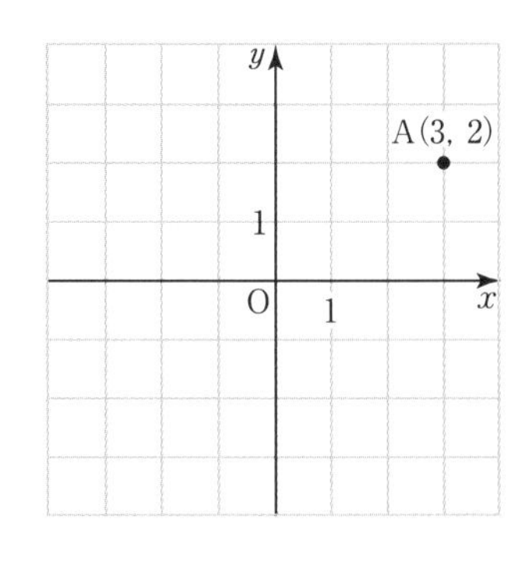

2 右の図で，「7 四」は❶の位置を表している。

以下の位置を答えなさい。

(1) ②　(2) ❸

(3) ④　(4) ❺

(5) ⑥　(6) ❼

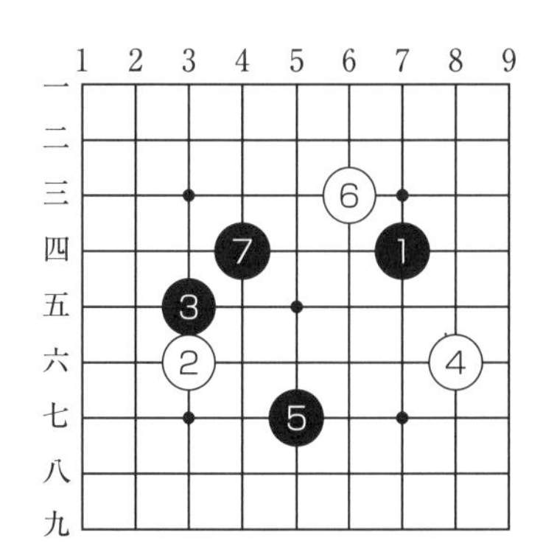

3 次の問いに答えなさい。

(1) 右の図に点 P(3, 2, 4) を図示しなさい。

(2) 点 P を，x 軸，y 軸，z 軸の方向に，それぞれ 1, 5, 2 だけ移動した点 Q の座標を求めなさい。

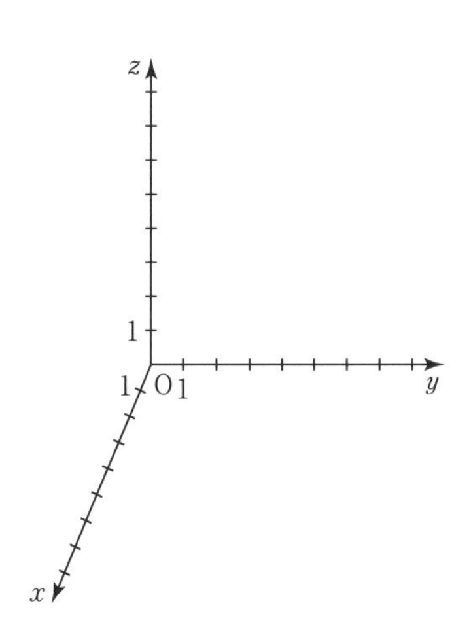

検

数学と人間の活動

1 次の数を 10 進法で表しなさい。

(1) $101101_{(2)}$ (2) $1001100_{(2)}$

2 10 進法で表された次の数を 2 進法で表しなさい。

(1) 61 (2) 108

3 縦 84 m，横 108 m の長方形の土地がある。その四すみと周囲に等しい間隔で木を植え，木の数はできるだけ少なくしたい。何 m おきに植えたらよいか求めなさい。

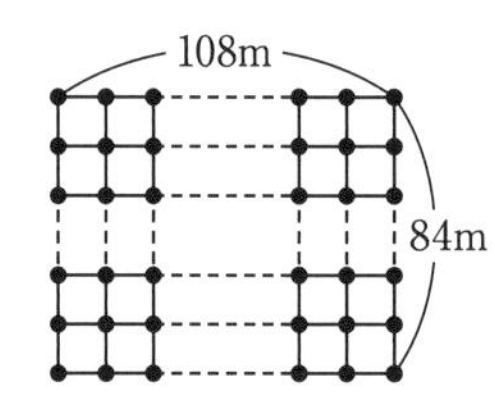

4 互除法を用いて，1653 と 2337 の最大公約数を求めなさい。

5 右の図で，BC は 4m，CD は 1m，DE は 5m である。距離 AB を求めなさい。

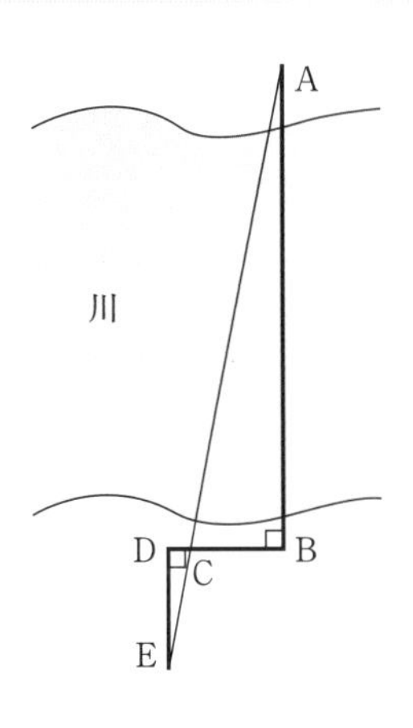

6 右の図のように，次の 4 点がある。

A$(-4,\ 5)$，B$(-2,\ 9)$，C$(x,\ y)$，D$(4,\ -1)$

四角形 ABCD が平行四辺形になるとき，点 C の座標を求めなさい。

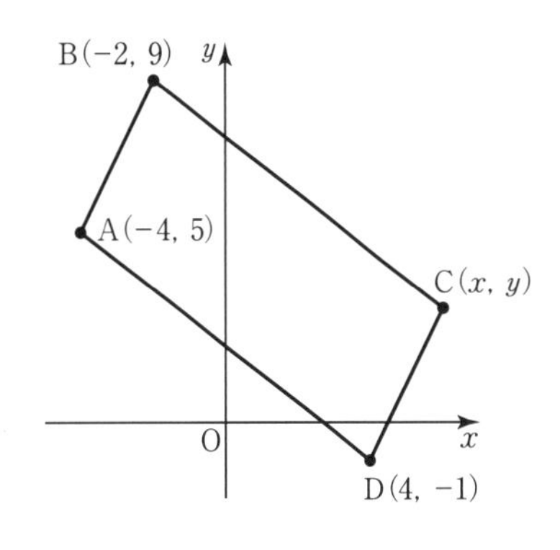

7 右の図のように，大小 2 つの直方体がある。

(1) 小さい直方体の頂点 A と頂点 B の座標を求めなさい。

(2) 大きい直方体の頂点 C と頂点 D の座標を求めなさい。

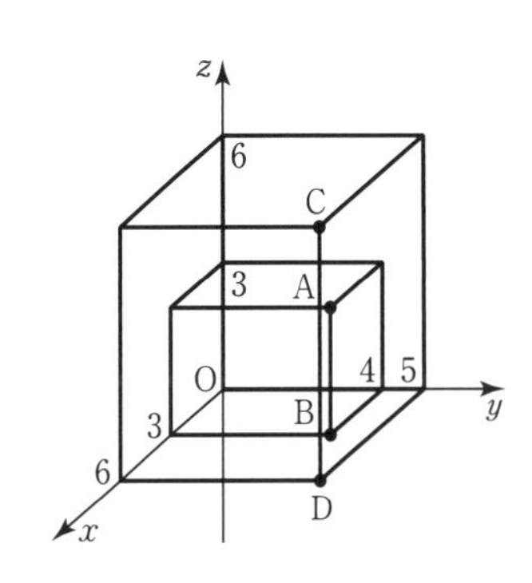

検

こたえ

● 1章 ● 場合の数と確率

1 集合と要素——2

1　ア 3　イ 15　ウ −2　エ 3
2　オ Q　カ A　キ R　ク A
3　ケ 4　コ 5　サ 10
4　シ 3　ス 4　セ 5　ソ 6　タ 9
　チ 4　ツ 10　テ 4　ト 5　ナ 8
5　ニ ∅

◆ DRILL ◆——3

1　(1)　$A=\{1,\ 2,\ 3,\ 4,\ 6,\ 8,\ 12,\ 16,\ 24,\ 48\}$
　(2)　$A=\{2,\ 3,\ 5,\ 7,\ 11,\ 13,\ 17,\ 19\}$
2　(1)　$B\subset A$　(2)　$A\subset B$
3　(1)　$\overline{A}=\{1,\ 2,\ 4,\ 8,\ 9\}$
　(2)　$\overline{B}=\{3,\ 4,\ 5,\ 7\}$
4　(1)　$A\cap B=\{6,\ 8\}$
　　$A\cup B=\{4,\ 5,\ 6,\ 7,\ 8,\ 9,\ 10,\ 11,\ 12\}$
　(2)　$A\cap B=\{3,\ 4\}$
　$A\cup B=\{1,\ 2,\ 3,\ 4,\ 5,\ 6,\ 7\}$
　(3)　$A\cap B=\{3,\ 6,\ 9,\ 12\}$
　$A\cup B=\{1,\ 2,\ 3,\ 4,\ 6,\ 9,\ 12,\ 15,\ 18,\ 36\}$
　(4)　$A\cap B=\{1,\ 2,\ 5,\ 10\}$
　$A\cup B=\{1,\ 2,\ 3,\ 4,\ 5,\ 6,\ 10,\ 15,\ 20,\ 30\}$
　(5)　$A\cap B=\varnothing$
　$A\cup B=\{1,\ 2,\ 5,\ 6,\ 7,\ 8,\ 9,\ 10,\ 11,\ 12\}$
　(6)　$A\cap B=\varnothing$
　$A\cup B=\{1,\ 2,\ 3,\ 4,\ 5,\ 6,\ 7,\ 8,\ 9,\ 10\}$

2 集合の要素の個数——4

1　ア 6
2　イ 3　ウ 3　エ 12
3　オ 12　カ 24　キ 6　ク 12
4　ケ 18　コ 11　サ 6　シ 18
　ス 11　セ 6　ソ 23

◆ DRILL ◆——5

1　(1)　7(個)　(2)　6(個)
2　$n(\overline{A})=27$
3　(1)　12　(2)　10
　(3)　2　(4)　20
4　(1)　16　(2)　7
　(3)　2　(4)　21
5　33(人)
6　9(人)

3 数えあげ・和の法則と積の法則——6

1　ア 6
2　イ 5　ウ 5　エ 7
3　オ 7　カ 13　キ 91

◆ DRILL ◆——7

1　(1)　(赤, 金), (赤, 銀), (青, 金), (青, 銀),
　(黄, 金), (黄, 銀), (緑, 金), (緑, 銀),
　(紫, 金), (紫, 銀)
　10通り
　(2)

B＼A	赤	青	黄	緑	紫
金	赤金	青金	黄金	緑金	紫金
銀	赤銀	青銀	黄銀	緑銀	紫銀

　(3)

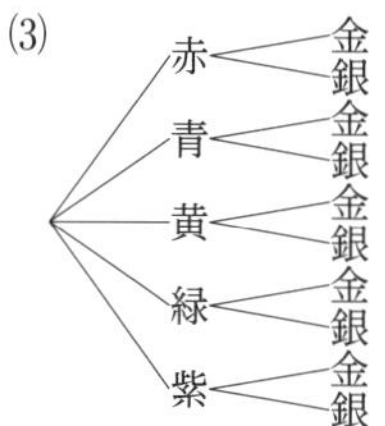

2　(1)

大＼小	⚀	⚁	⚂	⚃	⚄	⚅
⚀	1	2	3	4	5	6
⚁	2	4	6	8	10	12
⚂	3	6	9	12	15	18
⚃	4	8	12	16	20	24
⚄	5	10	15	20	25	30
⚅	6	12	18	24	30	36

　(2)　7(通り)　(3)　6(通り)
3　66(通り)

4 順列——8

1　ア 6　イ 4　ウ 20　エ 3　オ 24
2　カ 6　キ 120
3　ク 2　ケ 8　コ 56
4　サ 3　シ 2　ス 48　セ 9　ソ 90
5　タ 8

◆ DRILL ◆——9

1　(1)　360　(2)　60　(3)　110　(4)　5040
2　(1)　120(個)　(2)　24(個)
3　(1)　132(通り)　(2)　3024(通り)
4　(1)　720　(2)　1680
5　362880(通り)

5 条件がついた順列——10

1　ア 4　イ 20　ウ 3　エ 6　オ 20
　カ 120

2　キ　2　ク　6　ケ　6　コ　12　サ　24
　シ　2　ス　24　セ　48

◆ DRILL ◆ ―― 11

1　720（通り）
2　30240（通り）
3　(1)　240（通り）　(2)　1440（通り）
4　(1)　30240（通り）　(2)　17280（通り）

6　円順列・重複順列 ―― 12

1　ア　24　イ　6　ウ　2　エ　6　オ　12
2　カ　5　キ　5　ク　5　ケ　5　コ　125

◆ DRILL ◆ ―― 13

1　720（通り）
2　5040（通り）
3　(1)　120（通り）　(2)　48（通り）
4　243（個）
5　27（通り）
6　192（個）

まとめの問題 ―― 14

1　(1)　$A \cup B = \{1, 2, 3, 5, 7, 9\}$
　(2)　$A \cap B = \{3\}$
　(3)　$\overline{A} = \{1, 4, 6, 8, 9\}$
　(4)　$\overline{A} \cup \overline{B} = \{1, 2, 4, 5, 6, 7, 8, 9\}$
　(5)　$\overline{A} \cap \overline{B} = \{4, 6, 8\}$
　(6)　$\overline{A \cap B} = \{1, 2, 4, 5, 6, 7, 8, 9\}$
　(7)　$\overline{A \cup B} = \{4, 6, 8\}$
2　(1)　33　(2)　14
　(3)　4　(4)　43
3　(1)　12（人）　(2)　28（人）
4　(1)　3（通り）　(2)　7（通り）
5　42（通り）
6　(1)　210（個）　(2)　30（個）
7　3628800（通り）
8　288（通り）
9　(1)　1440（通り）　(2)　10080（通り）
10　(1)　720（通り）　(2)　240（通り）
11　100（個）

7　組合せ(1) ―― 16

1　ア　6　イ　21　ウ　9　エ　120
2　オ　8　カ　4　キ　210
3　ク　6　ケ　35
4　コ　15　サ　10　シ　150

◆ DRILL ◆ ―― 17

1　(1)　210　(2)　84　(3)　21　(4)　924
2　(1)　56（通り）　(2)　36（通り）
3　(1)　84（個）　(2)　126（個）
4　(1)　210（通り）　(2)　175（通り）
5　45（個）

8　組合せ(2) ―― 18

1　ア　3　イ　3　ウ　9　エ　165　オ　2
　カ　39　キ　780　ク　1　ケ　1000
　コ　1
2　サ　3　シ　5　ス　8　セ　3　ソ　56

◆ DRILL ◆ ―― 19

1　(1)　7　(2)　495　(3)　1225　(4)　1
2　(1)　210（通り）　(2)　90（通り）

まとめの問題 ―― 20

1　(1)　126　(2)　1　(3)　10　(4)　1
　(5)　56　(6)　450
2　(1)　120（通り）　(2)　70（通り）
　(3)　84（通り）　(4)　15（通り）
3　(1)　210（個）　(2)　252（個）
4　(1)　2520（通り）　(2)　1575（通り）
5　150（個）
6　(1)　462（通り）　(2)　150（通り）

9　確率の求め方 ―― 22

1　ア　4　イ　4　ウ　2
2　エ　8　オ　8　カ　2
3　キ　6　ク　6　ケ　36

◆ DRILL ◆ ―― 23

1　(1)　$\frac{1}{3}$　(2)　$\frac{1}{2}$
2　(1)　$\frac{1}{6}$　(2)　$\frac{1}{6}$
3　$\frac{1}{9}$
4　(1)　$\frac{1}{16}$　(2)　$\frac{1}{4}$
5　$\frac{5}{108}$

10　組合せを利用する確率 ―― 24

1　ア　120　イ　4　ウ　4　エ　120　オ　30
2　カ　84　キ　20　ク　20　ケ　84
　コ　5　サ　3　シ　6　ス　18
　セ　18　ソ　84　タ　3

◆ DRILL ◆ ―― 25

1　(1)　$\frac{1}{66}$　(2)　$\frac{1}{22}$
2　$\frac{1}{6}$
3　(1)　$\frac{1}{130}$　(2)　$\frac{57}{130}$
4　(1)　$\frac{7}{22}$　(2)　$\frac{21}{44}$
5　(1)　$\frac{14}{165}$　(2)　$\frac{21}{55}$

11 排反事象の確率 ―― 26

1 ア 4　イ 4　ウ 6　エ 6

2 オ 10　カ 10　キ 25　ク 5

◆ DRILL ◆ ―― 27

1 $\frac{7}{9}$

2 (1) $\frac{11}{36}$　(2) $\frac{1}{4}$

3 $\frac{8}{15}$

4 $\frac{1}{6}$

5 $\frac{5}{26}$

12 余事象を利用する確率 ―― 28

1 ア 2　イ 1　ウ 1　エ 5

2 オ 16　カ 1　キ 15

3 ク 15　ケ 15　コ 2　サ 2　シ 3

◆ DRILL ◆ ―― 29

1 (1) $\frac{1}{5}$　(2) $\frac{4}{5}$

2 $\frac{31}{32}$

3 $\frac{63}{64}$

4 (1) $\frac{7}{8}$　(2) $\frac{19}{27}$

5 $\frac{13}{14}$

6 (1) $\frac{55}{56}$　(2) $\frac{23}{28}$

まとめの問題 ―― 30

1 $\frac{1}{18}$

2 (1) $\frac{33}{91}$　(2) $\frac{66}{455}$

3 (1) $\frac{1}{27}$　(2) $\frac{4}{27}$

4 $\frac{7}{13}$

5 (1) $\frac{1}{2}$　(2) $\frac{1}{5}$

6 $\frac{5}{9}$

7 $\frac{37}{42}$

8 (1) $\frac{37}{44}$　(2) $\frac{21}{22}$

13 独立な試行とその確率 ―― 32

1 ア 7　イ 5　ウ 5　エ 5　オ 25
カ 5　キ 35

2 ク 7　ケ 4　コ 4　サ 12　シ 7
ス 7　セ 3　ソ 11

◆ DRILL ◆ ―― 33

1 $\frac{1}{6}$

2 (1) $\frac{2}{7}$　(2) $\frac{4}{21}$

3 (1) $\frac{4}{25}$　(2) $\frac{6}{25}$

4 (1) $\frac{1}{5}$　(2) $\frac{1}{10}$

14 反復試行とその確率 ―― 34

1 ア 1　イ 1　ウ 1　エ 25
オ 3　カ 2　キ 2　ク 4　ケ 2
コ 4

2 サ 2　シ 16　ス 1　セ 80　ソ 32
タ 80　チ 32　ツ 112

◆ DRILL ◆ ―― 35

1 (1) $\frac{80}{243}$　(2) $\frac{10}{243}$

2 (1) $\frac{35}{128}$　(2) $\frac{7}{128}$

3 (1) $\frac{96}{625}$　(2) $\frac{96}{625}$

4 $\frac{25}{27}$

5 $\frac{37}{256}$

15 条件つき確率 ―― 36

1 ア 2　イ 2　ウ 1　エ 3

2 オ 50　カ 5　キ 30　ク 10　ケ 9
コ 40

◆ DRILL ◆ ―― 37

1 $\frac{5}{8}$

2 (1) $\frac{2}{5}$　(2) $\frac{1}{3}$　(3) $\frac{2}{3}$　(4) $\frac{5}{9}$

3 (1) $\frac{3}{13}$　(2) $\frac{1}{4}$　(3) $\frac{3}{13}$　(4) $\frac{3}{13}$

4 (1) $\frac{11}{20}$　(2) $\frac{5}{11}$　(3) $\frac{1}{3}$　(4) $\frac{3}{8}$

16 乗法定理・期待値 ―― 38

1 ア 4　イ 11　ウ 4　エ 10　オ 7
カ 4　キ 28　ク 28　ケ 4　コ 11

2 サ 3　シ 3　ス 30　セ 90

◆ DRILL ◆ ―― 39

1 (1) $\frac{1}{3}$　(2) $\frac{2}{21}$　(3) $\frac{5}{21}$　(4) $\frac{1}{3}$

2 (1) $\frac{7}{10}$　(2) $\frac{91}{190}$　(3) $\frac{21}{95}$　(4) $\frac{7}{10}$

3 50(点)

4 155(円)

まとめの問題 ———— 40

1 (1) $\frac{1}{64}$ (2) $\frac{1}{729}$

2 (1) $\frac{1}{16}$ (2) $\frac{3}{16}$

3 (1) $\frac{5}{16}$ (2) $\frac{5}{32}$

4 $\frac{13}{256}$

5 (1) $\frac{3}{10}$ (2) $\frac{3}{7}$ (3) $\frac{4}{15}$

6 (1) $\frac{5}{8}$ (2) $\frac{3}{4}$ (3) $\frac{1}{4}$

7 $\frac{3}{5}$

8 $\frac{3}{4}$

● 2章 ● 図形の性質

17 三角形と線分の比 ———— 42

1 ア 50 イ 20 ウ 30 エ 20

2 オ 3 カ 3 キ 4 ク $\frac{16}{3}$ ケ 4
コ 7 サ $\frac{18}{7}$

3 シ 18 ス 9

4 セ 14 ソ 10 タ 10 チ 14 ツ 7

◆ DRILL ◆ ———— 43

1 (1) $\angle x = 25°$ $\angle y = 30°$
(2) $\angle x = 75°$ $\angle y = 110°$

2 (1) $x = 4$ $y = \frac{24}{5}$
(2) $x = 4$ $y = 10$
(3) $x = 10$ $y = 4$

3 (1) $x = 19$ (2) $x = 34$

4 (1) $x = 15$ (2) $x = \frac{3}{2}$

18 三角形の外心・内心・重心 ———— 44

1 ア OC イ 2等辺 ウ 32 エ 20
オ 32 カ 52

2 キ 21 ク 42 ケ 31 コ 62 サ 42
シ 62 ス 76

3 セ 10 ソ 6

◆ DRILL ◆ ———— 45

1 $\angle x = 67°$

2 $\angle x = 54°$ $\angle y = 138°$

3 $\angle x = 55°$

4 $\angle x = 114°$ $\angle y = 23°$

5 (1) 6 (2) 3 (3) 2 (4) $2\sqrt{13}$

19 円周角・円と四角形・円の接線 ———— 46

1 ア 180 イ 2 ウ 130 エ 130
オ 65

2 カ 115 キ 115 ク 65 ケ 96

3 コ 2 サ 2 シ 150

4 ス 2 セ 4 ソ 3 タ 2 チ 3
ツ 5

◆ DRILL ◆ ———— 47

1 (1) $\angle x = 132°$ $\angle y = 66°$
(2) $\angle x = 30°$ $\angle y = 92°$
(3) $\angle x = 140°$ (4) $\angle x = 110°$

2 (1) $\angle x = 83°$ $\angle y = 116°$ (2) $\angle x = 74°$

3 (1) $\angle x = 78°$ $\angle y = 56°$
(2) $\angle x = 26°$

4 (1) $x = 11$ (2) $x = 13$

20 方べきの定理・2つの円 ———— 48

1 ア 14 イ 3 ウ 4 エ 64 オ 8

2 カ + キ 10 ク − ケ 2 コ 4
サ 4 シ 2 ス 10

◆ DRILL ◆ ———— 49

1 (1) $x = \frac{19}{3}$ (2) $x = \frac{9}{2}$ (3) $x = 4$
(4) $x = 2$

2 $7 < d < 23$

3 (1) $x + y = 9$
(2) $x = 7$, $y = 2$

21 基本の作図・いろいろな作図 ———— 50

1 ア 円 イ 半径 ウ 交点 エ 直線
オ 円 カ 交点 キ 交点 ク 半径
ケ 半直線 コ 半径 サ 円 シ 半径
ス 交点 セ 直線 ソ 半直線 タ 中心
チ 半径 ツ Q テ 平行

(1)

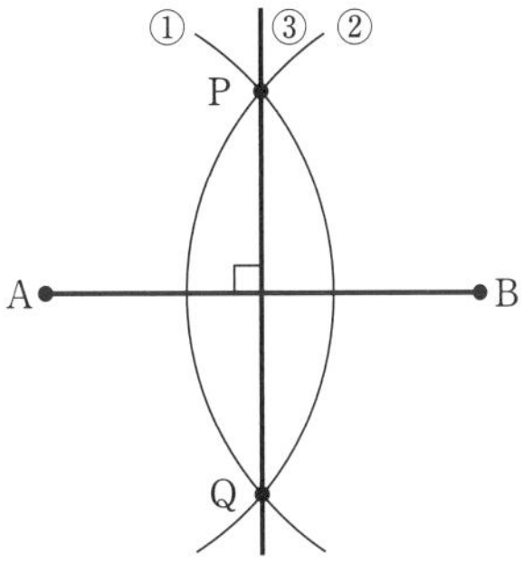

①　③　②
P
A　B
Q

(2)

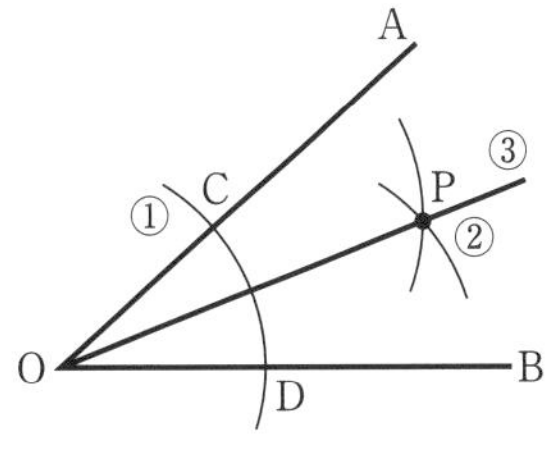

A
③
C　P
①　②
O　B
D

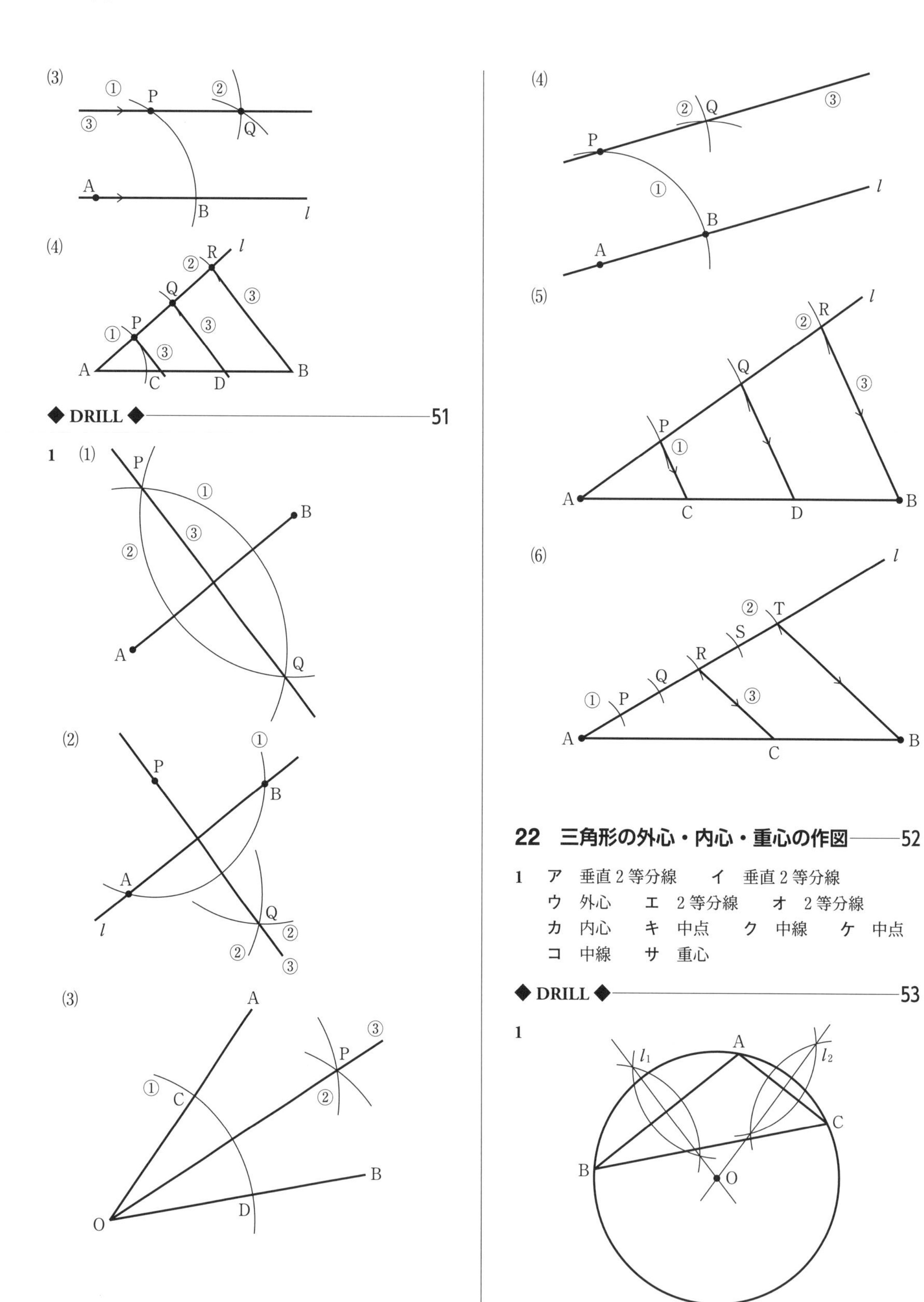

22 三角形の外心・内心・重心の作図 ―― 52

1 ア 垂直２等分線 イ 垂直２等分線
ウ 外心 エ ２等分線 オ ２等分線
カ 内心 キ 中点 ク 中線 ケ 中点
コ 中線 サ 重心

◆ DRILL ◆ ―― 53

1

2

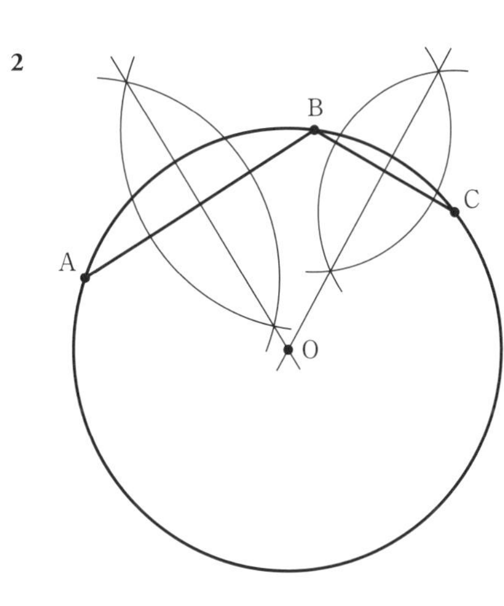

3 (1)

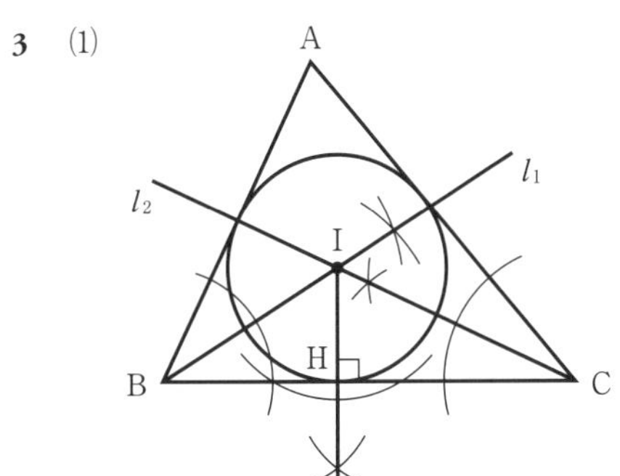

(2)

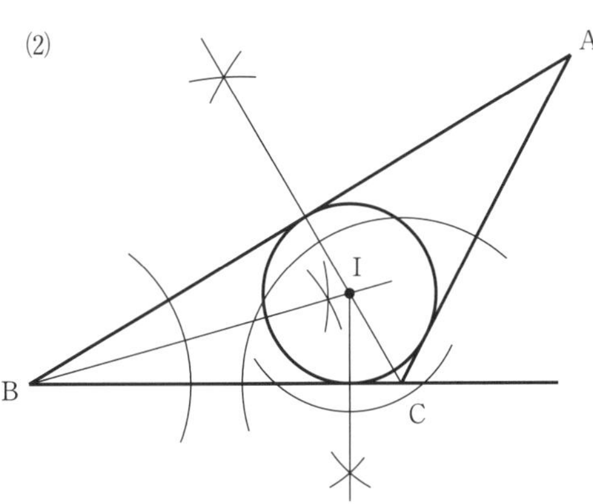

4 (1)

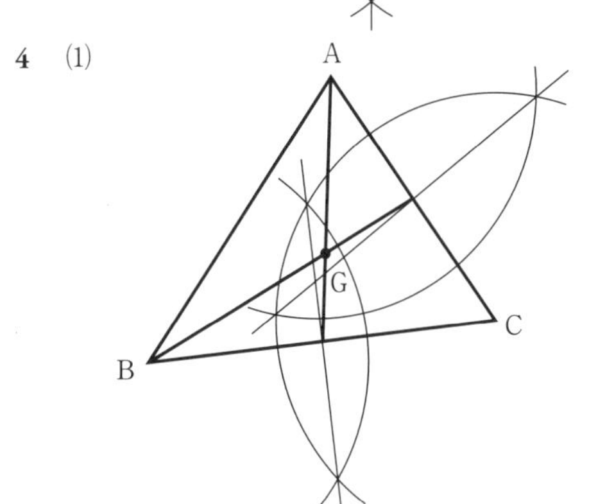

(2)

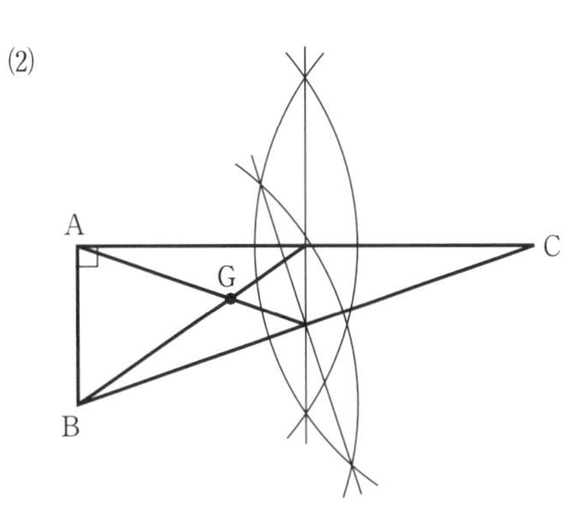

23 空間図形 —— 54

1 ア BA　イ 90　ウ 90　エ EFGH
　オ ABFE

2 カ 12　キ 18　ク 8　ケ 2　コ 6
　サ 12　シ 8　ス 2

◆ DRILL ◆ —— 55

1 (1) 45°　(2) 90°　(3) 45°　(4) 90°
　(5) 平面 ABCD と平面 DHGC
　(6) 平面 AEHD と平面 BFGC
　(7) AD, BC, FG, EH
　(8) EF, FG, GH, HE

2 (1) 2　(2) 2　(3) 2

まとめの問題 —— 56

1 (1) $x = \frac{12}{5}$　(2) $x = \frac{21}{5}$

2 (1) $x = 3$　(2) $x = 5$

3 (1) $\angle x = 65°$　$\angle y = 130°$
　(2) $\angle x = 18°$　$\angle y = 115°$

4 (1) $x = 8$　$y = 4$
　(2) $x = 4$　$y = 2$

5 (1) $\angle x = 65°$　(2) $\angle x = 110°$
　(3) $\angle x = 40°$

6 (1) $\angle x = 31°$　$\angle y = 45°$
　(2) $\angle x = 58°$

7 (1) $\angle x = 60°$　$\angle y = 100°$
　(2) $\angle x = 33°$

8 (1) $x = 6$　(2) $x = \frac{27}{2}$　(3) $x = 9$
　(4) $x = 2\sqrt{3}$

● 3章 ● 数学と人間の活動

24 数の歴史 —— 58

1 ア 6　イ 162

2 ウ 1　エ 10

3 オ 3　カ 32　キ 11　ク 672

4 ケ 2　コ 10

5 サ 5　シ 6　ス 2　セ 4　ソ 0

タ　7

◆ DRILL ◆ ―― 59

1　10348

2　(1)

(2)

3　(1)　182　　(2)　1231

4　(1)

(2)

5　(1)　$7 \times 10^2 + 9 \times 10 + 4 \times 1$

(2)　$3 \times 10^3 + 5 \times 10^2 + 8 \times 10 + 2 \times 1$

25　2 進法 ―― 60

1　ア　1　イ　0　ウ　1　エ　4　オ　5
　カ　1　キ　16　ク　8　ケ　4　コ　30

2　サ　2　シ　19　ス　0　セ　2　ソ　19
　タ　2　チ　1　ツ　2　テ　100110

3　ト　1　ナ　0　ニ　11001

◆ DRILL ◆ ―― 61

1　(1)　7　　(2)　11　　(3)　42　　(4)　67

2　(1)　$1110_{(2)}$　　(2)　$11011_{(2)}$　　(3)　$110111_{(2)}$
　(4)　$1010010_{(2)}$

3　(1)　$11010_{(2)}$　　(2)　$100110_{(2)}$

26　約数と倍数・長方形のしきつめ ―― 62

1　ア　1　イ　2　ウ　4　エ　8　オ　16
　カ　32

2　キ　6　ク　12　ケ　18　コ　24　サ　30
　シ　36

3　ス　2　セ　18　ソ　2　タ　18　チ　6
　ツ　18　テ　1　ト　18　ナ　6　ニ　6
　ヌ　6

◆ DRILL ◆ ―― 63

1　(1)　1，2，4，5，8，10，20，40
　(2)　1，2，3，6，7，14，21，42

2　(1)　4，8，12，16，20，24，28
　(2)　5，10，15，20，25，30，35，40，45，50
　(3)　9，18，27，36，45，54
　(4)　11，22，33，44，55，66，77

3　(1)　1 辺 9 の最大の正方形でしきつめられる。
　(2)　1 辺 16 の最大の正方形でしきつめられる。

27　ユークリッドの互除法 ―― 64

1　ア　1　イ　57　ウ　57　エ　19　オ　57
　カ　19　キ　4　ク　72　ケ　72　コ　72
　サ　2　シ　315　ス　315　セ　28　ソ　315
　タ　11　チ　7　ツ　28　テ　7　ト　7
　ナ　2　ニ　341　ヌ　341　ネ　124　ノ　341
　ハ　2　ヒ　93　フ　124　ヘ　93　ホ　31
　マ　93　ミ　31　ム　31

◆ DRILL ◆ ―― 65

1　(1)　6　　(2)　119

2　(1)　46　　(2)　191

28　土地の面積・相似と測定 ―― 66

1　ア　AB　イ　交点　ウ　AD

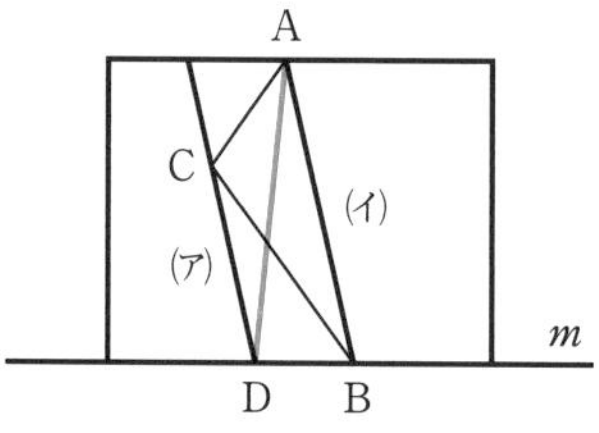

2　エ　11　オ　85　カ　73

3　キ　EF　ク　3.6　ケ　0.9　コ　0.9　サ　3.6
　シ　3.6　ス　0.9　セ　6.4

◆ DRILL ◆ ―― 67

1

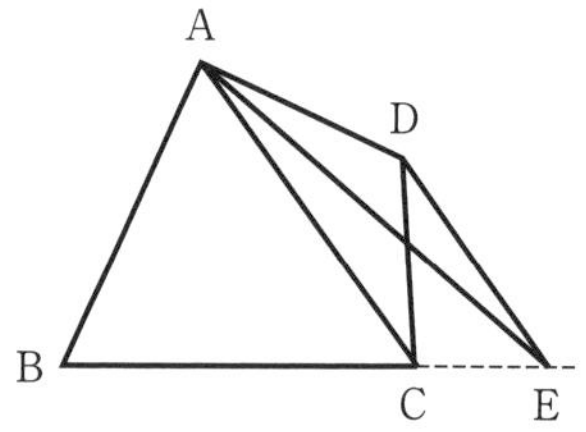

2　(1)　18 (m^2)
　(2)　99 (m^2)

3　25 (m)

29　座標の考え方 ―― 68

1

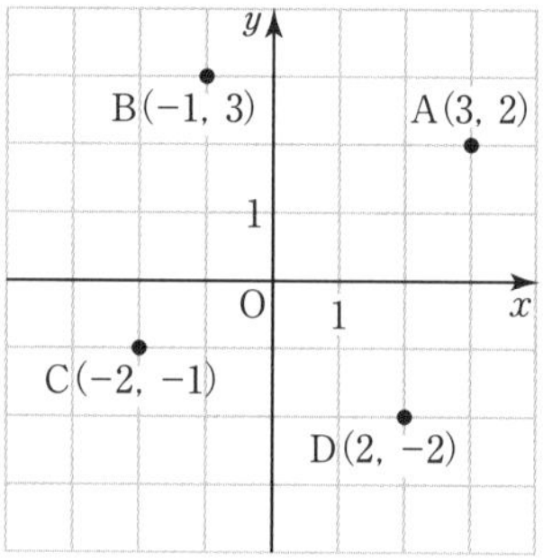

A(3, 2)　B(−1, 3)　C(−2, −1)　D(2, −2)

2　ア　7五

3 (1)

z, 5, P(1, 2, 5), 2, O, y, 1, x

(2) イ 3 ウ 8

◆ DRILL ◆――――69

1

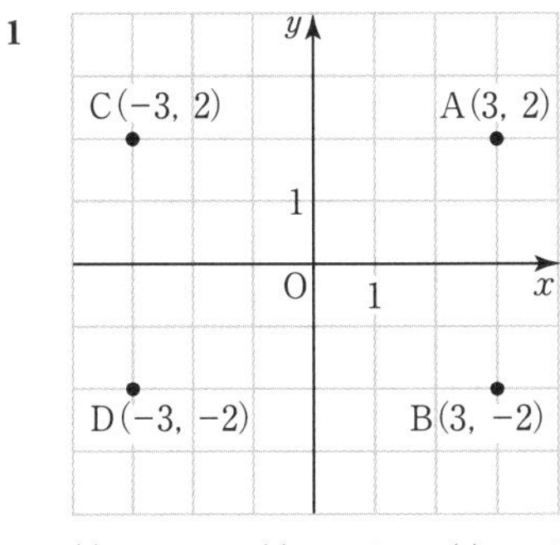

2 (1) 3六　(2) 3五　(3) 8六
(4) 5七　(5) 6三　(6) 4四

3 (1)

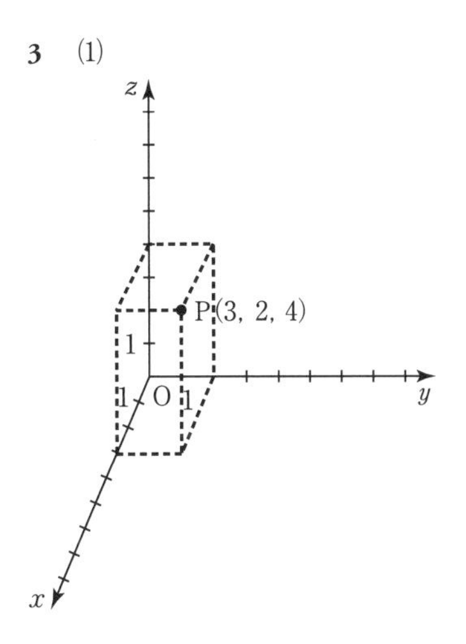

(2) (4, 7, 6)

まとめの問題――――70

1 (1) 45　(2) 76
2 (1) $111101_{(2)}$　(2) $1101100_{(2)}$
3 12 m おきに植えたらよい。
4 57
5 20(m)
6 (6, 3)
7 (1) A(3, 4, 3)　B(3, 4, 0)
(2) C(6, 5, 6)　D(6, 5, 0)

高校サブノート数学A

表紙デザイン
エッジ・デザインオフィス

●編　者 —— 実教出版編修部
●発行者 —— 小田　良次
●印刷所 —— 株式会社　太　洋　社

●発行所 —— 実教出版株式会社
〒102-8377
東京都千代田区五番町5
電　話 〈営業〉(03)3238-7777
〈編修〉(03)3238-7785
〈総務〉(03)3238-7700
https://www.jikkyo.co.jp/

002502022
ISBN 978-4-407-36040-0

平方・平方根の表

n	n^2	$\sqrt{n}$	$\sqrt{10n}$	n	n^2	$\sqrt{n}$	$\sqrt{10n}$
1	1	1.0000	3.1623	51	2601	7.1414	22.5832
2	4	1.4142	4.4721	52	2704	7.2111	22.8035
3	9	1.7321	5.4772	53	2809	7.2801	23.0217
4	16	2.0000	6.3246	54	2916	7.3485	23.2379
5	25	2.2361	7.0711	55	3025	7.4162	23.4521
6	36	2.4495	7.7460	56	3136	7.4833	23.6643
7	49	2.6458	8.3666	57	3249	7.5498	23.8747
8	64	2.8284	8.9443	58	3364	7.6158	24.0832
9	81	3.0000	9.4868	59	3481	7.6811	24.2899
10	100	3.1623	10.0000	60	3600	7.7460	24.4949
11	121	3.3166	10.4881	61	3721	7.8102	24.6982
12	144	3.4641	10.9545	62	3844	7.8740	24.8998
13	169	3.6056	11.4018	63	3969	7.9373	25.0998
14	196	3.7417	11.8322	64	4096	8.0000	25.2982
15	225	3.8730	12.2474	65	4225	8.0623	25.4951
16	256	4.0000	12.6491	66	4356	8.1240	25.6905
17	289	4.1231	13.0384	67	4489	8.1854	25.8844
18	324	4.2426	13.4164	68	4624	8.2462	26.0768
19	361	4.3589	13.7840	69	4761	8.3066	26.2679
20	400	4.4721	14.1421	70	4900	8.3666	26.4575
21	441	4.5826	14.4914	71	5041	8.4261	26.6458
22	484	4.6904	14.8324	72	5184	8.4853	26.8328
23	529	4.7958	15.1658	73	5329	8.5440	27.0185
24	576	4.8990	15.4919	74	5476	8.6023	27.2029
25	625	5.0000	15.8114	75	5625	8.6603	27.3861
26	676	5.0990	16.1245	76	5776	8.7178	27.5681
27	729	5.1962	16.4317	77	5929	8.7750	27.7489
28	784	5.2915	16.7332	78	6084	8.8318	27.9285
29	841	5.3852	17.0294	79	6241	8.8882	28.1069
30	900	5.4772	17.3205	80	6400	8.9443	28.2843
31	961	5.5678	17.6068	81	6561	9.0000	28.4605
32	1024	5.6569	17.8885	82	6724	9.0554	28.6356
33	1089	5.7446	18.1659	83	6889	9.1104	28.8097
34	1156	5.8310	18.4391	84	7056	9.1652	28.9828
35	1225	5.9161	18.7083	85	7225	9.2195	29.1548
36	1296	6.0000	18.9737	86	7396	9.2736	29.3258
37	1369	6.0828	19.2354	87	7569	9.3274	29.4958
38	1444	6.1644	19.4936	88	7744	9.3808	29.6648
39	1521	6.2450	19.7484	89	7921	9.4340	29.8329
40	1600	6.3246	20.0000	90	8100	9.4868	30.0000
41	1681	6.4031	20.2485	91	8281	9.5394	30.1662
42	1764	6.4807	20.4939	92	8464	9.5917	30.3315
43	1849	6.5574	20.7364	93	8649	9.6437	30.4959
44	1936	6.6332	20.9762	94	8836	9.6954	30.6594
45	2025	6.7082	21.2132	95	9025	9.7468	30.8221
46	2116	6.7823	21.4476	96	9216	9.7980	30.9839
47	2209	6.8557	21.6795	97	9409	9.8489	31.1448
48	2304	6.9282	21.9089	98	9604	9.8995	31.3050
49	2401	7.0000	22.1359	99	9801	9.9499	31.4643
50	2500	7.0711	22.3607	100	10000	10.0000	31.6228

● 1章 ● 場合の数と確率

❶ 集合と要素 [p. 2]

1 次の集合を，要素をかき並べて表しなさい。

(1) 15 の正の約数の集合 A

(2) -2 以上 3 以下の整数の集合 B

解 (1) 15 の正の約数は，1，[ア 3]，5，[イ 15] であるから

$A=\{1,\ 3,\ 5,\ 15\}$

(2) -2 以上 3 以下の整数は，

[ウ -2]，-1，0，1，2，[エ 3] であるから

$B=\{-2,\ -1,\ 0,\ 1,\ 2,\ 3\}$

2 集合 $A=\{2,\ 3,\ 4,\ 5,\ 7,\ 8,\ 9\}$ の部分集合を次の集合から選び，記号 $\subset$ を使って表しなさい。

$P=\{2,\ 6,\ 10\}$，$Q=\{3,\ 5,\ 8\}$，$R=\{2,\ 9\}$

解 [オ Q] $\subset$ [カ A]，[キ R] $\subset$ [ク A]

3 12 以下の自然数の集合を全体集合とし，3 の倍数の集合を A とするとき，A の補集合 $\overline{A}$ を求めなさい。

解 12 以下の 3 の正の倍数の集合は $A=\{3,\ 6,\ 9,\ 12\}$ なので

$\overline{A}=\{1,\ 2,$ [ケ 4]，[コ 5]，7，8，[サ 10]，$11\}$

4 次の集合 A，B について，$A\cap B$ と $A\cup B$ を求めなさい。

(1) $A=\{1,\ 3,\ 4,\ 6,\ 9\}$，$B=\{2,\ 3,\ 4,\ 5,\ 8\}$

(2) $A=\{2,\ 4,\ 5,\ 7,\ 8,\ 10\}$，$B=\{4,\ 8,\ 10\}$

解 (1) $A\cap B=\{$[シ 3]，[ス 4]$\}$

$A\cup B=\{1,\ 2,\ 3,\ 4,$ [セ 5]，[ソ 6]，8，[タ 9]$\}$

(2) $A\cap B=\{$[チ 4]，8，[ツ 10]$\}$

$A\cup B=\{2,$ [テ 4]，[ト 5]，7，[ナ 8]，$10\}$

5 2 つの集合 $A=\{3,\ 4,\ 5,\ 6,\ 7\}$，$B=\{8,\ 9,\ 10\}$ について，$A\cap B$ を求めなさい。

解 $A\cap B=$ [ニ $\varnothing$]

◆DRILL◆ [p. 3]

1 (1) $\boldsymbol{A=\{1,\ 2,\ 3,\ 4,\ 6,\ 8,\ 12,\ 16,\ 24,\ 48\}}$ 答

(2) $\boldsymbol{A=\{2,\ 3,\ 5,\ 7,\ 11,\ 13,\ 17,\ 19\}}$ 答

2 (1) $A=\{1,\ 3,\ 5,\ 7,\ 9,\ 11\}$

$B=\{3,\ 5,\ 9\}$

より

$\boldsymbol{B\subset A}$ 答

(2) $A=\{1,\ 2,\ 3,\ 4,\ 6,\ 12\}$

$B=\{1,\ 2,\ 3,\ 4,\ 6,\ 8,\ 12,\ 24\}$

より

$\boldsymbol{A\subset B}$ 答

◆集合の要素

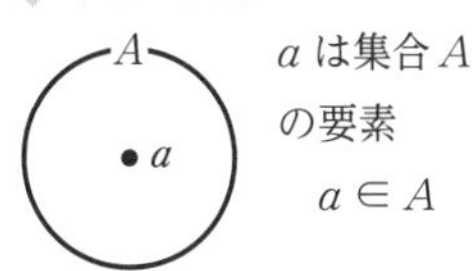

◆集合の表し方

集合はその要素を{ }の中にかき並べて表す。

◆部分集合

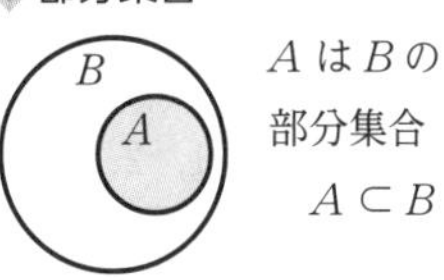

◆全体集合 U と補集合 $\overline{A}$

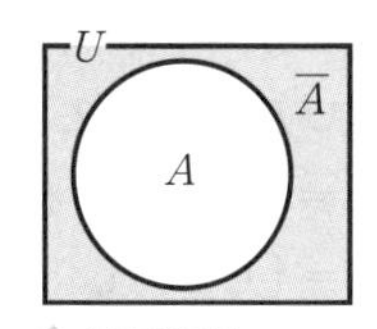

◆共通部分 $A\cap B$

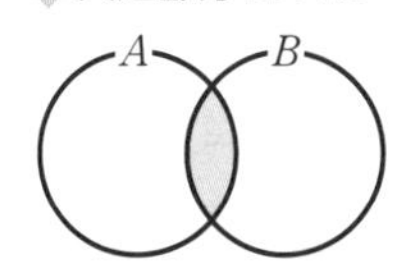

◆和集合 $A\cup B$

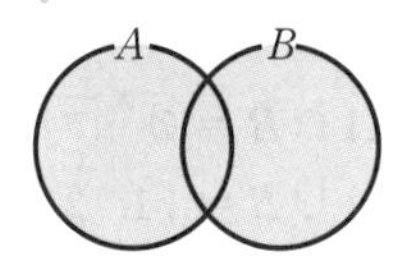

◆空集合 $\varnothing$

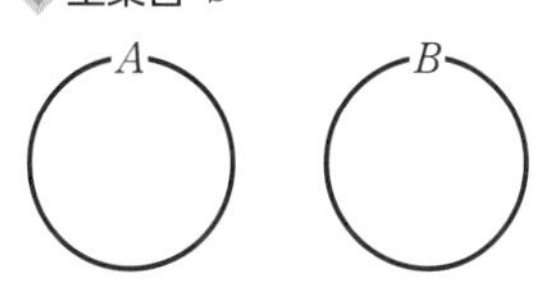

要素がない場合

$A\cap B=\varnothing$

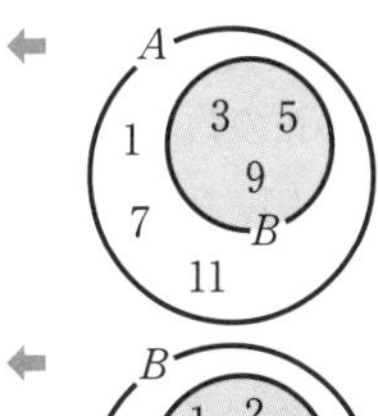

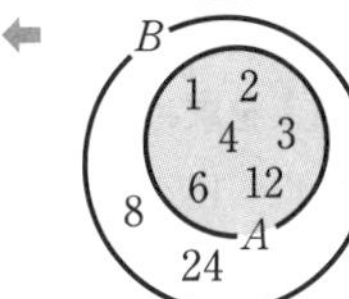

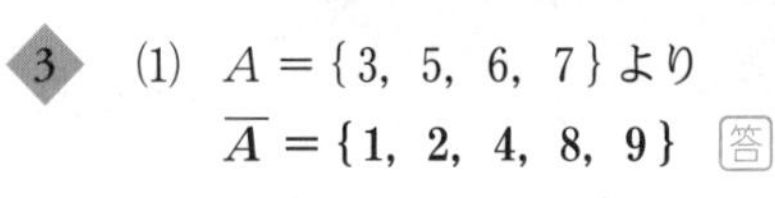

◆3 (1) $A=\{3,\ 5,\ 6,\ 7\}$ より

$\overline{A}=\{\mathbf{1,\ 2,\ 4,\ 8,\ 9}\}$ 答

(2) $B=\{1,\ 2,\ 6,\ 8,\ 9\}$ より

$\overline{B}=\{\mathbf{3,\ 4,\ 5,\ 7}\}$ 答

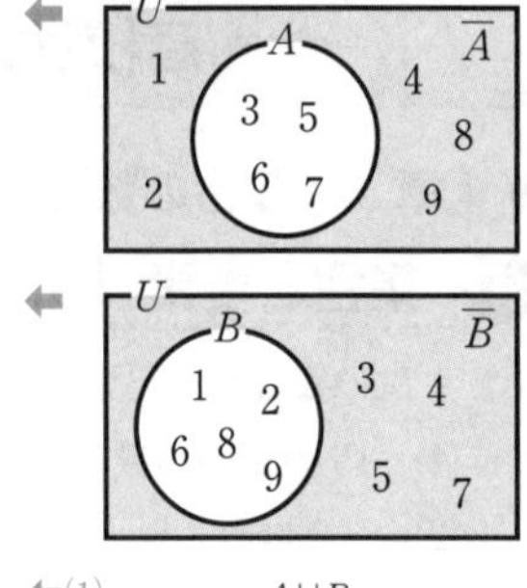

◆4 (1) $A=\{5,\ 6,\ 7,\ 8,\ 9,\ 10\}$

$B=\{4,\ 6,\ 8,\ 11,\ 12\}$

より

$\boldsymbol{A\cap B=\{6,\ 8\}}$ 答

$\boldsymbol{A\cup B=\{4,\ 5,\ 6,\ 7,\ 8,\ 9,\ 10,\ 11,\ 12\}}$ 答

(2) $A=\{1,\ 2,\ 3,\ 4\}$

$B=\{3,\ 4,\ 5,\ 6,\ 7\}$

より

$\boldsymbol{A\cap B=\{3,\ 4\}}$ 答

$\boldsymbol{A\cup B=\{1,\ 2,\ 3,\ 4,\ 5,\ 6,\ 7\}}$ 答

(3) $A=\{1,\ 2,\ 3,\ 4,\ 6,\ 9,\ 12,\ 18,\ 36\}$

$B=\{3,\ 6,\ 9,\ 12,\ 15\}$

より

$\boldsymbol{A\cap B=\{3,\ 6,\ 9,\ 12\}}$ 答

$\boldsymbol{A\cup B=\{1,\ 2,\ 3,\ 4,\ 6,\ 9,\ 12,\ 15,\ 18,\ 36\}}$ 答

(4) $A=\{1,\ 2,\ 3,\ 5,\ 6,\ 10,\ 15,\ 30\}$

$B=\{1,\ 2,\ 4,\ 5,\ 10,\ 20\}$

より

$\boldsymbol{A\cap B=\{1,\ 2,\ 5,\ 10\}}$ 答

$\boldsymbol{A\cup B=\{1,\ 2,\ 3,\ 4,\ 5,\ 6,\ 10,\ 15,\ 20,\ 30\}}$ 答

(5) $A=\{5,\ 6,\ 9,\ 10,\ 11,\ 12\}$

$B=\{1,\ 2,\ 7,\ 8\}$

より

$\boldsymbol{A\cap B=\emptyset}$ 答

$\boldsymbol{A\cup B=\{1,\ 2,\ 5,\ 6,\ 7,\ 8,\ 9,\ 10,\ 11,\ 12\}}$ 答

(6) $A=\{2,\ 4,\ 6,\ 8,\ 10\}$

$B=\{1,\ 3,\ 5,\ 7,\ 9\}$

より

$\boldsymbol{A\cap B=\emptyset}$ 答

$\boldsymbol{A\cup B=\{1,\ 2,\ 3,\ 4,\ 5,\ 6,\ 7,\ 8,\ 9,\ 10\}}$ 答

(1)

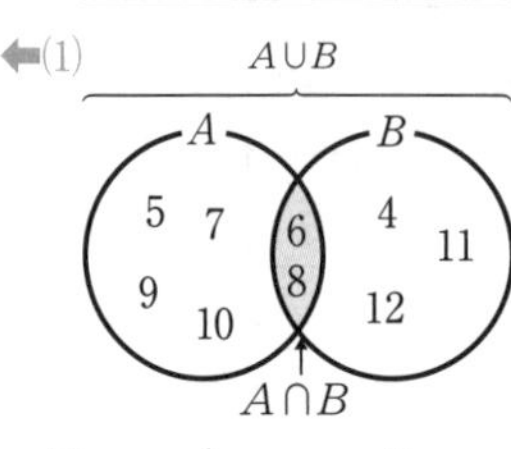

(2)

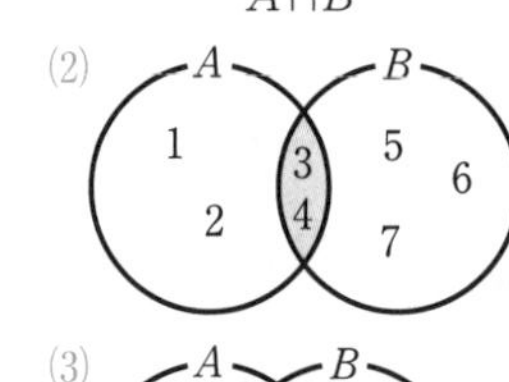

(3)

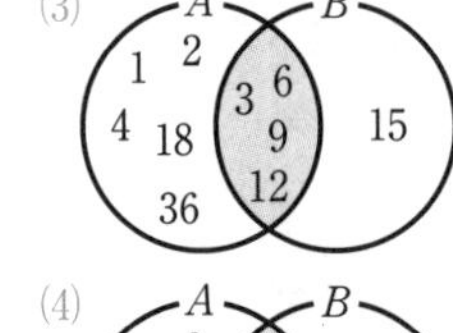

(4)

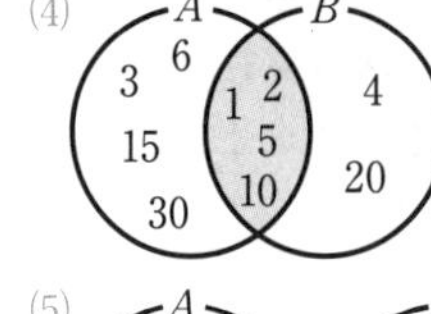

(5)

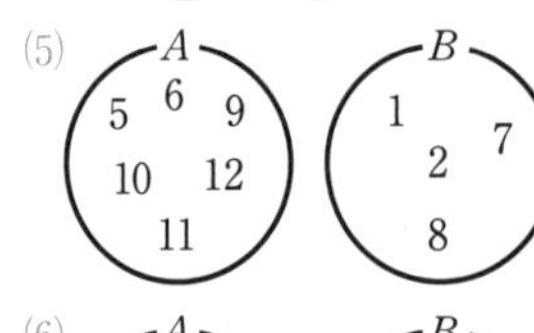

(6)

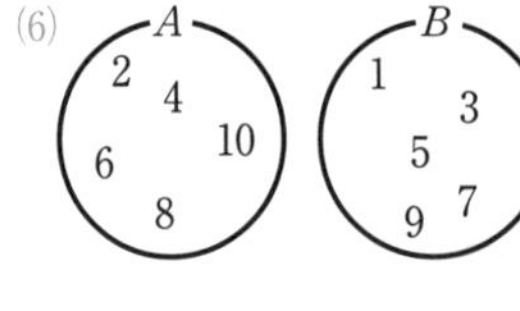

❷ 集合の要素の個数 [p. 4]

1 18 の正の約数の集合を A とするとき，$n(A)$ を求めなさい。

解 $A=\{1,\ 2,\ 3,\ 6,\ 9,\ 18\}$

よって　$n(A)=$ [ア 6]

2 15 以下の自然数の集合を全体集合とし，4 の倍数の集合を A とするとき $n(\overline{A})$ を求めなさい。

解 $n(U)=15,\ n(A)=$ [イ 3]

よって　$n(\overline{A})=n(U)-n(A)=15-$ [ウ 3] $=$ [エ 12]

◆**補集合の要素の個数**

$n(\overline{A})=n(U)-n(A)$

3 25 以下の自然数の集合を全体集合とし，3 の倍数の集合を A，4 の倍数の集合を B とするとき，$n(A \cup B)$ を求めなさい。

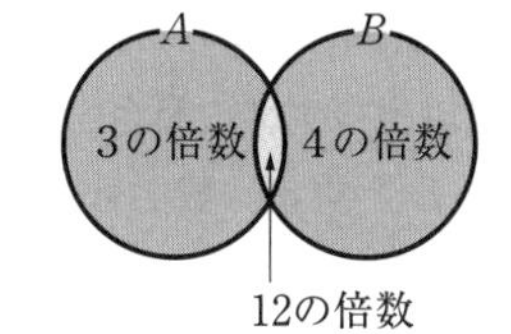

解 $A = \{3,\ 6,\ 9,\ 12,\ 15,\ 18,\ 21,\ 24\}$

$B = \{4,\ 8,\ 12,\ 16,\ 20,\ 24\}$ だから

$A \cap B = \{$ オ 12 , カ 24 $\}$

よって　$n(A) = 8$，$n(B) =$ キ 6 ，$n(A \cap B) = 2$

したがって

$n(A \cup B) = 8 + 6 - 2 =$ ク 12

◆和集合の要素の個数

$n(A \cup B)$

$= n(A) + n(B) - n(A \cap B)$

⬅ 25 以下の自然数における 3 の倍数の個数は

$\frac{25}{3} = 8.33\cdots$ より

8 個（小数点以下切り捨て）

4 あるクラスの生徒について，通学方法を調べたところ，電車を利用する生徒は 18 人，自転車を利用する生徒は 11 人，電車と自転車の両方を利用する生徒は 6 人であった。電車または自転車を利用する生徒は何人いるか求めなさい。

解 電車を利用する生徒の集合を A，自転車を利用する生徒の集合を B とする。

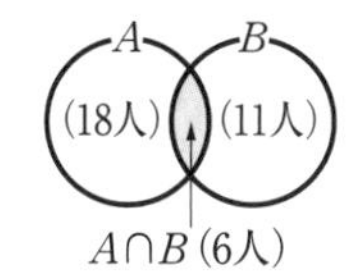

$n(A) =$ ケ 18 ，$n(B) =$ コ 11 ，

$n(A \cap B) =$ サ 6

よって，電車または自転車を利用する生徒の人数は

$n(A \cup B) =$ シ 18 $+$ ス 11 $-$ セ 6 $=$ ソ 23 (人)

◆DRILL◆ [p. 5]

1 (1) $n(A) = \mathbf{7}$ **(個)** 答

(2) $B = \{1,\ 2,\ 5,\ 10,\ 25,\ 50\}$

よって　$n(B) = \mathbf{6}$ **(個)** 答

2 $n(U) = 40$，$n(A) = 13$

よって　$n(\overline{A}) = n(U) - n(A) = 40 - 13 = \mathbf{27}$ 答

3 (1) $A = \{4,\ 8,\ 12,\ 16,\ 20,\ 24,\ 28,\ 32,\ 36,\ 40,\ 44,\ 48\}$ だから

$n(A) = \mathbf{12}$ 答

(2) $B = \{5,\ 10,\ 15,\ 20,\ 25,\ 30,\ 35,\ 40,\ 45,\ 50\}$ だから

$n(B) = \mathbf{10}$ 答

(3) 4 かつ 5 の倍数，すなわち 20 の倍数の集合は $A \cap B$ で表される。

$A \cap B = \{20,\ 40\}$ だから

$n(A \cap B) = \mathbf{2}$ 答

(4) $n(A \cup B) = n(A) + n(B) - n(A \cap B)$

$= 12 + 10 - 2 = \mathbf{20}$ 答

4 (1) $A = \{3,\ 6,\ 9,\ 12,\ 15,\ 18,\ 21,\ 24,\ 27,\ 30,\ 33,\ 36,\ 39,\ 42,\ 45,\ 48\}$

だから　$n(A) = \mathbf{16}$ 答

(2) $B = \{7,\ 14,\ 21,\ 28,\ 35,\ 42,\ 49\}$ だから

$n(B) = \mathbf{7}$ 答

(3) 3 かつ 7 の倍数，すなわち 21 の倍数の集合は $A \cap B$ で表される。

$A \cap B = \{21,\ 42\}$ だから

$n(A \cap B) = \mathbf{2}$ 答

(4) $n(A \cup B) = n(A) + n(B) - n(A \cap B)$

$= 16 + 7 - 2 = \mathbf{21}$ 答

5 数学のテストの点数が 60 点以上の生徒の集合を A，英語のテストの点数が 60 点以上の生徒の集合を B とする。数学も英語も 60 点以上の生徒の集合は $A \cap B$ で表される。

$n(A) = 25,\ n(B) = 21,\ n(A \cap B) = 13$

数学または英語のテストの点数が 60 点以上の生徒の集合は $A \cup B$ で表される。

$n(A \cup B) = n(A) + n(B) - n(A \cap B)$ より

$n(A \cup B) = 25 + 21 - 13 = \mathbf{33}$ **(人)** 答

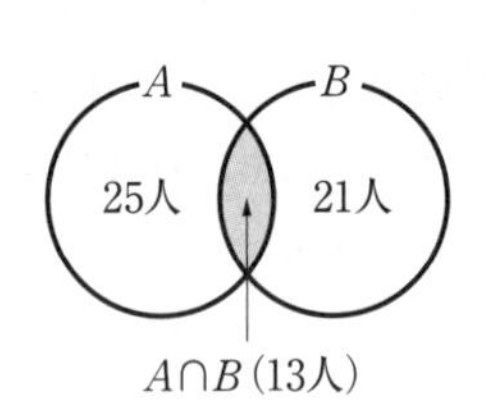

6 電車を利用する生徒の集合を A，バスを利用する生徒の集合を B とする。電車またはバスを利用している生徒の集合は $A \cup B$ で表される。

$n(A) = 30,\ n(B) = 27,\ n(A \cup B) = 48$

電車とバスの両方を利用している生徒の集合は $A \cap B$ で表される。

$n(A \cup B) = n(A) + n(B) - n(A \cap B)$ より

$48 = 30 + 27 - n(A \cap B)$

よって，$n(A \cap B) = \mathbf{9}$ **(人)** 答

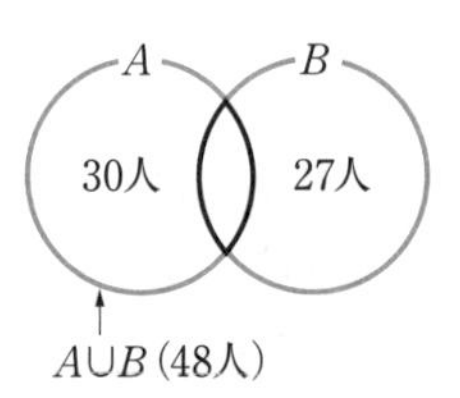

3 数えあげ・和の法則と積の法則 [p. 6]

1 あるレストランのランチでは，次のおかずとごはんからそれぞれ 1 品ずつ選ぶことができる。次の問いに答えなさい。

おかず：ハンバーグ，からあげ，とんかつ

ごはん：白米，五穀米

(1) すべての場合をかき並べて，選び方が全部で何通りあるか求めなさい。

(2) すべての選び方を示す表をつくりなさい。

(3) 樹形図をつくりなさい。

解 (1) 選び方をすべてかき並べると

(ハ，白)，(か，白)，(と，白)，(ハ，五)，(か，五)，(と，五)

となる。よって，選び方は全部で ア 6 通りである。

(2)

ご＼お	ハ	か	と
白	ハ白	か白	と白
五	ハ五	か五	と五

(3)

- ハ
  - 白
  - 五
- か
  - 白
  - 五
- と
  - 白
  - 五

2 大小 2 個のさいころを同時に投げるとき，目の数の和が 3 または 8 になる場合は何通りあるか求めなさい。

解 目の数の和が 3 になる場合は 2 通り，目の数の和が 8 になる場合は イ 5 通りある。よって，目の数の和が 3 または 8 になる場合の数は $2 +$ ウ 5 $=$ エ 7 通りである。

大＼小	⚀	⚁	⚂	⚃	⚄	⚅
⚀	2	3	4	5	6	7
⚁	3	4	5	6	7	8
⚂	4	5	6	7	8	9
⚃	5	6	7	8	9	10
⚄	6	7	8	9	10	11
⚅	7	8	9	10	11	12

◆**数えあげの方法**

あることがらの起こる場合の数を求めるには，

もれなく　重複なく

数えることが大切である。

◆**場合の数の求め方**

場合の数は

①すべてかき並べる

②表を用いる

③樹形図を用いる

など，いろいろな方法で求めることができる。

◆**和の法則**

ことがら A の起こる場合が m 通り，ことがら B の起こる場合が n 通りあるとする。A と B が同時に起こらないとき，A または B が起こる場合の数は $m + n$ (通り)

3 ある高校の書道部には男子 7 人と女子 13 人の部員がいる。この中から代表を男子と女子それぞれ 1 人ずつ選ぶとき，選び方は何通りあるか求めなさい。

解 男子の選び方が [オ 7] 通りあり，それぞれについて
女子の選び方が 13 通りあるから，
積の法則より　$7\times$ [カ 13] $=$ [キ 91]（通り）

◆積の法則
ことがら A の起こる場合が m 通りあり，それぞれについて，ことがら B の起こる場合が n 通りあるとき，A と B がともに起こる場合の数は $m\times n$（通り）

◆DRILL◆ [p. 7]

1 (1) **（赤，金），（赤，銀），（青，金），（青，銀），（黄，金），（黄，銀），（緑，金），（緑，銀），（紫，金），（紫，銀）**となる。
よって，選び方は全部で **10 通り**である。 答

(2)

B＼A	赤	青	黄	緑	紫
金	**赤金**	**青金**	**黄金**	**緑金**	**紫金**
銀	**赤銀**	**青銀**	**黄銀**	**緑銀**	**紫銀**

(3)

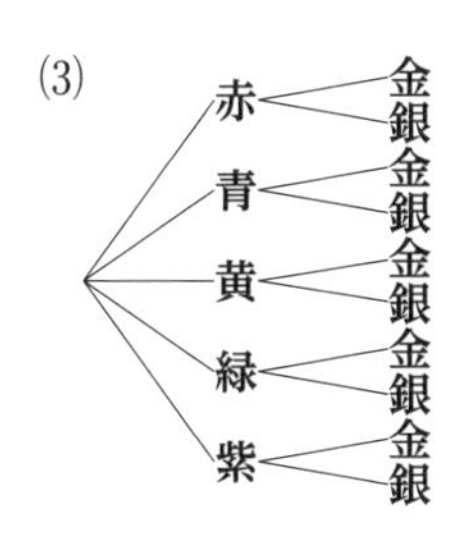

 (1)

← 目の数の積の表をつくる

大＼小	⚀	⚁	⚂	⚃	⚄	⚅
⚀	1	2	3	4	5	6
⚁	2	4	6	8	10	12
⚂	3	6	9	12	15	18
⚃	4	8	12	16	20	24
⚄	5	10	15	20	25	30
⚅	6	12	18	24	30	36

(2) 目の数の積が 4 になる場合は 3 通り，目の数の積が 6 になる場合は 4 通りある。よって，目の数の積が 4 または 6 になる場合の数は
$3+4=$ **7（通り）** 答

(3) 目の数の積が 10 になる場合は 2 通り，目の数の積が 20 になる場合は 2 通り，目の数の積が 30 になる場合は 2 通りある。よって，目の数の積が 10 の倍数になる場合の数は　$2+2+2=$ **6（通り）** 答

← 10 の倍数は，10，20，30

3 男子の選び方が 11 通りあり，それぞれについて
女子の選び方が 6 通りあるから，
積の法則より　$11\times 6=$ **66（通り）** 答

4 順列 [p. 8]

1 次の値を求めなさい。

(1) $_7P_3 = 7 \times$ [ア 6] $\times 5 = 210$

(2) $_5P_2 = 5 \times$ [イ 4] $=$ [ウ 20]

(3) $_4P_4 = 4 \times$ [エ 3] $\times 2 \times 1 =$ [オ 24]

2 [1], [2], [3], [4], [5], [6] の 6 枚のカードの中から 3 枚のカードを取り出して 3 けたの整数をつくるとき，整数は何個できるか求めなさい。

解 異なる 6 個のものから 3 個取る順列の総数だから

$_6P_3 =$ [カ 6] $\times 5 \times 4 =$ [キ 120] (個)

3 8 人の中から委員長，副委員長を 1 人ずつ選ぶとき，選び方は何通りあるか求めなさい。

解 異なる 8 個のものから [ク 2] 個取る順列の総数だから

$_8P_2 =$ [ケ 8] $\times 7 =$ [コ 56] (通り)

4 次の値を求めなさい。

(1) $5! = 5 \times 4 \times$ [サ 3] $\times 2 \times 1 = 120$

(2) $2! \times 4! = (2 \times 1) \times (4 \times 3 \times$ [シ 2] $\times 1) =$ [ス 48]

(3) $\dfrac{10!}{8!} = 10 \times$ [セ 9] $=$ [ソ 90]

5 8 人が 1 列に並んで行進をするとき，並び方は何通りあるか求めなさい。

解 8 人が 1 列に並ぶとき，並び方の総数は

[タ 8] $! = 8 \times 7 \times 6 \times 5 \times 4 \times 3 \times 2 \times 1 = 40320$

◆順列の総数 $_nP_r$

異なる n 個のものから r 個取る順列の総数は

$_nP_r = \underbrace{n(n-1)\cdots\cdots(n-r+1)}_{r\text{ 個の積}}$

◆n の階乗 $n!$

$n! = \underbrace{n(n-1) \times \cdots\cdots \times 3 \times 2 \times 1}_{n\text{ 個の積}}$

◆DRILL◆ [p. 9]

1 (1) $_6P_4 = 6 \times 5 \times 4 \times 3 = \mathbf{360}$ 答

(2) $_5P_3 = 5 \times 4 \times 3 = \mathbf{60}$ 答

(3) $_{11}P_2 = 11 \times 10 = \mathbf{110}$ 答

(4) $_7P_7 = 7 \times 6 \times 5 \times 4 \times 3 \times 2 \times 1 = \mathbf{5040}$ 答

2 (1) 異なる 5 個のものから 4 個取る順列の総数であるから

$_5P_4 = 5 \times 4 \times 3 \times 2 =$ **120 (個)** 答

(2) 5 でわり切れるのは，一の位が 5 の場合である。

千の位，百の位，十の位の決め方は，5 以外の残り 4 個のものから 3 個取る順列の総数であるから

$_4P_3 = 4 \times 3 \times 2 =$ **24 (個)** 答

[1][2][3][4]から 3 個取る

3 (1) 12 人の中から委員長，副委員長を 1 人ずつ選ぶ方法は，異なる 12 個のものから 2 個取る順列の総数であるから

$_{12}P_2 = 12 \times 11 =$ **132 (通り)** 答

(2) 9 人のリレーの選手の中から，走る順番を考えて 4 人を選ぶ方法は，異なる 9 個のものから 4 個取る順列の総数であるから

$_9P_4 = 9 \times 8 \times 7 \times 6 =$ **3024 (通り)** 答

4 (1) $3! \times 5! = (3 \times 2 \times 1) \times (5 \times 4 \times 3 \times 2 \times 1) = \mathbf{720}$ 答

(2) $\dfrac{8!}{4!} = \dfrac{8 \times 7 \times 6 \times 5 \times \cancel{4 \times 3 \times 2 \times 1}}{\cancel{4 \times 3 \times 2 \times 1}} = \mathbf{1680}$ 答

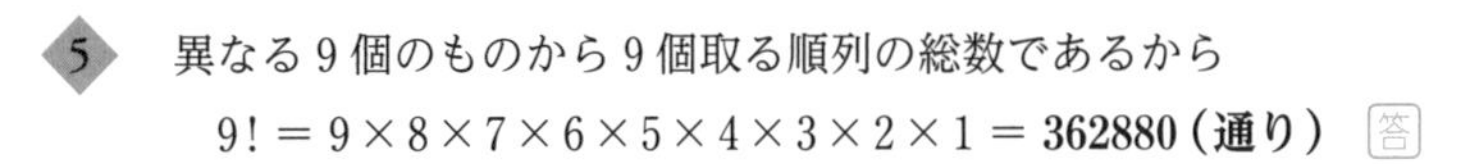

◆5◆ 異なる9個のものから9個取る順列の総数であるから

$9! = 9\times8\times7\times6\times5\times4\times3\times2\times1 =$ **362880（通り）** 答

5 条件がついた順列［p. 10］

1 男子5人，女子3人の計8人の中から4人が1列に並ぶとき，両端が男子，中の2人が女子である並び方は何通りあるか求めなさい。

解 両端の男子の並び方は

$_5P_2 = 5\times$ ［ア 4］ $=$ ［イ 20］（通り）

この並び方のそれぞれについて，

中の2人の女子の並び方は

$_3P_2 =$ ［ウ 3］ $\times 2 =$ ［エ 6］（通り）

よって，求める並び方は

［オ 20］ $\times 6 =$ ［カ 120］（通り）

2 男子3人，女子2人の計5人が1列に並んで写真をとるとき，次のそれぞれの場合について並び方は何通りあるか求めなさい。

(1) 女子2人が両端に並ぶ

(2) 女子2人がとなりあって並ぶ

解 (1) 両端の女子2人の並び方は ［キ 2］$! = 2$（通り）

この並び方のそれぞれについて，中の3人の男子の並び方は

$3! =$ ［ク 6］（通り）

よって，求める並び方は

$2\times$ ［ケ 6］ $=$ ［コ 12］（通り）

(2) 女子2人をまとめて1人と考えると，

男子3人とあわせた4人の並び方は

$4! =$ ［サ 24］（通り）

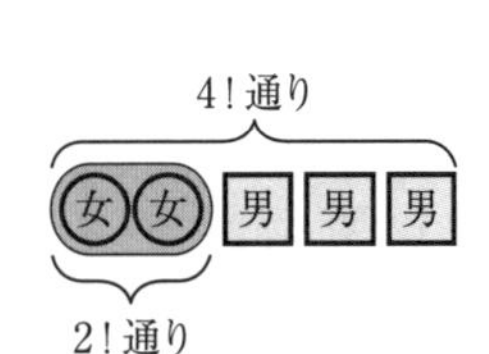

この並び方のそれぞれについて，

女子2人の並び方は

$2! =$ ［シ 2］（通り）

よって，求める並び方は

［ス 24］ $\times 2 =$ ［セ 48］（通り）

◆DRILL◆［p. 11］

◆1◆ 両端の男子の並び方は

$_4P_2 = 4\times3 = 12$（通り）

この並び方のそれぞれについて，

中の3人の女子の並び方は

$_5P_3 = 5\times4\times3 = 60$（通り）

よって，求める並び方は

$12\times60 =$ **720（通り）** 答

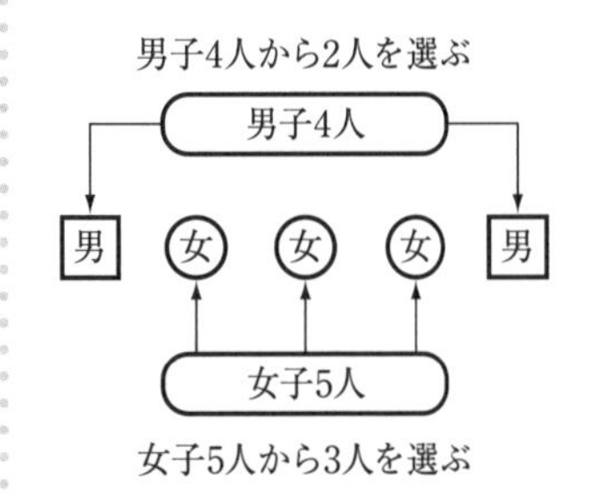

2 両端の絵札の並べ方は

$_3P_2 = 3 \times 2 = 6$(通り)

この並び方のそれぞれについて,

中の 4 枚の数字札の並べ方は

$_{10}P_4 = 10 \times 9 \times 8 \times 7 = 5040$(通り)

よって,求める並べ方は

$6 \times 5040 =$ **30240(通り)** 答

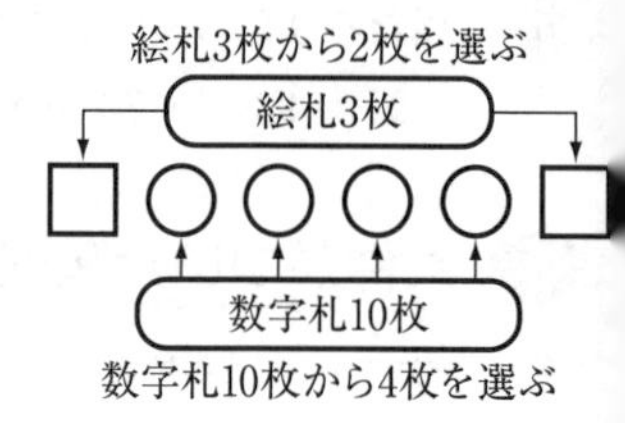

3 (1) 両端の女子 2 人の並び方は　$2! = 2$(通り)

この並び方のそれぞれについて,中の 5 人の男子の並び方は

$5! = 120$(通り)

よって,求める並び方は

$2 \times 120 =$ **240(通り)** 答

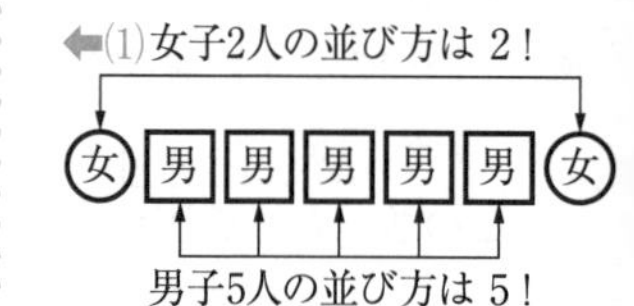

(2) 女子 2 人をまとめて 1 人と考えると,男子 5 人とあわせた 6 人の並び方は

$6! = 720$(通り)

この並び方のそれぞれについて,女子 2 人の並び方は

$2! = 2$(通り)

よって,求める並び方は

$720 \times 2 =$ **1440(通り)** 答

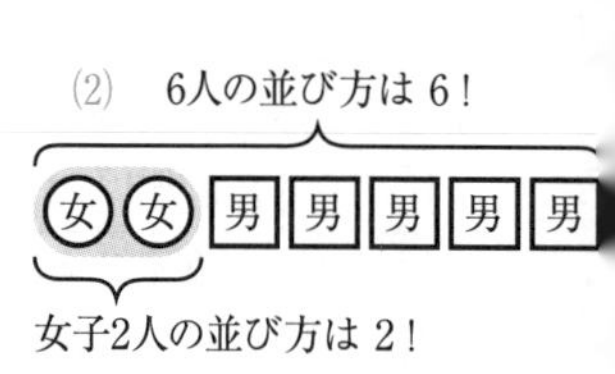

4 (1) A,B,C の 3 枚のカードをまとめて 1 枚と考えると,他の 6 枚のカードとあわせた 7 枚の並び方は

$7! = 5040$(通り)

この並び方のそれぞれについて,A,B,C のカードの並び方は

$3! = 6$(通り)

よって,求める並び方は

$5040 \times 6 =$ **30240(通り)** 答

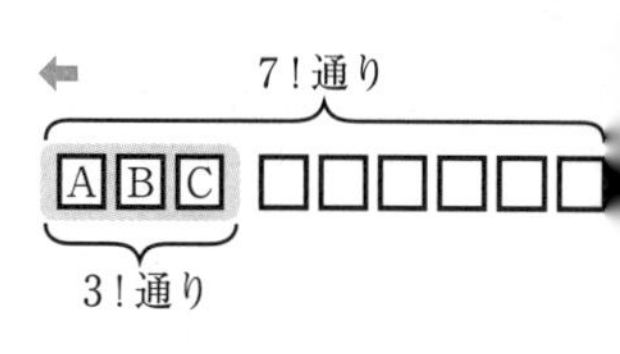

(2) B,C,D,E の 4 枚のカードをまとめて 1 枚と考えると,他の 5 枚のカードとあわせた 6 枚の並び方は

$6! = 720$(通り)

この並び方のそれぞれについて,B,C,D,E のカードの並び方は

$4! = 24$(通り)

よって,求める並び方は

$720 \times 24 =$ **17280(通り)** 答

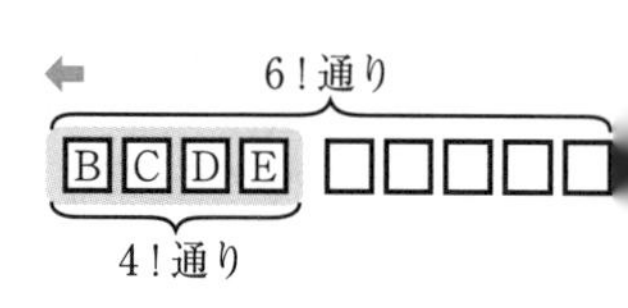

❻ 円順列・重複順列 ［p. 12］

1 A, B, C, D, E の5人が円形のテーブルにつく場合について，次の問いに答えなさい。

(1) 座り方は何通りあるか求めなさい。

(2) BとCがとなりあう座り方は何通りあるか求めなさい。

解 (1) 右の図で，Aから見た位置関係はどちらも同じであり，これらは1通りの座り方として考えられる。

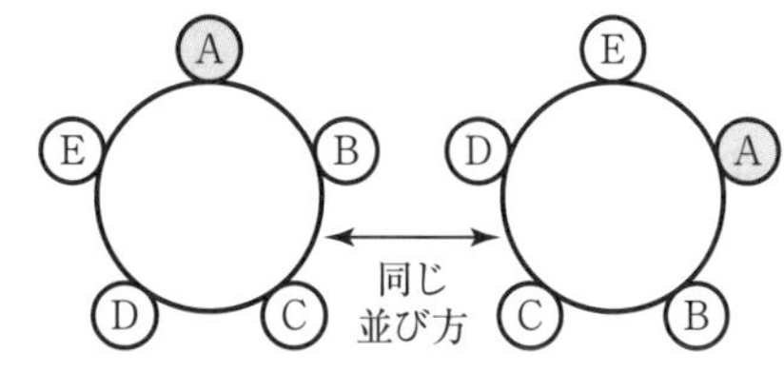

5人の座り方の総数を求めるには，たとえばAの位置を固定して，A以外の残りの4人が座る順列を考えればよい。

よって，4人の座り方の総数は

$(5-1)!=4!=$ ［ア 24］（通り）

(2) BとCをまとめて1人と考えると，残り3人とあわせた4人の座り方は

$(4-1)!=3!=$ ［イ 6］（通り）

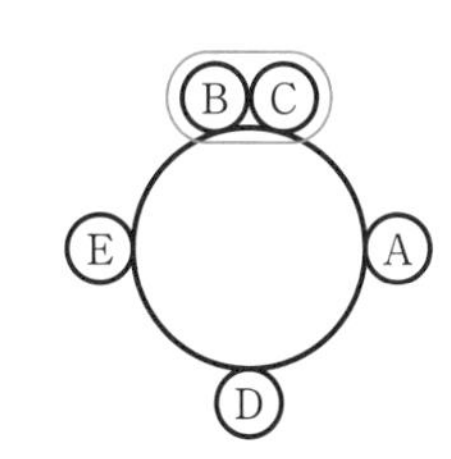

この座り方のそれぞれについて，BとCの並び方は

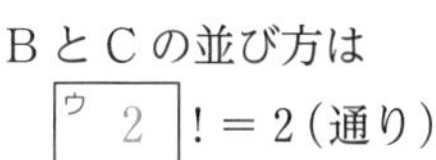

［ウ 2］$!=2$（通り）

よって，求める座り方は

［エ 6］$\times 2=$ ［オ 12］（通り）

> **◆円順列**
> 円順列の総数は
> $(n-1)!$

2 1, 2, 3, 4, 5 の数字を使って3けたの整数をつくる。同じ数字をくり返し使ってもよいとき，整数は何個できるか求めなさい。

解 百の位の数は，1から5までの［カ 5］通り

十の位の数も1から5までの［キ 5］通り

一の位の数も1から5までの［ク 5］通り

よって，3けたの整数は［ケ 5］$\times 5\times 5=$ ［コ 125］（個）できる。

> **◆重複順列**
> 異なる n 個のものから r 個取る重複順列の総数は
> $\underbrace{n\times n\times\cdots\cdots\times n}_{r\text{個の積}}=n^r$

◆DRILL◆ ［p. 13］

1 全部で7人いるから，座り方は

$(7-1)!=6!=$ **720（通り）** 答

⬅特定の1人を基準として考える

2 全部で8人いるから，輪のつくり方は

$(8-1)!=7!=$ **5040（通り）** 答

3 (1) 全部で6人いるから，座り方は

$(6-1)!=5!=$ **120（通り）** 答

(2) 両親をまとめて1人と考えると，残り4人とあわせた5人の座り方は

$(5-1)!=4!=24$（通り）

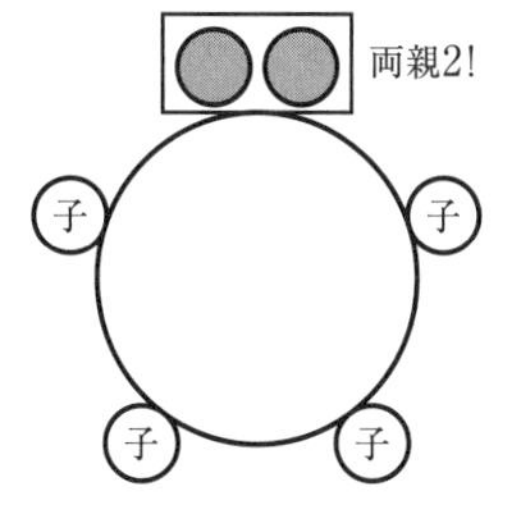

両親の並び方は

$2!=2\times 1=2$（通り）

求める座り方は積の法則により

$24\times 2=$ **48（通り）** 答

⬅両親を1人と考える。残り4人の座り方は順列の数と同じである。

4 万の位，千の位，百の位，十の位，一の位それぞれの数字の選び方は
万の位の数：1~3 のどれでもよいから 3 通り
千の位の数：同じ数字をくり返し使えて，1~3 のどれでもよいから 3 通り
百の位，十の位，一の位についても同様だから
$3\times3\times3\times3\times3=$ **243 (個)** 答

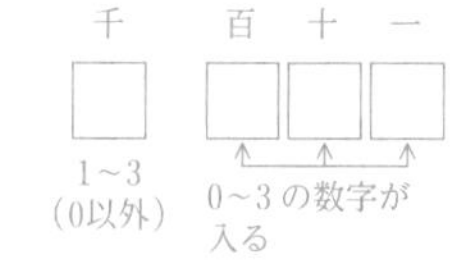

5 1 人の手の出し方は，グー，チョキ，パーの 3 通りあるから
$3\times3\times3=$ **27 (通り)** 答

6 千の位，百の位，十の位，一の位それぞれの数字の選び方は
千の位：0 を除いた 1~3 のどれでもよいから 3 通り
百の位：同じ数字をくり返し使えるから 0~3 の 4 通り
十の位，一の位についても同様だから
$3\times4\times4\times4=$ **192 (個)** 答

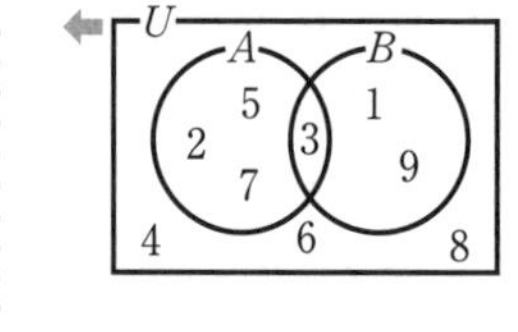

まとめの問題 [p. 14]

1 (1) $A\cup B=\{1, 2, 3, 5, 7, 9\}$ 答

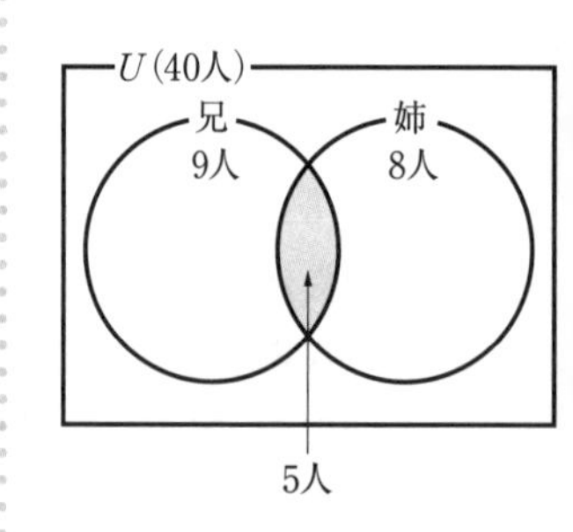

(2) $A\cap B=\{3\}$ 答
(3) $\overline{A}=\{1, 4, 6, 8, 9\}$ 答
(4) $\overline{B}=\{2, 4, 5, 6, 7, 8\}$
より
$\overline{A}\cup\overline{B}=\{1, 2, 4, 5, 6, 7, 8, 9\}$ 答
(5) $\overline{A}\cap\overline{B}=\{4, 6, 8\}$ 答
(6) $\overline{A\cap B}=\{1, 2, 4, 5, 6, 7, 8, 9\}$ 答
(7) $\overline{A\cup B}=\{4, 6, 8\}$ 答

2 (1) $A=\{3, 6, 9, \cdots\cdots, 99\}$ で
$A=\{3\times1, 3\times2, 3\times3, \cdots\cdots, 3\times33\}$ だから
$n(A)=$ **33** 答
(2) $B=\{7, 14, 21, \cdots\cdots, 98\}$ で
$B=\{7\times1, 7\times2, 7\times3, \cdots\cdots, 7\times14\}$ だから
$n(B)=$ **14** 答
(3) 3 の倍数かつ 7 の倍数, すなわち 21 の倍数の集合は $A\cap B$ で表される。
$A\cap B=\{21, 42, 63, 84\}$
よって　$n(A\cap B)=$ **4** 答
(4) $n(A\cup B)=n(A)+n(B)-n(A\cap B)$
$=33+14-4=$ **43** 答

3 (1) 兄のいる生徒の集合を A，姉のいる生徒の集合を B とする。
$n(A)=9$, $n(B)=8$, $n(A\cap B)=5$
よって，兄または姉がいる生徒の集合は
$n(A\cup B)=n(A)+n(B)-n(A\cap B)$
$=9+8-5=$ **12 (人)** 答
(2) クラス全員の集合を全体集合 U とすると，兄も姉もいない生徒の集合は，兄または姉がいる生徒の集合の補集合であるから $\overline{A\cup B}$ となる。
よって，兄も姉もいない生徒の集合は
$n(\overline{A\cup B})=n(U)-n(A\cup B)$
$=40-12=$ **28 (人)** 答

4 (1) 目の出方を（大，小）で表すと，目の数の和が 4 になるのは（1，3），（2，2），（3，1）の **3（通り）** 答

(2) 目の出方を（大，小）で表すと，目の数の和が 9 になるのは（3，6），（4，5），（5，4），（6，3）の 4 通り，目の数の和が 10 になるのは（4，6），（5，5），（6，4）の 3 通り

よって，目の数の和が 9 または 10 になるのは，

$4+3=$ **7（通り）** 答

⬅目の数の和の表をつくる

小＼大	1	2	3	4	5	6
1	2	3	4	5	6	7
2	3	4	5	6	7	8
3	4	5	6	7	8	9
4	5	6	7	8	9	10
5	6	7	8	9	10	11
6	7	8	9	10	11	12

5 数学の参考書の選び方が 7 通りあり，それぞれについて英語の参考書の選び方が 6 通りあるから

積の法則より $7\times6=$ **42（通り）** 答

6 (1) 異なる 7 個のものから 3 個取る順列の総数だから

$_7P_3=7\times6\times5=$ **210（個）** 答

(2) 5 でわり切れるのは，一の位が 5 の場合である。

百の位，十の位の決め方は，5 以外の残り 6 個のものから 2 個取る順列の総数であるから

$_6P_2=6\times5=$ **30（個）** 答

⬅□□5
5以外の 6 個から 2 個取る

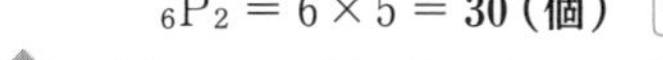

7 異なる 10 個のものから 10 個取る順列の総数だから

$10!=10\times9\times8\times7\times6\times5\times4\times3\times2\times1$

$=$ **3628800（通り）** 答

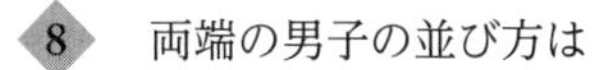

8 両端の男子の並び方は

$_4P_2=4\times3=12$（通り）

中の 3 人の女子の並び方は

$_4P_3=4\times3\times2=24$（通り）

男子の並び方 12 通りのそれぞれについて，女子の並び方が 24 通りあるから，求める並び方は

$12\times24=$ **288（通り）** 答

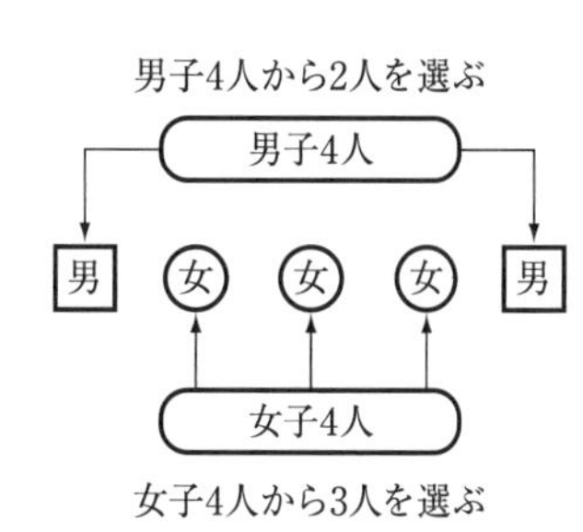

9 (1) 両端の女子 2 人の並び方は 2! 通りある。

この並び方のそれぞれについて，男子 6 人の並び方が 6! 通りある。

よって，求める並び方は　$2!\times6!=$ **1440（通り）** 答

(2) 女子 2 人をまとめて 1 人と考えると，男子 6 人とあわせた 7 人の並び方は 7! 通りある。

この並び方のそれぞれに対して，女子 2 人の並び方が 2! 通りある。

よって，求める並び方は　$7!\times2!=$ **10080（通り）** 答

10 (1) 全部で 7 人いるから，座り方は

$(7-1)!=6!=$ **720（通り）** 答

(2) 女子 2 人をまとめて 1 人と考えると，残り 5 人とあわせた 6 人の座り方は　$(6-1)!=5!$ 通り。

この座り方のそれぞれに対して，女子 2 人の並び方が 2! 通りある。

よって，求める座り方は

$5!\times2!=$ **240（通り）** 答

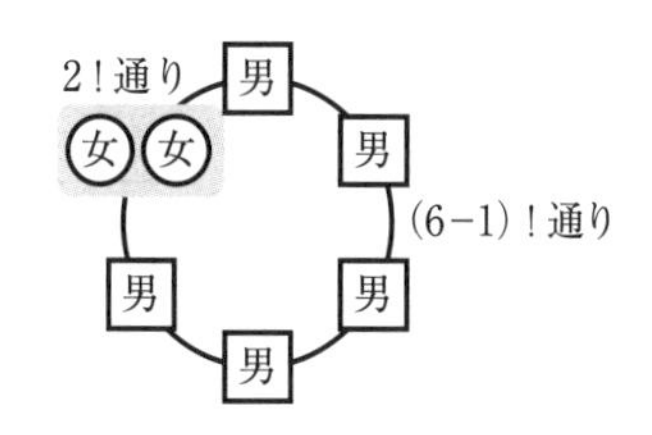

11 百の位の数は，1 から 4 までの 4 通り
十の位の数は，0 から 4 までの 5 通り
一の位の数は，0 から 4 までの 5 通り
よって，3 けたの整数は

$4 \times 5 \times 5 = \mathbf{100}$ **(個)** 答

⬅異なる n 個のものから r 個取る重複順列の総数は n^r

百　十　一
1～4（0以外）　0～4 の数字が入る

7 組合せ(1) [p. 16]

1 次の値を求めなさい。

(1) $_7C_2 = \dfrac{7 \times \boxed{^{ア}\ 6}}{2 \times 1} = \boxed{^{イ}\ 21}$

(2) $_{10}C_3 = \dfrac{10 \times \boxed{^{ウ}\ 9} \times 8}{3 \times 2 \times 1} = \boxed{^{エ}\ 120}$

◆**組合せの総数 $_nC_r$**
異なる n 個のものから r 個取る組合せの総数は

$_nC_r = \dfrac{_nP_r}{r!}$
$= \dfrac{n(n-1)\cdots\cdots(n-r+1)}{r(r-1)\times\cdots\cdots\times 3 \times 2 \times 1}$

2 10 人の生徒の中から代表を 4 人選ぶとき，選び方は何通りあるか求めなさい。

解 10 人の中から 4 人を選ぶ組合せの総数は

$_{10}C_4 = \dfrac{10 \times 9 \times \boxed{^{オ}\ 8} \times 7}{\boxed{^{カ}\ 4} \times 3 \times 2 \times 1} = \boxed{^{キ}\ 210}$ (通り)

3 右の図のように，円周上に 7 個の点 A，B，C，D，E，F，G がある。そのうち 3 点を選びそれらを頂点とする三角形をつくるとき，三角形は何個できるか求めなさい。

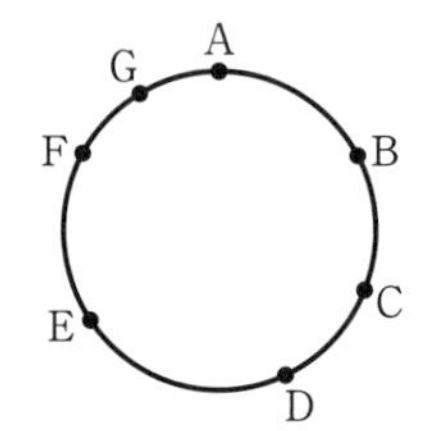

解 7 個の点から 3 個選ぶと三角形が 1 個できる。
よって，求める個数は

$_7C_3 = \dfrac{7 \times \boxed{^{ク}\ 6} \times 5}{3 \times 2 \times 1} = \boxed{^{ケ}\ 35}$ (個)

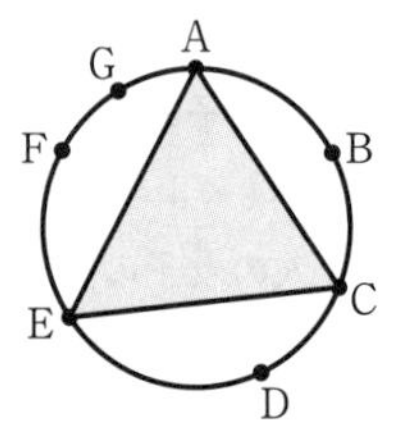

・3 個を選んで結ぶと，三角形が 1 個できる。

4 男子 6 人，女子 5 人の中から，男子 2 人，女子 2 人を選ぶとき，選び方は何通りあるか求めなさい。

解 男子 2 人の選び方は

$_6C_2 = \dfrac{6 \times 5}{2 \times 1} = \boxed{^{コ}\ 15}$ (通り)

この選び方のそれぞれについて，
女子 2 人の選び方は

$_5C_2 = \dfrac{5 \times 4}{2 \times 1} = \boxed{^{サ}\ 10}$ (通り)

よって，求める選び方は

$15 \times 10 = \boxed{^{シ}\ 150}$ (通り)

◆DRILL◆ [p. 17]

1 (1) $_{10}C_4 = \dfrac{10 \times 9 \times 8 \times 7}{4 \times 3 \times 2 \times 1} = \mathbf{210}$ 答

(2) $_9C_3 = \dfrac{9 \times 8 \times 7}{3 \times 2 \times 1} = \mathbf{84}$ 答

(3) $_7C_5 = \dfrac{7 \times 6 \times 5 \times 4 \times 3}{5 \times 4 \times 3 \times 2 \times 1} = \mathbf{21}$ 答

(4) $_{12}C_6 = \dfrac{12 \times 11 \times 10 \times 9 \times 8 \times 7}{6 \times 5 \times 4 \times 3 \times 2 \times 1} = \mathbf{924}$ 答

2 (1) 8 人の中から 3 人を選ぶ組合せの総数は

$_8C_3 = \dfrac{8 \times 7 \times 6}{3 \times 2 \times 1} = $ **56 (通り)** 答

(2) 9 冊の中から 2 冊を選ぶ組合せの総数は

$_9C_2 = \dfrac{9 \times 8}{2 \times 1} = $ **36 (通り)** 答

3 (1) 9 個の点から 3 個選ぶと三角形が 1 個できる。

よって，求める個数は

$_9C_3 = \dfrac{9 \times 8 \times 7}{3 \times 2 \times 1} = $ **84 (個)** 答

(2) 9 個の点から 4 個選ぶと四角形が 1 個できる。

よって，求める個数は

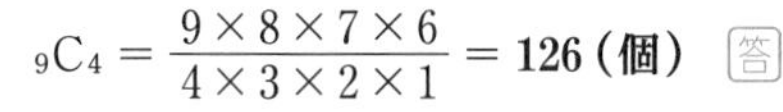

$_9C_4 = \dfrac{9 \times 8 \times 7 \times 6}{4 \times 3 \times 2 \times 1} = $ **126 (個)** 答

4 (1) 男子 2 人の選び方は

$_7C_2 = \dfrac{7 \times 6}{2 \times 1} = 21$ (通り)　　⬅ 7 人から 2 人を選ぶ

この選び方のそれぞれについて，

女子 2 人の選び方は

$_5C_2 = \dfrac{5 \times 4}{2 \times 1} = 10$ (通り)　　⬅ 5 人から 2 人を選ぶ

よって，求める選び方は

$21 \times 10 = $ **210 (通り)** 答

(2) 男子 3 人の選び方は

$_7C_3 = \dfrac{7 \times 6 \times 5}{3 \times 2 \times 1} = 35$ (通り)　　⬅ 7 人から 3 人を選ぶ

この選び方のそれぞれについて，

女子 1 人の選び方は

$_5C_1 = 5$ (通り)　　⬅ 5 人から 1 人を選ぶ

よって，求める選び方は

$35 \times 5 = $ **175 (通り)** 答

5 横の平行線から 2 本，縦の平行線から 2 本をそれぞれ選ぶと長方形が 1 個できる。

よって，求める個数は

$_3C_2 \times {}_6C_2 = \dfrac{3 \times 2}{2 \times 1} \times \dfrac{6 \times 5}{2 \times 1} = $ **45 (個)** 答

8 組合せ(2) [p. 18]

1 次の値を求めなさい。

(1) ${}_{11}C_8$　(2) ${}_{40}C_{38}$　(3) ${}_{1000}C_{999}$　(4) ${}_5C_0$

解 (1) ${}_{11}C_8 = {}_{11}C_{\boxed{ア\ 3}} = \dfrac{11 \times 10 \times \boxed{ウ\ 9}}{\boxed{イ\ 3} \times 2 \times 1} = \boxed{エ\ 165}$

(2) ${}_{40}C_{38} = {}_{40}C_{\boxed{オ\ 2}} = \dfrac{40 \times \boxed{カ\ 39}}{2 \times 1} = \boxed{キ\ 780}$

(3) ${}_{1000}C_{999} = {}_{1000}C_{\boxed{ク\ 1}} = \boxed{ケ\ 1000}$

(4) ${}_5C_0 = \boxed{コ\ 1}$

◆ ${}_nC_r$ の計算のくふう

${}_nC_r = {}_nC_{n-r}$

また，$r = n$ のとき

${}_nC_n = {}_nC_0 = 1$

2 右の図のような道路があるとき，A 地点から B 地点まで行く最短経路の道順は何通りあるか求めなさい。

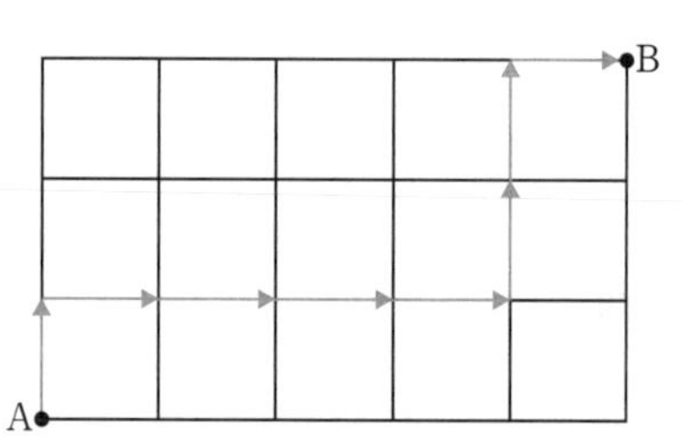

解 この道路で

上へ 1 区画進むことを ↑

右へ 1 区画進むことを →

で表すと，最短経路の道順は，$\boxed{サ\ 3}$ 個の ↑ と $\boxed{シ\ 5}$ 個の → を 1 列に並べることで示される。

これは，$\boxed{ス\ 8}$ 個の場所のうちの $\boxed{セ\ 3}$ 個に ↑ を入れることである。

よって，道順の総数を求めるには，8 個の場所のうち，↑ を入れる 3 個を決めればよいから

${}_8C_3 = \dfrac{8 \times 7 \times 6}{3 \times 2 \times 1} = \boxed{ソ\ 56}$ (通り)

◆DRILL◆ [p. 19]

1 (1) ${}_7C_6 = {}_7C_1 = \mathbf{7}$ 答

(2) ${}_{12}C_8 = {}_{12}C_4 = \dfrac{12 \times 11 \times 10 \times 9}{4 \times 3 \times 2 \times 1} = \mathbf{495}$ 答

(3) ${}_{50}C_{48} = {}_{50}C_2 = \dfrac{50 \times 49}{2 \times 1} = \mathbf{1225}$ 答

(4) ${}_8C_0 = \mathbf{1}$ 答

2 (1) この道路で上へ 1 区画進むことを ↑，右へ 1 区画進むことを → で表すと，最短経路の道順は，4 個の ↑ と 6 個の → を 1 列に並べることで示される。

これは，10 個の場所のうちの 4 個に ↑ を入れることである。

よって，道順の総数を求めるには，10 個の場所のうち，↑ を入れる 4 個を決めればよいから

${}_{10}C_4 = \dfrac{10 \times 9 \times 8 \times 7}{4 \times 3 \times 2 \times 1} = \mathbf{210}$ **(通り)** 答

(2) A 地点から P 地点まで行く道順の総数を求めるには，4 個の場所のうち，↑ を入れる 2 個を決めればよいから

$${}_4C_2=\frac{4\times3}{2\times1}=6\ (\text{通り})$$

P 地点から B 地点まで行く道順の総数を求めるには，6 個の場所のうち，↑ を入れる 2 個を決めればよいから

$${}_6C_2=\frac{6\times5}{2\times1}=15\ (\text{通り})$$

よって，求める道順の総数は積の法則より

$6\times15=$ **90 (通り)** 答

まとめの問題 [p. 20]

(1) $${}_9C_4=\frac{9\times8\times7\times6}{4\times3\times2\times1}=\mathbf{126}$$ 答

(2) ${}_{12}C_{12}=\mathbf{1}$ 答

← ${}_nC_n=1$

(3) ${}_{10}C_9={}_{10}C_1=\mathbf{10}$ 答

(4) ${}_{50}C_0=\mathbf{1}$ 答

(5) $${}_7C_3+{}_7C_2=\frac{7\times6\times5}{3\times2\times1}+\frac{7\times6}{2\times1}=35+21=\mathbf{56}$$ 答

(6) $${}_{10}C_2\times{}_5C_2=\frac{10\times9}{2\times1}\times\frac{5\times4}{2\times1}=45\times10=\mathbf{450}$$ 答

(1) 10 人の中から 3 人を選ぶ組合せの総数は

$${}_{10}C_3=\frac{10\times9\times8}{3\times2\times1}=\mathbf{120}\ (\textbf{通り})$$ 答

(2) 8 種類の中から 4 種類を選ぶ組合せの総数は

$${}_8C_4=\frac{8\times7\times6\times5}{4\times3\times2\times1}=\mathbf{70}\ (\textbf{通り})$$ 答

(3) 9 枚のカードの中から 3 枚のカードを選ぶ組合せの総数は

$${}_9C_3=\frac{9\times8\times7}{3\times2\times1}=\mathbf{84}\ (\textbf{通り})$$ 答

(4) 6 つの野球チームの中から 2 つの野球チームを選ぶ組合せの総数は

$${}_6C_2=\frac{6\times5}{2\times1}=\mathbf{15}\ (\textbf{通り})$$ 答

3 (1) 10 個の点から 4 個選ぶと四角形が 1 個できる。よって，求める個数は

$${}_{10}C_4=\frac{10\times9\times8\times7}{4\times3\times2\times1}=\mathbf{210}\ (\textbf{個})$$ 答

(2) 10 個の点から 5 個選ぶと五角形が 1 個できる。よって，求める個数は

$${}_{10}C_5=\frac{10\times9\times8\times7\times6}{5\times4\times3\times2\times1}=\mathbf{252}\ (\textbf{個})$$ 答

4 (1) 男子 10 人の中から 3 人を選ぶとき，選び方は

$$_{10}C_3 = \frac{10 \times 9 \times 8}{3 \times 2 \times 1} = 120\,(通り)$$

また，女子 7 人の中から 2 人を選ぶとき，選び方は

$$_7C_2 = \frac{7 \times 6}{2 \times 1} = 21\,(通り)$$

男子の選び方 120 通りのそれぞれについて，女子の選び方が 21 通りあるから，求める選び方は

$120 \times 21 =$ **2520 (通り)** 答

(2) 男子 10 人の中から 2 人を選ぶ選び方は

$$_{10}C_2 = \frac{10 \times 9}{2 \times 1} = 45\,(通り)$$

また，女子 7 人の中から 3 人を選ぶ選び方は

$$_7C_3 = \frac{7 \times 6 \times 5}{3 \times 2 \times 1} = 35\,(通り)$$

男子の選び方 45 通りのそれぞれについて，女子の選び方が 35 通りあるから，求める選び方は

$45 \times 35 =$ **1575 (通り)** 答

5 横の平行線の中から 2 本，斜めの平行線の中から 2 本をそれぞれ選ぶと平行四辺形が 1 個できる。よって，求める個数は

$$_5C_2 \times {}_6C_2 = \frac{5 \times 4}{2 \times 1} \times \frac{6 \times 5}{2 \times 1} = 10 \times 15 = \mathbf{150}\,(\textbf{個})$$ 答

6 (1) この道路で上へ 1 区画進むことを ↑ 右へ 1 区画進むことを → で表すと，最短経路の道順は，5 個の ↑ と 6 個の → を 1 列に並べることで示される。

これは，11 個の場所のうちの 5 個に ↑ を入れることである。

よって，道順の総数を求めるには，11 個の場所のうち，↑ を入れる 5 個を決めればよいから

$$_{11}C_5 = \frac{11 \times 10 \times 9 \times 8 \times 7}{5 \times 4 \times 3 \times 2 \times 1} = \mathbf{462}\,(\textbf{通り})$$ 答

(2) A 地点から P 地点まで行く道順の総数を求めるには，5 個の場所のうち，↑ を入れる 3 個を決めればよいから

$$_5C_3 = {}_5C_2 = \frac{5 \times 4}{2 \times 1} = 10\,(通り)$$

⬅ $_nC_r = {}_nC_{n-r}$

P 地点から B 地点まで行く道順の総数を求めるには，6 個の場所のうち，↑ を入れる 2 個を決めればよいから

$$_6C_2 = \frac{6 \times 5}{2 \times 1} = 15\,(通り)$$

よって，求める道順の総数は積の法則より

$10 \times 15 =$ **150 (通り)** 答

9 確率の求め方 [p. 22]

1 個のさいころを投げるとき，3 以上の目が出る確率を求めなさい。

解 目の出方は，全部で，1，2，3，4，5，6 の 6 通りある。

このうち，3 以上の目になる場合は，3，4，5，6 の [ア 4] 通りである。

よって，求める確率は $\dfrac{[イ\ 4]}{6} = \dfrac{[ウ\ 2]}{3}$

2 大小 2 個のさいころを同時に投げるとき，目の数の差が 2 になる確率を求めなさい。

解 2 個のさいころの目の出方は，全部で $6\times6=36$（通り） このうち，目の数の差が 2 になるのは，目の出方を（大，小）で表すと（1，3），（2，4），（3，1），（3，5），（4，2），（4，6），（5，3），（6，4）の［エ 8］通りである。

よって，求める確率は $\dfrac{\boxed{\text{オ } 8}}{36}=\dfrac{\boxed{\text{カ } 2}}{9}$

大＼小	⚀	⚁	⚂	⚃	⚄	⚅
⚀	0	1	2	3	4	5
⚁	1	0	1	2	3	4
⚂	2	1	0	1	2	3
⚃	3	2	1	0	1	2
⚄	4	3	2	1	0	1
⚅	5	4	3	2	1	0

3 大中小 3 個のさいころを同時に投げるとき，目の数の和が 5 になる確率を求めなさい。

解 3 個のさいころの目の出方は，全部で $6\times6\times6=216$（通り） このうち，3 個の目の数の和が 5 になるのは，目の出方を（大，中，小）で表すと（1，1，3），（1，2，2），（1，3，1），（2，1，2），（2，2，1），（3，1，1）の［キ 6］通りである。

よって，求める確率は $\dfrac{\boxed{\text{ク } 6}}{216}=\dfrac{1}{\boxed{\text{ケ } 36}}$

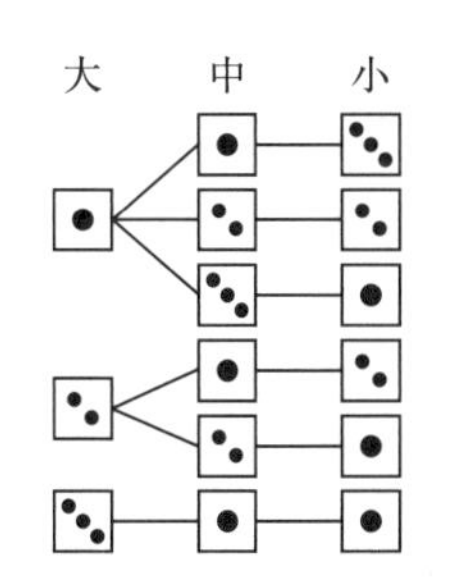

◆DRILL◆ ［p. 23］

1 (1) 目の出方は，全部で 1，2，3，4，5，6 の 6 通りである。このうち 5 以上の目になる場合は，5，6 の 2 通りである。

よって，求める確率は $\dfrac{2}{6}=\mathbf{\dfrac{1}{3}}$ 答

(2) 偶数の目になる場合は 2，4，6 の 3 通りである。

よって 求める確率は $\dfrac{3}{6}=\mathbf{\dfrac{1}{2}}$ 答

2 2 個のさいころの目の出方は全部で $6\times6=36$（通り）

(1) 目の数の差が 3 になるのは，目の出方を（大，小）で表すと（1，4），（2，5），（3，6），（4，1），（5，2），（6，3）の 6 通りである。

よって，求める確率は

$\dfrac{6}{36}=\mathbf{\dfrac{1}{6}}$ 答

(2) 目の数の和が 4 以下になるのは，目の出方を（大，小）で表すと（1，1），（1，2），（1，3），（2，1），（2，2），（3，1）の 6 通りである。

よって，求める確率は

$\dfrac{6}{36}=\mathbf{\dfrac{1}{6}}$ 答

3 3 人のじゃんけんの手の出し方は，全部で $3\times3\times3=27$（通り）このうち，K さんだけが勝つのは，手の出し方を（K さん，L さん，M さん）で表すと（グー，チョキ，チョキ），（チョキ，パー，パー），（パー，グー，グー）の 3 通りである。

よって，求める確率は

$\dfrac{3}{27}=\mathbf{\dfrac{1}{9}}$ 答

←(1)

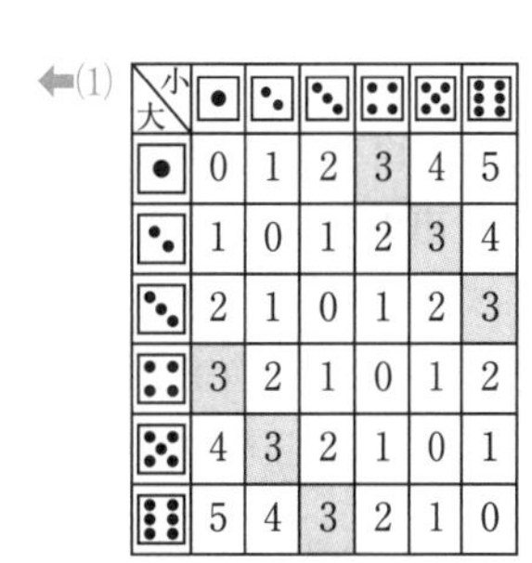

大＼小	⚀	⚁	⚂	⚃	⚄	⚅
⚀	0	1	2	3	4	5
⚁	1	0	1	2	3	4
⚂	2	1	0	1	2	3
⚃	3	2	1	0	1	2
⚄	4	3	2	1	0	1
⚅	5	4	3	2	1	0

(2)

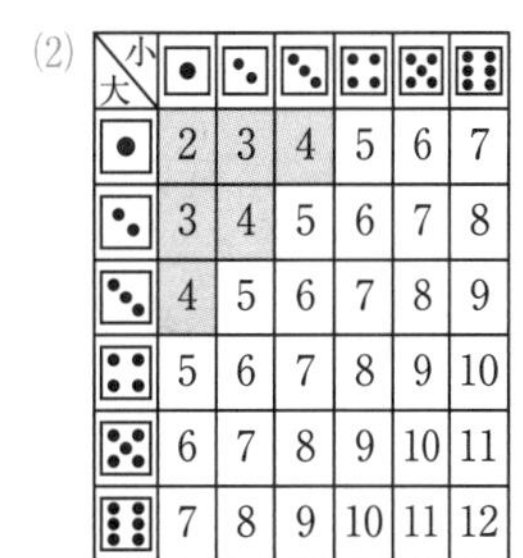

大＼小	⚀	⚁	⚂	⚃	⚄	⚅
⚀	2	3	4	5	6	7
⚁	3	4	5	6	7	8
⚂	4	5	6	7	8	9
⚃	5	6	7	8	9	10
⚄	6	7	8	9	10	11
⚅	7	8	9	10	11	12

4 表と裏の出方は全部で　$2\times2\times2\times2=16$（通り）

(1) 4枚とも表が出るのは1通りだから，求める確率は　$\frac{1}{16}$ 答

(2) 1枚が表で3枚は裏が出るのは，表と裏の出方を（5円, 10円, 50円, 100円）で表すと（表，裏，裏，裏），（裏，表，裏，裏），（裏，裏，表，裏），（裏，裏，裏，表）の4通りである。

よって，求める確率は　$\frac{4}{16}=\frac{1}{4}$ 答

5 3個のさいころの目の出方は，$6\times6\times6=216$（通り）

このうち，目の数の和が6となるのは，目の出方を（大，中，小）で表すと（1, 1, 4),（1, 2, 3),（1, 3, 2),（1, 4, 1),（2, 1, 3),（2, 2, 2),（2, 3, 1),（3, 1, 2),（3, 2, 1),（4, 1, 1）の10通りである。

よって，求める確率は

$\frac{10}{216}=\frac{5}{108}$ 答

←樹形図をつくると

大 中 小 大 中 小

1 ＜ 1—4, 2—3, 3—2, 4—1　　2 ＜ 1—3, 2—2, 3—1

3 ＜ 1—2, 2—1　　4—1—1

10 組合せを利用する確率 [p. 24]

1 4本の当たりくじを含む10本のくじの中から同時に3本のくじを引くとき，3本とも当たりくじである確率を求めなさい。

解 10本のくじの中から3本引く組合せの総数は

$_{10}C_3=\frac{10\times9\times8}{3\times2\times1}=$ [ア 120]（通り）

このうち，当たりくじ4本の中から3本引く組合せの総数は

$_4C_3={}_4C_1=$ [イ 4]（通り）

よって，求める確率は　$\frac{[ウ\ 4]}{[エ\ 120]}=\frac{1}{[オ\ 30]}$

2 白玉3個，黒玉6個の計9個が入っている袋から同時に3個の玉を取り出すとき，次の確率を求めなさい。

(1) 3個とも黒玉である確率

(2) 2個が白玉で，1個が黒玉である確率

解 9個の玉の中から3個取り出す組合せの総数は

$_9C_3=\frac{9\times8\times7}{3\times2\times1}=$ [カ 84]（通り）

(1) 黒玉6個の中から3個取り出す組合せの総数は

$_6C_3=\frac{6\times5\times4}{3\times2\times1}=$ [キ 20]（通り）

よって，求める確率は　$\frac{[ク\ 20]}{[ケ\ 84]}=\frac{[コ\ 5]}{21}$

(2) 白玉3個の中から2個取り出し，黒玉6個の中から1個取り出す組合せの総数は

$_3C_2\times{}_6C_1=$ [サ 3] × [シ 6]

= [ス 18]（通り）

よって，求める確率は　$\frac{[セ\ 18]}{[ソ\ 84]}=\frac{[タ\ 3]}{14}$

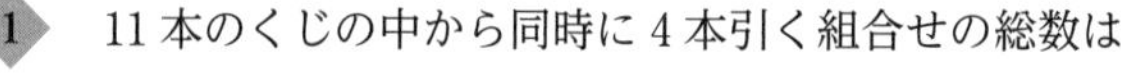

◆DRILL◆ [p. 25]

1 11本のくじの中から同時に4本引く組合せの総数は

$${}_{11}\mathrm{C}_4 = \frac{11 \times 10 \times 9 \times 8}{4 \times 3 \times 2 \times 1} = 330\ (\text{通り})$$

(1) 4本とも当たりくじを引く組合せの総数は

$${}_5\mathrm{C}_4 = {}_5\mathrm{C}_1 = 5\ (\text{通り})$$

よって，求める確率は $\dfrac{5}{330} = \boldsymbol{\dfrac{1}{66}}$ 答

(2) 4本ともはずれくじを引く組合せの総数は

$${}_6\mathrm{C}_4 = {}_6\mathrm{C}_2 = \frac{6 \times 5}{2 \times 1} = 15\ (\text{通り})$$

よって，求める確率は $\dfrac{15}{330} = \boldsymbol{\dfrac{1}{22}}$ 答

2 9枚のカードから2枚引く組合せの総数は

$${}_9\mathrm{C}_2 = \frac{9 \times 8}{2 \times 1} = 36\ (\text{通り})$$

偶数2，4，6，8の中から2枚引く組合せの総数は

$${}_4\mathrm{C}_2 = \frac{4 \times 3}{2 \times 1} = 6\ (\text{通り})$$

よって，求める確率は $\dfrac{6}{36} = \boldsymbol{\dfrac{1}{6}}$ 答

3 26枚のトランプから3枚引く組合せの総数は

$${}_{26}\mathrm{C}_3 = \frac{26 \times 25 \times 24}{3 \times 2 \times 1} = 2600\ (\text{通り})$$

(1) 絵札は3枚ずつ計6枚。この中から3枚引く組合せの総数は

$${}_6\mathrm{C}_3 = \frac{6 \times 5 \times 4}{3 \times 2 \times 1} = 20\ (\text{通り})$$

よって，求める確率は $\dfrac{20}{2600} = \boldsymbol{\dfrac{1}{130}}$ 答

(2) 数字札は10枚ずつ計20枚。この中から3枚引く組合せの総数は

$${}_{20}\mathrm{C}_3 = \frac{20 \times 19 \times 18}{3 \times 2 \times 1} = 1140\ (\text{通り})$$

よって，求める確率は $\dfrac{1140}{2600} = \boldsymbol{\dfrac{57}{130}}$ 答

4 12個の玉から3個取り出す組合せの総数は

$${}_{12}\mathrm{C}_3 = \frac{12 \times 11 \times 10}{3 \times 2 \times 1} = 220\ (\text{通り})$$

(1) 白玉5個の中から2個取り出し，黒玉7個の中から1個取り出す組合せの総数は ${}_5\mathrm{C}_2 \times {}_7\mathrm{C}_1 = 10 \times 7 = 70$ (通り)

よって求める確率は $\dfrac{70}{220} = \boldsymbol{\dfrac{7}{22}}$ 答

(2) 白玉5個の中から1個取り出し，黒玉7個の中から2個取り出す組合せの総数は ${}_5\mathrm{C}_1 \times {}_7\mathrm{C}_2 = 5 \times 21 = 105$ (通り)

よって求める確率は $\dfrac{105}{220} = \boldsymbol{\dfrac{21}{44}}$ 答

5 11本のくじから4本引く組合せの総数は

$${}_{11}\mathrm{C}_4 = \frac{11 \times 10 \times 9 \times 8}{4 \times 3 \times 2 \times 1} = 330\ (\text{通り})$$

(1) 当たりくじ4本の中から3本引き，はずれくじ7本の中から1本引く組合せの総数は ${}_4\mathrm{C}_3 \times {}_7\mathrm{C}_1 = 4 \times 7 = 28$ (通り)

よって求める確率は $\dfrac{28}{330} = \boldsymbol{\dfrac{14}{165}}$ 答

(2) 当たりくじ 4 本の中から 2 本引き，はずれくじ 7 本の中から 2 本引く組合せの総数は　${}_4C_2 \times {}_7C_2 = 6 \times 21 = 126$ (通り)

よって，求める確率は　$\dfrac{126}{330} = \mathbf{\dfrac{21}{55}}$ 答

11 排反事象の確率 [p. 26]

1 大小 2 個のさいころを同時に投げるとき，目の数の差が 4 または 5 である確率を求めなさい。

解 2 個のさいころの目の出方は，全部で

$6 \times 6 = 36$ (通り)

「目の数の差が 4 である」事象を A

「目の数の差が 5 である」事象を B

とすると

大＼小	⚀	⚁	⚂	⚃	⚄	⚅
⚀	0	1	2	3	4	5
⚁	1	0	1	2	3	4
⚂	2	1	0	1	2	3
⚃	3	2	1	0	1	2
⚄	4	3	2	1	0	1
⚅	5	4	3	2	1	0

$P(A) = \dfrac{\boxed{ア\ 4}}{36}$，$P(B) = \dfrac{2}{36}$

これら 2 つの事象は排反事象であるから，

求める確率は　$\dfrac{\boxed{イ\ 4}}{36} + \dfrac{2}{36} = \dfrac{\boxed{ウ\ 6}}{36} = \dfrac{1}{\boxed{エ\ 6}}$

2 白玉 5 個，黒玉 6 個の計 11 個が入っている袋から同時に 2 個の玉を取り出すとき，2 個とも同じ色である確率を求めなさい。

解 11 個の玉の中から 2 個取り出す組合せの総数は

${}_{11}C_2 = \dfrac{11 \times 10}{2 \times 1} = 55$ (通り)

「2 個とも白玉である」事象を A

「2 個とも黒玉である」事象を B

とすると

$P(A) = \dfrac{{}_5C_2}{55} = \dfrac{\boxed{オ\ 10}}{55}$

$P(B) = \dfrac{{}_6C_2}{55} = \dfrac{15}{55}$

「2 個とも同じ色である」事象は和事象 $A \cup B$ であり，A と B は排反事象であるから，求める確率は

$P(A \cup B) = P(A) + P(B)$

$= \dfrac{\boxed{カ\ 10}}{55} + \dfrac{15}{55} = \dfrac{\boxed{キ\ 25}}{55} = \dfrac{\boxed{ク\ 5}}{11}$

◆DRILL◆ [p. 27]

1 「4 の倍数である」事象を A，「奇数である」事象を B とすると，

$P(A) = \dfrac{2}{9}$，$P(B) = \dfrac{5}{9}$

「4 の倍数または奇数である」事象は和事象 $A \cup B$ であり，A と B は排反事象であるから，求める確率は

$P(A \cup B) = P(A) + P(B)$

$= \dfrac{2}{9} + \dfrac{5}{9} = \mathbf{\dfrac{7}{9}}$ 答

◆排反事象の確率

2 つの事象 A と B が排反事象であるとき

$P(A \cup B)$

$= P(A) + P(B)$

2 2個のさいころの目の出方は，全部で $6\times6=36$（通り）

(1) 「目の数の和が7である」事象を A，「目の数の和が8である」事象を B とすると，$P(A)=\frac{6}{36}$，$P(B)=\frac{5}{36}$

「目の数の和が7または8である」事象は和事象 $A\cup B$ であり，A と B は排反事象であるから，求める確率は

$$P(A\cup B)=P(A)+P(B)=\frac{6}{36}+\frac{5}{36}=\mathbf{\frac{11}{36}}$$ 答

(2) 「目の数の和が4となる」事象を A，「目の数の和が8となる」事象を B，「目の数の和が12となる」事象を C とすると，$P(A)=\frac{3}{36}$，$P(B)=\frac{5}{36}$，$P(C)=\frac{1}{36}$

「目の数の和が4の倍数となる」事象は和事象 $A\cup B\cup C$ であり，A と B と C はどの2つも排反事象であるから，求める確率は

$$P(A\cup B\cup C)=P(A)+P(B)+P(C)=\frac{3}{36}+\frac{5}{36}+\frac{1}{36}$$
$$=\frac{9}{36}=\mathbf{\frac{1}{4}}$$ 答

3 10個の中から2個取り出す組合せの総数は ${}_{10}C_2=45$（通り）

「2個とも白玉である」事象を A，「2個とも黒玉である」事象を B とすると，$P(A)=\frac{{}_3C_2}{45}=\frac{3}{45}$，$P(B)=\frac{{}_7C_2}{45}=\frac{21}{45}$

「2個とも同じ色である」事象は和事象 $A\cup B$ であり，A と B は排反事象であるから，求める確率は

$$P(A\cup B)=P(A)+P(B)=\frac{3}{45}+\frac{21}{45}=\frac{24}{45}=\mathbf{\frac{8}{15}}$$ 答

4 9個の玉の中から3個取り出す組合せの総数は ${}_9C_3=84$（通り）

「3個とも白玉である」事象を A，「3個とも黒玉である」事象を B とすると，$P(A)=\frac{{}_4C_3}{84}=\frac{4}{84}$，$P(B)=\frac{{}_5C_3}{84}=\frac{10}{84}$

「3個とも同じ色である」事象は和事象 $A\cup B$ であり，A と B は排反事象であるから，求める確率は

$$P(A\cup B)=P(A)+P(B)=\frac{4}{84}+\frac{10}{84}=\frac{14}{84}=\mathbf{\frac{1}{6}}$$ 答

5 13人の中から3人の代表を選ぶ組合せの総数は ${}_{13}C_3=286$（通り）

「3人とも男子である」事象を A，「3人とも女子である」事象を B とすると，$P(A)=\frac{{}_6C_3}{286}=\frac{20}{286}$，$P(B)=\frac{{}_7C_3}{286}=\frac{35}{286}$

「3人が同性である」事象は和事象 $A\cup B$ であり，A と B は排反事象であるから，求める確率は

$$P(A\cup B)=P(A)+P(B)=\frac{20}{286}+\frac{35}{286}=\frac{55}{286}=\mathbf{\frac{5}{26}}$$ 答

⬅目の出方を（大，小）で表すと，目の数の和が7になるのは，(1, 6)，(2, 5)，(3, 4)，(4, 3)，(5, 2)，(6, 1)の6通り。目の数の和が8になるのは，(2, 6)，(3, 5)，(4, 4)，(5, 3)，(6, 2)の5通り

⬅目の数の和が4になるのは，(1, 3)，(2, 2)，(3, 1)の3通り。目の数が8になるのは，(2, 6)，(3, 5)，(4, 4)，(5, 3)，(6, 2)の5通り。目の数の和が12になるのは，(6, 6)の1通り

↖3つの事象 A，B，C がどの2つも排反事象であるとき
$P(A\cup B\cup C)$
$=P(A)+P(B)+P(C)$

12 余事象を利用する確率 [p. 28]

1 1から12までの数字が1つずつかかれている12枚のカードの中から1枚のカードを引くとき，次の確率を求めなさい。

(1) 5の倍数である確率　　(2) 5の倍数でない確率

解 (1) 5の倍数である事象を A とすると，

求める確率は　$P(A)=\frac{\boxed{ア\ 2}}{12}=\frac{\boxed{イ\ 1}}{6}$

◆余事象を利用する確率
$P(A)+P(\overline{A})=1$
$P(\overline{A})=1-P(A)$
$P(A)=1-P(\overline{A})$

(2) 5の倍数でない事象 $\overline{A}$ は,

5の倍数である事象 A の余事象だから，求める確率は,

$$P(\overline{A})=1-P(A)=1-\frac{\boxed{^{ウ}\ 1}}{6}=\frac{\boxed{^{エ}\ 5}}{6}$$

2 4枚の硬貨を同時に投げるとき，少なくとも1枚は表が出る確率を求めなさい。

← 「少なくとも……」の確率
余事象 $\overline{A}$ を調べて
$P(A)=1-P(\overline{A})$
を利用する

解 4枚の硬貨の表と裏の出方は，全部で $2^4=\boxed{^{オ}\ 16}$ (通り)

「少なくとも1枚は表が出る」事象を A とすると,

余事象 $\overline{A}$ は「4枚とも裏が出る」事象だから

$$P(\overline{A})=\frac{1}{16}$$

よって，求める確率は

$$P(A)=1-P(\overline{A})=1-\frac{\boxed{^{カ}\ 1}}{16}=\frac{\boxed{^{キ}\ 15}}{16}$$

3 男子2人，女子4人の計6人の中からくじ引きで2人の代表を選ぶとき，少なくとも1人は男子が選ばれる確率を求めなさい。

解 6人の中から2人の代表を選ぶ組合せの総数は

${}_6C_2=\boxed{^{ク}\ 15}$ (通り)

「少なくとも1人は男子が選ばれる」事象を A とすると,

余事象 $\overline{A}$ は,「2人とも女子が選ばれる」事象だから

$$P(\overline{A})=\frac{{}_4C_2}{\boxed{^{ケ}\ 15}}=\frac{\boxed{^{コ}\ 2}}{5}$$

よって，求める確率は

$$P(A)=1-P(\overline{A})=1-\frac{\boxed{^{サ}\ 2}}{5}=\frac{\boxed{^{シ}\ 3}}{5}$$

◆DRILL◆ [p. 29]

1 (1) 4の倍数である事象を A とすると，求める確率は

$P(A)=\frac{3}{15}=\mathbf{\frac{1}{5}}$ 答

← $A=\{4,\ 8,\ 12\}$

(2) 4の倍数でない事象は $\overline{A}$ だから，求める確率は，$P(\overline{A})$ について

$P(A)+P(\overline{A})=1$ より $P(\overline{A})=1-P(A)=1-\frac{1}{5}=\mathbf{\frac{4}{5}}$ 答

2 5枚の硬貨の表と裏の出方は，全部で $2^5=32$ (通り)

「少なくとも1枚は表が出る」事象を A とすると，余事象 $\overline{A}$ は「5枚とも裏が出る」事象だから

$$P(\overline{A})=\frac{1}{32}$$

よって，求める確率は

$P(A)=1-P(\overline{A})=1-\frac{1}{32}=\mathbf{\frac{31}{32}}$ 答

3 6枚の硬貨の表と裏の出方は，全部で $2^6=64$ (通り)

「少なくとも1枚は裏が出る」事象を A とすると，余事象 $\overline{A}$ は「6枚とも表が出る」事象だから

$$P(\overline{A})=\frac{1}{64}$$

よって，求める確率は

$P(A)=1-P(\overline{A})=1-\frac{1}{64}=\mathbf{\frac{63}{64}}$ 答

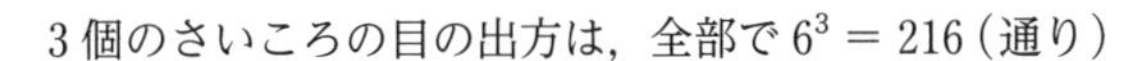

4 3個のさいころの目の出方は，全部で $6^3=216$(通り)

(1) 「少なくとも1個は偶数の目が出る」事象を A とすると，余事象 $\overline{A}$ は「3個とも奇数の目が出る」事象である。3個とも奇数の目である場合の数は，$3^3=27$(通り) だから

$$P(\overline{A})=\frac{27}{216}=\frac{1}{8}$$

よって，求める確率は

$$P(A)=1-P(\overline{A})=1-\frac{1}{8}=\boldsymbol{\frac{7}{8}}$$ 答

(2) 「少なくとも1個は5以上の目が出る」事象を B とすると，余事象 $\overline{B}$ は「3個とも4以下の目が出る」事象である。3個とも4以下の目である場合の数は，$4^3=64$(通り) だから

$$P(\overline{B})=\frac{64}{216}=\frac{8}{27}$$

よって，求める確率は

$$P(B)=1-P(\overline{B})=1-\frac{8}{27}=\boldsymbol{\frac{19}{27}}$$ 答

5 8人の中から3人の代表を選ぶ組合せの総数は ${}_8\mathrm{C}_3=56$(通り)

「少なくとも1人は女子が選ばれる」事象を A とすると，余事象 $\overline{A}$ は「3人とも男子が選ばれる」事象だから

$$P(\overline{A})=\frac{{}_4\mathrm{C}_3}{56}=\frac{4}{56}=\frac{1}{14}$$

よって，求める確率は

$$P(A)=1-P(\overline{A})=1-\frac{1}{14}=\boldsymbol{\frac{13}{14}}$$ 答

6 8個の玉から3個の玉を取り出す組合せの総数は ${}_8\mathrm{C}_3=56$(通り)

(1) 「少なくとも1個は黒玉である」事象を A とすると，余事象 $\overline{A}$ は「3個とも白玉である」事象だから

$$P(\overline{A})=\frac{{}_3\mathrm{C}_3}{56}=\frac{1}{56}$$

よって，求める確率は

$$P(A)=1-P(\overline{A})=1-\frac{1}{56}=\boldsymbol{\frac{55}{56}}$$ 答

(2) 「少なくとも1個は白玉である」事象を B とすると，余事象 $\overline{B}$ は「3個とも黒玉である」事象だから

$$P(\overline{B})=\frac{{}_5\mathrm{C}_3}{56}=\frac{10}{56}=\frac{5}{28}$$

よって，求める確率は

$$P(B)=1-P(\overline{B})=1-\frac{5}{28}=\boldsymbol{\frac{23}{28}}$$ 答

まとめの問題 [p. 30]

1 2個のさいころの目の出方は全部で $6\times6=36$(通り)

目の数の和が11となるのは，目の出方を(大，小)で表すと，

(5，6)，(6，5) の2通り

よって，求める確率は

$$\frac{2}{36}=\boldsymbol{\frac{1}{18}}$$ 答

2 15本のくじの中から3本引く組合せの総数は ${}_{15}C_3 = 455$ (通り)

(1) はずれくじ11本の中から3本を引く組合せの総数は ${}_{11}C_3 = 165$ (通り)

よって，求める確率は $\dfrac{165}{455} = \mathbf{\dfrac{33}{91}}$ 答

(2) 当たりくじ4本の中から2本引き，はずれくじ11本から1本を引く組合せの総数は ${}_4C_2 \times {}_{11}C_1 = 6 \times 11 = 66$ (通り)

よって，求める確率は $\mathbf{\dfrac{66}{455}}$ 答

3 4人のじゃんけんの手の出し方は全部で $3 \times 3 \times 3 \times 3 = 81$ (通り)

(1) Bさんだけが勝つのは，手の出し方を(Aさん，Bさん，Cさん，Dさん)で表すと(チョキ，グー，チョキ，チョキ)，(パー，チョキ，パー，パー)，(グー，パー，グー，グー)の3通りである。

よって，求める確率は $\dfrac{3}{81} = \mathbf{\dfrac{1}{27}}$ 答

(2) Aさんだけ，Cさんだけ，Dさんだけが勝つ確率もBさんだけが勝つ確率とそれぞれ同じである。

これらの事象は，互いに排反である。

よって，求める確率は $\dfrac{1}{27} + \dfrac{1}{27} + \dfrac{1}{27} + \dfrac{1}{27} = \mathbf{\dfrac{4}{27}}$ 答

4 「5である」事象を A，「偶数である」事象を B とすると，

$P(A) = \dfrac{1}{13}$，$P(B) = \dfrac{6}{13}$

「5または偶数である」事象は和事象 $A \cup B$ であり，A と B は排反事象であるから，求める確率は

$P(A \cup B) = P(A) + P(B) = \dfrac{1}{13} + \dfrac{6}{13} = \mathbf{\dfrac{7}{13}}$ 答

5 10個の玉の中から3個を取り出す組合せの総数は ${}_{10}C_3 = 120$ (通り)

(1) 白玉6個の中から2個取り出し，黒玉4個の中から1個取り出す組合せの総数は

${}_6C_2 \times {}_4C_1 = 15 \times 4 = 60$ (通り)

よって，求める確率は $\dfrac{60}{120} = \mathbf{\dfrac{1}{2}}$ 答

(2) 白玉6個の中から3個取り出す組合せの総数は ${}_6C_3 = 20$ (通り)

黒玉4個の中から3個取り出す組合せの総数は ${}_4C_3 = 4$ (通り)

よって，求める確率は $\dfrac{20}{120} + \dfrac{4}{120} = \dfrac{24}{120} = \mathbf{\dfrac{1}{5}}$ 答

⬅「3個とも白玉である」事象と「3個とも黒玉である」事象は，排反事象である

6 2個のさいころの目の出方は全部で，

$6 \times 6 = 36$ (通り)

「少なくとも1個は2以下の目が出る」事象を A とすると，余事象 $\overline{A}$ は「2個とも3以上の目が出る」事象だから

$P(\overline{A}) = \dfrac{4 \times 4}{36} = \dfrac{16}{36} = \dfrac{4}{9}$

よって，求める確率は

$P(A) = 1 - P(\overline{A}) = 1 - \dfrac{4}{9} = \mathbf{\dfrac{5}{9}}$ 答

7 9人の中から3人の代表を選ぶ組合せの総数は，${}_9\mathrm{C}_3=84$（通り）
「少なくとも1人は女子が選ばれる」事象をAとすると，余事象$\overline{A}$は，「3人とも男子が選ばれる」事象だから

$$P(\overline{A})=\frac{{}_5\mathrm{C}_3}{84}=\frac{10}{84}=\frac{5}{42}$$

よって，求める確率は

$$P(A)=1-P(\overline{A})=1-\frac{5}{42}=\boldsymbol{\frac{37}{42}}$$ 答

8 12個の玉から3個の玉を取り出す組合せの総数は${}_{12}\mathrm{C}_3=220$（通り）

(1) 「少なくとも1個は白玉である」事象をAとすると，余事象$\overline{A}$は「3個とも赤玉である」事象だから

$$P(\overline{A})=\frac{{}_7\mathrm{C}_3}{220}=\frac{35}{220}=\frac{7}{44}$$

よって，求める確率は

$$P(A)=1-P(\overline{A})=1-\frac{7}{44}=\boldsymbol{\frac{37}{44}}$$ 答

(2) 「少なくとも1個は赤玉である」事象をBとすると，余事象$\overline{B}$は，「3個とも白玉である」事象だから

$$P(\overline{B})=\frac{{}_5\mathrm{C}_3}{220}=\frac{10}{220}=\frac{1}{22}$$

よって，求める確率は

$$P(B)=1-P(\overline{B})=1-\frac{1}{22}=\boldsymbol{\frac{21}{22}}$$ 答

13 独立な試行とその確率 [p. 32]

1 白玉7個，黒玉5個の計12個が入っている袋から1個の玉を取り出してもとにもどし，ふたたび1個の玉を取り出すとき，次の確率を求めなさい。

(1) 2回とも黒玉である確率

(2) 1回目は白玉，2回目は黒玉である確率

解 1回目と2回目の試行はたがいに独立である。

袋から白玉を取り出す確率は $\dfrac{\fbox{ア 7}}{12}$

袋から黒玉を取り出す確率は $\dfrac{\fbox{イ 5}}{12}$

(1) 求める確率は $\dfrac{\fbox{ウ 5}}{12}\times\dfrac{\fbox{エ 5}}{12}=\dfrac{\fbox{オ 25}}{144}$

(2) 求める確率は $\dfrac{7}{12}\times\dfrac{\fbox{カ 5}}{12}=\dfrac{\fbox{キ 35}}{144}$

2 3本の当たりくじを含む7本のくじAと，4本の当たりくじを含む11本のくじBがある。A，B 2つの中からそれぞれ1本ずつくじを引くとき，次の確率を求めなさい。

(1) 2本とも当たりくじである確率

(2) Aから引いたくじだけ当たりくじである確率

解 Aからくじを引く試行とBからくじを引く試行はたがいに独立である。

(1) Aから当たりくじを引く確率は，$\dfrac{3}{\boxed{^{ク}\ 7}}$

Bから当たりくじを引く確率は，$\dfrac{\boxed{^{ケ}\ 4}}{11}$

よって，求める確率は $\dfrac{3}{7}\times\dfrac{\boxed{^{コ}\ 4}}{11}=\dfrac{\boxed{^{サ}\ 12}}{77}$

(2) Bからはずれくじを引く確率は，$\dfrac{\boxed{^{シ}\ 7}}{11}$

よって，求める確率は $\dfrac{3}{7}\times\dfrac{\boxed{^{ス}\ 7}}{11}=\dfrac{\boxed{^{セ}\ 3}}{\boxed{^{ソ}\ 11}}$

◆DRILL◆ [p. 33]

1 さいころを投げる試行とコインを投げる試行はたがいに独立である。

さいころの目の数が5以上である確率は，$\dfrac{2}{6}=\dfrac{1}{3}$

コインが裏である確率は $\dfrac{1}{2}$

よって，求める確率は $\dfrac{1}{3}\times\dfrac{1}{2}=\boldsymbol{\dfrac{1}{6}}$ 答

2 (1) Aの袋から赤玉を取り出す確率は $\dfrac{3}{7}$，Bの袋から赤玉を取り出す確率は $\dfrac{4}{6}=\dfrac{2}{3}$

よって，求める確率は $\dfrac{3}{7}\times\dfrac{2}{3}=\boldsymbol{\dfrac{2}{7}}$ 答

← A，B 2つの袋の中からそれぞれ1個ずつ玉を取り出す試行はたがいに独立である

(2) Aの袋から白玉を取り出す確率は $\dfrac{4}{7}$，Bの袋から白玉を取り出す確率は $\dfrac{2}{6}=\dfrac{1}{3}$

よって，求める確率は $\dfrac{4}{7}\times\dfrac{1}{3}=\boldsymbol{\dfrac{4}{21}}$ 答

3 (1) 各回で当たる確率は $\dfrac{6}{15}=\dfrac{2}{5}$

これら2回の試行はたがいに独立であるから，求める確率は

$\dfrac{2}{5}\times\dfrac{2}{5}=\boldsymbol{\dfrac{4}{25}}$ 答

(2) 「1回目に当たり2回目にはずれる」事象であるから，求める確率は

$\dfrac{2}{5}\times\dfrac{3}{5}=\boldsymbol{\dfrac{6}{25}}$ 答

4 (1) 3人とも合格する確率は $\dfrac{2}{3}\times\dfrac{3}{5}\times\dfrac{1}{2}=\boldsymbol{\dfrac{1}{5}}$ 答

← 独立な3つ以上の試行についても独立な試行の確率が成り立つ

(2) Lさんだけが合格するとき，KさんとMさんは不合格である。

よって，求める確率は $\left(1-\dfrac{2}{3}\right)\times\dfrac{3}{5}\times\left(1-\dfrac{1}{2}\right)=\boldsymbol{\dfrac{1}{10}}$ 答

⑭ 反復試行とその確率 [p. 34]

1 1個のさいころをくり返し4回投げるとき，次の確率を求めなさい。

(1) 6の目が2回だけ出る確率

(2) 偶数の目が3回だけ出る確率

解 (1) 1回の試行で6の目が出る確率は $\frac{\boxed{ア\ 1}}{6}$

よって，求める確率は

$${}_4C_2\times\left(\frac{\boxed{イ\ 1}}{6}\right)^2\times\left(1-\frac{1}{6}\right)^{4-2}=6\times\frac{\boxed{ウ\ 1}}{36}\times\frac{25}{36}=\frac{\boxed{エ\ 25}}{216}$$

(2) 1回の試行で偶数の目が出る確率は $\frac{\boxed{オ\ 3}}{6}=\frac{1}{\boxed{カ\ 2}}$

よって，求める確率は

$${}_4C_3\times\left(\frac{1}{\boxed{キ\ 2}}\right)^3\times\left(1-\frac{1}{2}\right)^{4-3}=\boxed{ク\ 4}\times\frac{1}{8}\times\frac{1}{\boxed{ケ\ 2}}=\frac{1}{\boxed{コ\ 4}}$$

2 Aさんはテニスでサーブを打つとき，$\frac{2}{3}$の確率で成功させることができる。Aさんが5本サーブを打つとき，4本以上成功させる確率を求めなさい。

解 4本だけ成功する事象の確率は

$${}_5C_4\times\left(\frac{2}{3}\right)^4\times\left(1-\frac{\boxed{サ\ 2}}{3}\right)^{5-4}=5\times\frac{\boxed{シ\ 16}}{81}\times\frac{\boxed{ス\ 1}}{3}=\frac{\boxed{セ\ 80}}{243}$$

また，5本成功する事象の確率は

$${}_5C_5\times\left(\frac{2}{3}\right)^5\times\left(1-\frac{2}{3}\right)^{5-5}=\frac{\boxed{ソ\ 32}}{243}$$

これら2つの事象は排反事象であるから，求める確率は

$$\frac{\boxed{タ\ 80}}{243}+\frac{\boxed{チ\ 32}}{243}=\frac{\boxed{ツ\ 112}}{243}$$

◆反復試行の確率
1回の試行で事象Aの起こる確率をpとする。この試行をn回くり返すとき，Aがr回だけ起こる確率は
${}_nC_r\times p^r\times(1-p)^{n-r}$
ただし，$p^0=1$, $(1-p)^0=1$とする。

◆排反事象の確率
2つの事象AとBが排反事象であるとき
$P(A\cup B)$
$=P(A)+P(B)$

◆DRILL◆ [p. 35]

1 (1) 1回の試行で3の倍数の目が出る確率は $\frac{2}{6}=\frac{1}{3}$ よって，

求める確率は ${}_5C_2\times\left(\frac{1}{3}\right)^2\times\left(1-\frac{1}{3}\right)^{5-2}=10\times\frac{1}{9}\times\frac{8}{27}=\boldsymbol{\frac{80}{243}}$ 答

(2) 1回の試行で4以下の目が出る確率は $\frac{4}{6}=\frac{2}{3}$ よって，

求める確率は ${}_5C_1\times\left(\frac{2}{3}\right)^1\times\left(1-\frac{2}{3}\right)^{5-1}=5\times\frac{2}{3}\times\frac{1}{81}=\boldsymbol{\frac{10}{243}}$ 答

2 (1) 1回の試行で表が出る確率は $\frac{1}{2}$ よって，

求める確率は ${}_7C_3\times\left(\frac{1}{2}\right)^3\times\left(1-\frac{1}{2}\right)^{7-3}=35\times\frac{1}{8}\times\frac{1}{16}=\boldsymbol{\frac{35}{128}}$ 答

(2) 求める確率は ${}_7C_6\times\left(\frac{1}{2}\right)^6\times\left(1-\frac{1}{2}\right)^{7-6}=7\times\frac{1}{64}\times\frac{1}{2}=\boldsymbol{\frac{7}{128}}$ 答

3 (1) 1回の試行で3のカードが出る確率は $\frac{1}{5}$　よって，

求める確率は ${}_4C_2\times\left(\frac{1}{5}\right)^2\times\left(1-\frac{1}{5}\right)^{4-2}=6\times\frac{1}{25}\times\frac{16}{25}=\boldsymbol{\frac{96}{625}}$ 答

(2) 1回の試行で偶数のカードが出る確率は $\frac{2}{5}$　よって，

求める確率は ${}_4C_3\times\left(\frac{2}{5}\right)^3\times\left(1-\frac{2}{5}\right)^{4-3}=4\times\frac{8}{125}\times\frac{3}{5}=\boldsymbol{\frac{96}{625}}$ 答

4 2回だけ命中する事象の確率は

$${}_3C_2\times\left(\frac{5}{6}\right)^2\times\left(1-\frac{5}{6}\right)^{3-2}=3\times\frac{25}{36}\times\frac{1}{6}=\frac{75}{216}$$

また，3回命中する事象の確率は

$${}_3C_3\times\left(\frac{5}{6}\right)^3\times\left(1-\frac{5}{6}\right)^{3-3}=\frac{125}{216}$$

← $\left(1-\frac{5}{6}\right)^{3-3}=\left(\frac{1}{6}\right)^0$
$=1$

これら2つの事象は排反事象であるから，求める確率は

$$\frac{75}{216}+\frac{125}{216}=\frac{200}{216}=\boldsymbol{\frac{25}{27}}$$ 答

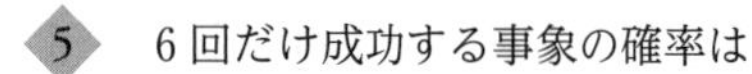

5 6回だけ成功する事象の確率は

$${}_8C_6\times\left(\frac{1}{2}\right)^6\times\left(1-\frac{1}{2}\right)^{8-6}=28\times\frac{1}{64}\times\frac{1}{4}=\frac{28}{256}$$

また，7回だけ成功する事象の確率は

$${}_8C_7\times\left(\frac{1}{2}\right)^7\times\left(1-\frac{1}{2}\right)^{8-7}=8\times\frac{1}{128}\times\frac{1}{2}=\frac{8}{256}$$

また，8回成功する事象の確率は

$${}_8C_8\times\left(\frac{1}{2}\right)^8\times\left(1-\frac{1}{2}\right)^{8-8}=\frac{1}{256}$$

これら3つの事象は排反事象であるから，求める確率は

$$\frac{28}{256}+\frac{8}{256}+\frac{1}{256}=\boldsymbol{\frac{37}{256}}$$ 答

15 条件つき確率 [p. 36]

1 赤玉3個，白玉4個の計7個が入っている袋からAさんとBさんがこの順に1個ずつ玉を取り出す。Aさんが赤玉を取り出したとき，Bさんが赤玉を取り出す条件つき確率を求めなさい。ただし，取り出した玉はもどさないものとする。

解 Aさんが赤玉を取り出す事象を A,
Bさんが赤玉を取り出す事象を B とする。
Aさんが赤玉を取り出した残りは，赤玉 [ア 2] 個，
白玉4個となっているから，求める確率は

$$P_A(B)=\frac{[イ\ 2]}{6}=\frac{[ウ\ 1]}{[エ\ 3]}$$

2 右の表は，ある水族館でアンケートに答えた90人について，おとな，こども，魚が好き，魚以外が好きと答えた数を示している。このアンケートの中から1枚を選ぶとき「おとなである」事象を A,「魚が好きである」事象を B として，次の確率を求めなさい。

	魚	魚以外	計
おとな	21	9	30
こども	29	31	60
計	50	40	90

(1) $P(B)$　　(2) $P_A(B)$　　(3) $P_{\overline{B}}(A)$

解 (1) すべてのアンケートの中で魚が好きであると答えた確率だから

$$P(B)=\frac{\boxed{^{オ}\ 50}}{90}=\frac{\boxed{^{カ}\ 5}}{9}$$

(2) 選ばれたアンケートがおとなであったことがわかった場合，その人が魚が好きである条件つき確率だから

$$P_A(B)=\frac{21}{\boxed{^{キ}\ 30}}=\frac{7}{\boxed{^{ク}\ 10}}$$

(3) 選ばれたアンケートが魚以外が好きであったことがわかった場合，その人がおとなである条件つき確率だから

$$P_{\overline{B}}(A)=\frac{\boxed{^{ケ}\ 9}}{\boxed{^{コ}\ 40}}$$

◆DRILL◆ [p. 37]

1 A さんが白玉を取り出す事象を A，B さんが黒玉を取り出す事象を B とする。A さんが白玉を取り出した残りは，白玉 3 個，黒玉 5 個となっているから，求める確率は $P_A(B)=\mathbf{\frac{5}{8}}$ 答

2 (1) 10 個の玉の中に白玉 4 個であるから

$$P(A)=\frac{4}{10}=\mathbf{\frac{2}{5}}$$ 答

(2) A さんが白玉を取り出したことがわかった場合，B さんも白玉を取り出す条件つき確率だから

$$P_A(B)=\frac{3}{9}=\mathbf{\frac{1}{3}}$$ 答

← A さんが白玉を取り出した残りは，白玉 3 個，黒玉 6 個となっている

(3) A さんが白玉を取り出したことがわかった場合，B さんが黒玉を取り出す条件つき確率だから

$$P_A(\overline{B})=\frac{6}{9}=\mathbf{\frac{2}{3}}$$ 答

(4) A さんが黒玉を取り出したことがわかった場合，B さんも黒玉を取り出す条件つき確率だから

$$P_{\overline{A}}(\overline{B})=\mathbf{\frac{5}{9}}$$ 答

← A さんが黒玉を取り出した残りは，白玉 4 個，黒玉 5 個となっている

3 (1) 絵札である確率だから $P(A)=\frac{12}{52}=\mathbf{\frac{3}{13}}$ 答

(2) 絵札を引いたことがわかった場合，スペードを引く確率だから

$$P_A(B)=\frac{3}{12}=\mathbf{\frac{1}{4}}$$ 答

← 絵札は，スペード，ハート，ダイヤ，クラブのそれぞれに 3 枚あるので，絵札の枚数は 12

(3) スペードを引いたことがわかった場合，絵札を引く確率だから

$$P_B(A)=\mathbf{\frac{3}{13}}$$ 答

(4) スペードを引いていないことがわかった場合，絵札を引く確率だから

$$P_{\overline{B}}(A)=\frac{9}{39}=\mathbf{\frac{3}{13}}$$ 答

← ハート，ダイヤ，クラブはそれぞれ 13 枚あるので，スペード以外の枚数は 39

4 (1) クラス全員の中で男子である確率だから

$$P(A)=\frac{22}{40}=\mathbf{\frac{11}{20}}$$ 答

(2) 選ばれた人が男子であったことがわかった場合，その人の通学方法が自転車のみである条件つき確率だから

$P_A(B)=\frac{10}{22}=\mathbf{\frac{5}{11}}$ 答

(3) 選ばれた人が女子であったことがわかった場合，その人の通学方法が自転車のみである条件つき確率だから

$P_{\overline{A}}(B)=\frac{6}{18}=\mathbf{\frac{1}{3}}$ 答

(4) 選ばれた人の通学方法が自転車のみとわかった場合，その人が女子である条件つき確率だから

$P_B(\overline{A})=\frac{6}{16}=\mathbf{\frac{3}{8}}$ 答

16 乗法定理・期待値 [p. 38]

1 4 本の当たりくじを含む 11 本のくじの中から，A さんと B さんがこの順に 1 本ずつ引くとき，B さんが当たる確率を求めなさい。ただし，引いたくじはもどさないものとする。

解 「A さんが当たる」事象を A，「B さんが当たる」事象を B とする。

A さんが当たる確率は　$P(A)=\frac{^{ア}4}{^{イ}11}$

B さんが当たる確率は，次の 2 通りに分けられる。

(ア) A さんが当たり，B さんも当たる事象 $A\cap B$

このとき　$P(A\cap B)=P(A)\times P_A(B)$

$=\frac{^{ウ}4}{11}\times\frac{3}{^{エ}10}=\frac{12}{110}$

(イ) A さんがはずれ，B さんが当たる事象 $\overline{A}\cap B$

このとき　$P(\overline{A}\cap B)=P(\overline{A})\times P_{\overline{A}}(B)$

$=\frac{^{オ}7}{11}\times\frac{^{カ}4}{10}=\frac{^{キ}28}{110}$

(ア) と (イ) は排反事象であるから，B さんが当たる確率は

$P(B)=\frac{12}{110}+\frac{^{ク}28}{110}=\frac{40}{110}=\frac{^{ケ}4}{^{コ}11}$

⬅当たりくじを引く確率は，くじを引く順序に関係しない

2 赤玉 2 個，白玉 3 個の計 5 個が入っている袋から 1 個の玉を取り出し，赤玉が出れば 150 点，白玉が出れば 50 点となるゲームをする。このとき，得点の期待値を求めなさい。

解 得点とそれに対応する確率を表にすると，下のようになる。

	赤	白	計
得点	150 点	50 点	
確率	$\frac{2}{5}$	$\frac{^{サ}3}{5}$	1

左の表から

$150\times\frac{2}{5}+50\times\frac{^{シ}3}{5}$

$=60+{}^{ス}30={}^{セ}90$ (点)

◆DRILL◆ [p. 39]

1 「A さんが当たる」事象を A,「B さんが当たる」事象を B とする。

(1) A さんが当たる確率は $P(A)=\dfrac{5}{15}=\boldsymbol{\dfrac{1}{3}}$ 答

(2) A さんが当たり，B さんも当たる事象は $A\cap B$ で，その確率は

$P(A\cap B)=P(A)\times P_A(B)=\dfrac{1}{3}\times\dfrac{4}{14}=\boldsymbol{\dfrac{2}{21}}$ 答

(3) A さんがはずれ，B さんが当たる事象は $\overline{A}\cap B$ で，その確率は

$P(\overline{A}\cap B)=P(\overline{A})\times P_{\overline{A}}(B)=\dfrac{10}{15}\times\dfrac{5}{14}=\boldsymbol{\dfrac{5}{21}}$ 答

(4) (2)と(3)は排反事象であるから B さんが当たる確率は，

$P(B)=P(A\cap B)+P(\overline{A}\cap B)=\dfrac{2}{21}+\dfrac{5}{21}=\boldsymbol{\dfrac{1}{3}}$ 答

2 「A さんが当たる」事象を A,「B さんが当たる」事象を B とする。

(1) A さんがはずれる確率は $P(\overline{A})=\dfrac{14}{20}=\boldsymbol{\dfrac{7}{10}}$ 答

(2) A さんがはずれ，B さんもはずれる事象は $\overline{A}\cap\overline{B}$ で，その確率は

$P(\overline{A}\cap\overline{B})=P(\overline{A})\times P_{\overline{A}}(\overline{B})=\dfrac{7}{10}\times\dfrac{13}{19}=\boldsymbol{\dfrac{91}{190}}$ 答

(3) A さんが当たり，B さんがはずれる事象は $A\cap\overline{B}$ で，その確率は

$P(A\cap\overline{B})=P(A)\times P_A(\overline{B})=\dfrac{6}{20}\times\dfrac{14}{19}=\boldsymbol{\dfrac{21}{95}}$ 答

(4) (2)と(3)は排反事象であるから B さんがはずれる確率は，

$P(\overline{B})=P(\overline{A}\cap\overline{B})+P(A\cap\overline{B})=\dfrac{91}{190}+\dfrac{21}{95}=\dfrac{133}{190}=\boldsymbol{\dfrac{7}{10}}$ 答

3 得点とそれに対応する確率を表にすると，下のようになる。

	白	黒	計
得点	90 点	30 点	
確率	$\dfrac{1}{3}$	$\dfrac{2}{3}$	1

この表から

$90\times\dfrac{1}{3}+30\times\dfrac{2}{3}=30+20$

$=\boldsymbol{50}$ **(点)** 答

4 大小 2 個のさいころを同時に投げたとき，出た目の数の和が 5 の倍数となる事象を A とすると，

← 5 の倍数は，5，10

$P(A)=\dfrac{4}{36}+\dfrac{3}{36}=\dfrac{7}{36}$

$P(\overline{A})=1-P(A)$

$=1-\dfrac{7}{36}=\dfrac{29}{36}$

	事象 A	事象 $\overline{A}$	計
賞金	300 円	120 円	
確率	$\dfrac{7}{36}$	$\dfrac{29}{36}$	1

← 2 個のさいころの目の出方は，全部で 36 通り
目の出方を（大，小）で表すと目の数の和が 5 になるのは，(1，4)，(2，3)，(3，2)，(4，1) の 4 通り，
目の数の和が 10 になるのは，(4，6)，(5，5)，(6，4) の 3 通り

賞金とそれに対応する確率を表にすると，上のようになる。この表から

$300\times\dfrac{7}{36}+120\times\dfrac{29}{36}=\dfrac{2100}{36}+\dfrac{3480}{36}=\dfrac{5580}{36}=\boldsymbol{155}$ **(円)** 答

まとめの問題 ［p. 40］

1 (1) 1個のさいころに偶数の目が出る確率は $\frac{3}{6}=\frac{1}{2}$

それぞれのさいころの目の出方はたがいに独立である。

よって，求める確率は　$\frac{1}{2}\times\frac{1}{2}\times\frac{1}{2}\times\frac{1}{2}\times\frac{1}{2}\times\frac{1}{2}=\boldsymbol{\frac{1}{64}}$　答

(2) 1個のさいころに3の倍数の目が出る確率は $\frac{2}{6}=\frac{1}{3}$

それぞれのさいころの目の出方はたがいに独立である。

よって，求める確率は　$\frac{1}{3}\times\frac{1}{3}\times\frac{1}{3}\times\frac{1}{3}\times\frac{1}{3}\times\frac{1}{3}=\boldsymbol{\frac{1}{729}}$　答

2 (1) 1回の試行で当たりが出る確率は $\frac{5}{20}=\frac{1}{4}$

1回目と2回目のくじ引きはたがいに独立である

よって，求める確率は　$\frac{1}{4}\times\frac{1}{4}=\boldsymbol{\frac{1}{16}}$　答

(2) 1回目が当たり，2回目ははずれであるから

$\frac{1}{4}\times\left(1-\frac{1}{4}\right)=\frac{1}{4}\times\frac{3}{4}=\boldsymbol{\frac{3}{16}}$　答

3 (1) 1回の試行で表が出る確率は $\frac{1}{2}$　よって，

求める確率は　${}_5C_2\times\left(\frac{1}{2}\right)^2\times\left(1-\frac{1}{2}\right)^{5-2}=10\times\frac{1}{4}\times\frac{1}{8}=\boldsymbol{\frac{5}{16}}$　答

(2) (1)と同様にして

求める確率は　${}_5C_4\times\left(\frac{1}{2}\right)^4\times\left(1-\frac{1}{2}\right)^{5-4}=5\times\frac{1}{16}\times\frac{1}{2}=\boldsymbol{\frac{5}{32}}$　答

4 1回の試行で1のカードが出る確率は $\frac{1}{4}$

よって，1のカードが3回だけ出る確率は

${}_4C_3\times\left(\frac{1}{4}\right)^3\times\left(1-\frac{1}{4}\right)^{4-3}=4\times\frac{1}{64}\times\frac{3}{4}=\frac{12}{256}$

また，1のカードが4回出る確率は

${}_4C_4\times\left(\frac{1}{4}\right)^4\times\left(1-\frac{1}{4}\right)^{4-4}=\frac{1}{256}$

これら2つの事象は排反事象であるから，求める確率は

$\frac{12}{256}+\frac{1}{256}=\boldsymbol{\frac{13}{256}}$　答

5 (1) 選ばれた人が女子であることがわかった場合，その人がバスのみである条件つき確率だから

$P_A(B)=\frac{6}{20}=\boldsymbol{\frac{3}{10}}$　答

(2) 選ばれた人がバスのみであることがわかった場合，その人が女子である条件つき確率だから

$P_B(A)=\frac{6}{14}=\boldsymbol{\frac{3}{7}}$　答

(3) 選ばれた人が男子であることがわかった場合，その人がバスのみである条件つき確率だから

$P_{\overline{A}}(B)=\frac{8}{30}=\boldsymbol{\frac{4}{15}}$　答

(1)　A さんが赤玉を取り出したことがわかった場合，B さんも赤玉を取り出す条件つき確率だから

$P_A(B) = \mathbf{\frac{5}{8}}$　答

⬅ A さんが赤玉を取り出した後の袋の中は白玉 3 個，赤玉 5 個である

(2)　A さんが白玉を取り出したことがわかった場合，B さんが赤玉を取り出す条件つき確率だから

$P_{\overline{A}}(B) = \frac{6}{8} = \mathbf{\frac{3}{4}}$　答

⬅ A さんが白玉を取り出した後の袋の中は白玉 2 個，赤玉 6 個である

(3)　A さんが白玉を取り出したことがわかった場合，B さんも白玉を取り出す条件つき確率だから

$P_{\overline{A}}(\overline{B}) = \frac{2}{8} = \mathbf{\frac{1}{4}}$　答

⬅ A さんが白玉を取り出した後の袋の中は白玉 2 個，赤玉 6 個である

「C さんが赤玉を取り出す」事象を C，「D さんが赤玉を取り出す」事象を D とする。

D さんが赤玉を取り出す確率は，次の 2 通りに分けられる。

(ア)　C さんが赤玉を取り出し，D さんも赤玉を取り出す事象 $C \cap D$

このとき　$P(C \cap D) = P(C) \times P_C(D) = \frac{15}{25} \times \frac{14}{24} = \frac{7}{20}$

(イ)　C さんが白玉を取り出し，D さんが赤玉を取り出す事象 $\overline{C} \cap D$

このとき　$P(\overline{C} \cap D) = P(\overline{C}) \times P_{\overline{C}}(D) = \frac{10}{25} \times \frac{15}{24} = \frac{1}{4}$

(ア) と (イ) は排反事象であるから，D さんが赤玉を取り出す確率は

$P(D) = \frac{7}{20} + \frac{1}{4} = \frac{7}{20} + \frac{5}{20} = \frac{12}{20} = \mathbf{\frac{3}{5}}$　答

「K さんが当たる」事象を K，「L さんが当たる」事象を L とする。

L さんがはずれる確率は，次の 2 通りに分けられる。

(ア)　K さんが当たり，L さんがはずれる事象 $K \cap \overline{L}$

$P(K \cap \overline{L}) = P(K) \times P_K(\overline{L}) = \frac{4}{16} \times \frac{12}{15} = \frac{1}{5}$

(イ)　K さんがはずれ，L さんがはずれる事象 $\overline{K} \cap \overline{L}$

$P(\overline{K} \cap \overline{L}) = P(\overline{K}) \times P_{\overline{K}}(\overline{L}) = \frac{12}{16} \times \frac{11}{15} = \frac{11}{20}$

(ア) と (イ) は排反事象であるから，L さんがはずれる確率は

$P(\overline{L}) = \frac{1}{5} + \frac{11}{20} = \frac{4}{20} + \frac{11}{20} = \frac{15}{20} = \mathbf{\frac{3}{4}}$　答

⓱ 三角形と線分の比 [p. 42]

1 次の図で，$\angle x$，$\angle y$ の大きさを求めなさい。

解 $\triangle$ABE の内角の和は $180°$ だから

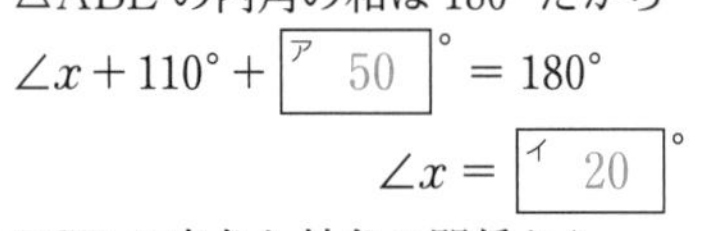

$\angle x + 110° +$ ア 50 $° = 180°$

$\angle x =$ イ 20 $°$

$\triangle$BCD の内角と外角の関係から

$\angle y +$ ウ 30 $° = 50°$

$\angle y =$ エ 20 $°$

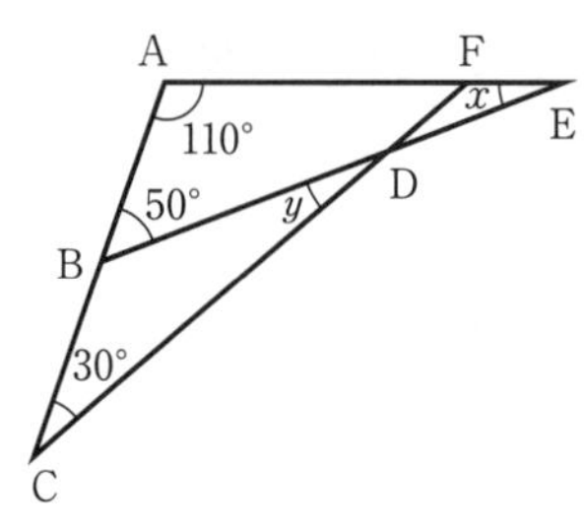

2 右の図の $\triangle$ABC で，PQ∥BC のとき，x，y の値を求めなさい。

解 $4 : y =$ オ 3 $: 4$ だから

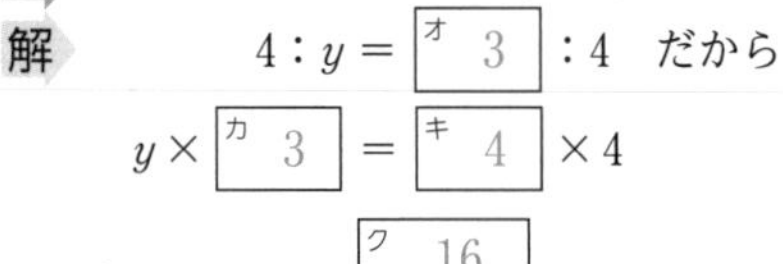

$y \times$ カ 3 $=$ キ 4 $\times 4$

よって $y =$ ク $\frac{16}{3}$

また $3 : (3 +$ ケ 4 $) = x : 6$ だから

コ 7 $\times x = 3 \times 6$

よって $x =$ サ $\frac{18}{7}$

3 右の図の $\triangle$ABC で，辺 AB，AC の中点をそれぞれ M，N とするとき，x の値を求めなさい。

解 $x = \frac{1}{2} \times$ シ 18 $=$ ス 9

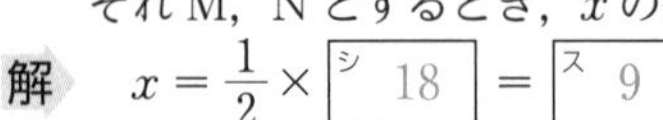

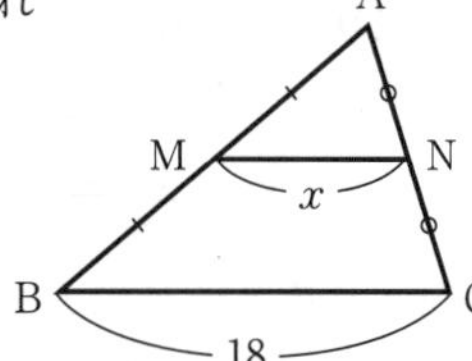

4 右の図の $\triangle$ABC で，AD が $\angle$A の 2 等分線のとき，x の値を求めなさい。

解 $x : 5 =$ セ 14 $:$ ソ 10 だから

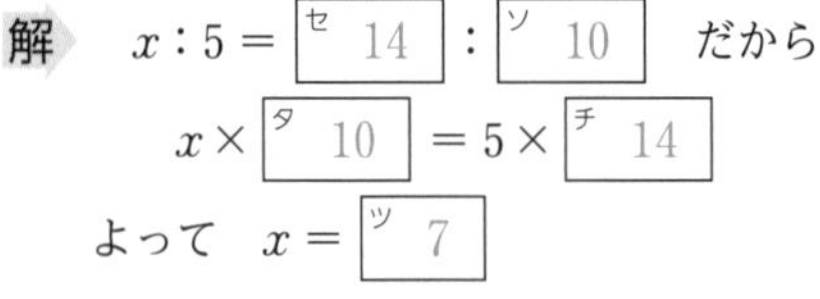

$x \times$ タ 10 $= 5 \times$ チ 14

よって $x =$ ツ 7

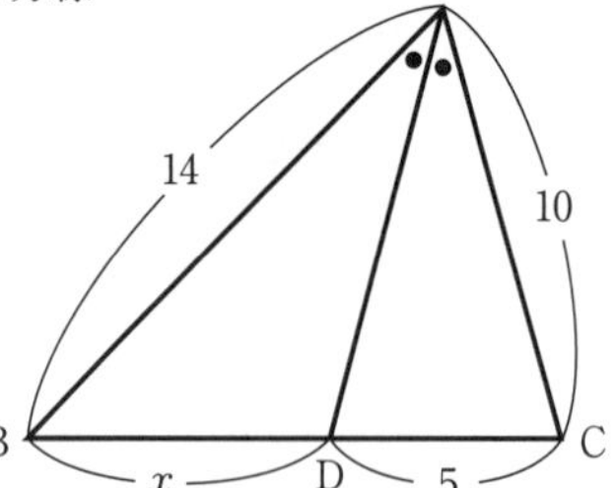

◆DRILL◆ [p. 43]

1 (1) $\triangle$ACD の内角の和は $180°$ だから

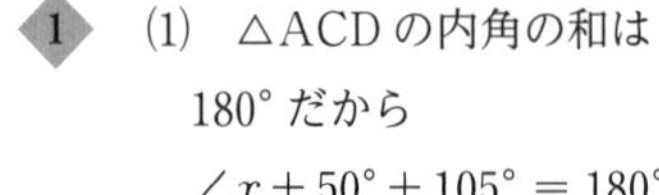

$\angle x + 50° + 105° = 180°$

$\angle \boldsymbol{x} = \mathbf{25°}$ 答

$\triangle$ABF の内角と外角の関係から

図で $\angle y' + \angle x = 55°$

$\angle y' = 55° - \angle x = 55° - 25° = 30°$

対頂角が等しいので $\angle \boldsymbol{y} = \angle y' = \mathbf{30°}$ 答

◆三角形の内角と外角

1. 三角形の 3 つの内角の和は $180°$ である。
2. 三角形の 1 つの外角は，そのとなりにない 2 つの内角の和に等しい。

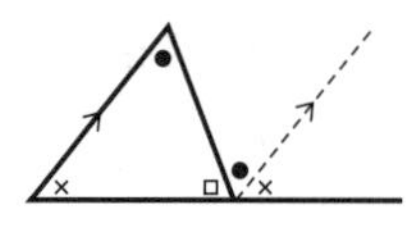

◆平行線と線分の比

$\triangle$ABC で，辺 AB，AC 上の点をそれぞれ P，Q とする。

PQ∥BC ならば

1. AP : PB = AQ : QC

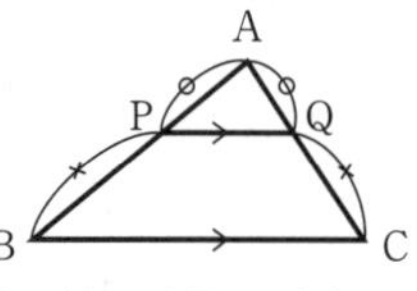

2. AP : AB = AQ : AC
   AP : AB = PQ : BC

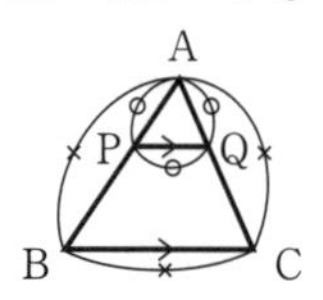

◆中点連結定理

$\triangle$ABC で，辺 AB，AC の中点をそれぞれ M，N とすると

MN∥BC，MN $= \frac{1}{2}$BC

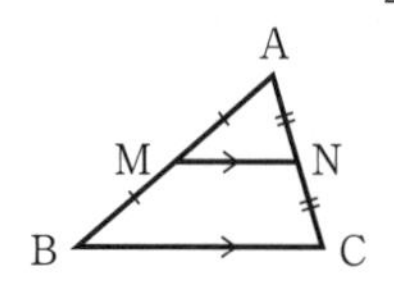

◆角の 2 等分線と線分の比

$\triangle$ABC で，$\angle$A の 2 等分線と辺 BC の交点を D とすると

BD : DC = AB : AC

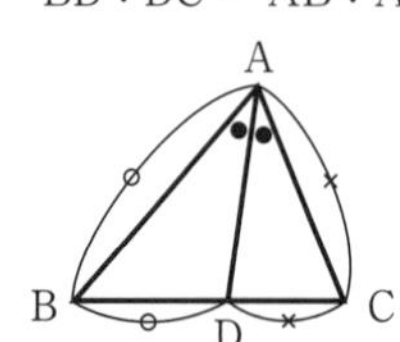

(2)　△BCE の内角と外角の関係から

$\angle x = 50° + 25° = \mathbf{75°}$　答

△ABF の内角と外角の関係から

$\angle y = \angle x + 35°$

$= 75° + 35°$

$= \mathbf{110°}$　答

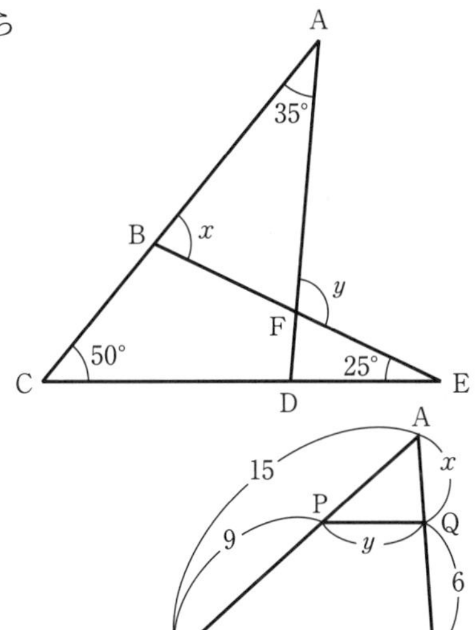

2　(1)　$(15-9):9 = x:6$　だから

$9 \times x = 6 \times 6$

よって　$\boldsymbol{x = 4}$　答

また　$6:15 = y:12$　だから

$15 \times y = 6 \times 12$

よって　$\boldsymbol{y = \frac{24}{5}}$　答

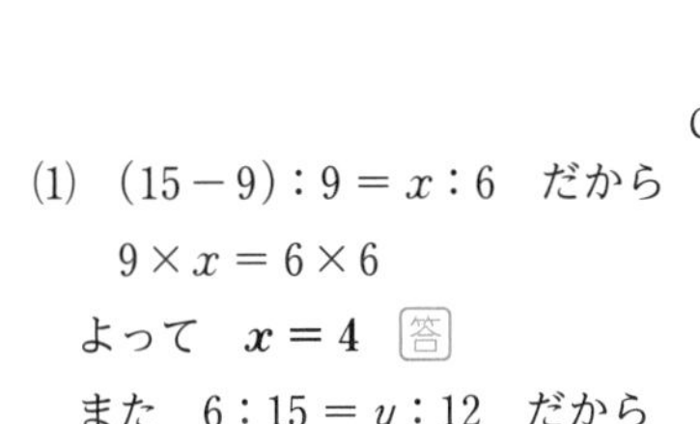

⬅AP：PB＝AQ：QC

⬅AP：AB＝PQ：BC

(2)　$x:8 = 6:12$　だから

$12 \times x = 8 \times 6$

よって　$\boldsymbol{x = 4}$　答

また　$6:12 = 5:y$　だから

$6 \times y = 12 \times 5$

よって　$\boldsymbol{y = 10}$　答

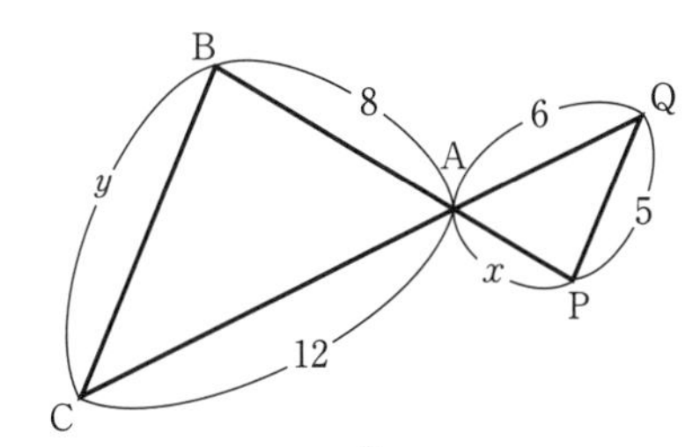

(3)　$x:(x+5) = 10:15$　だから

$15 \times x = 10 \times (x+5)$

$15x = 10x + 50$

よって　$\boldsymbol{x = 10}$　答

また　$10:5 = 8:y$　だから

$10 \times y = 5 \times 8$

よって　$\boldsymbol{y = 4}$　答

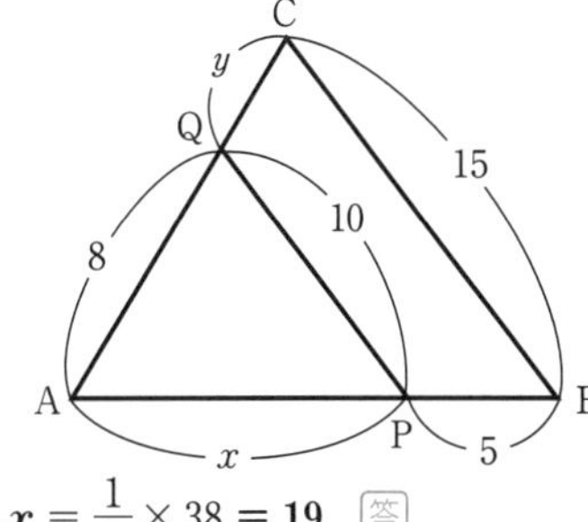

◆平行線と線分の比

△ABC で，辺 AB，AC 上の点をそれぞれ P，Q とする。

PQ // BC　ならば

AP：AB＝AQ：AC

AP：AB＝PQ：BC

点 P，Q がそれぞれ辺 AB，AC の延長線上にあっても成り立つ。

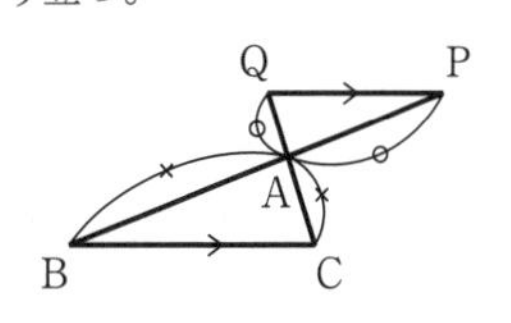

3　(1)

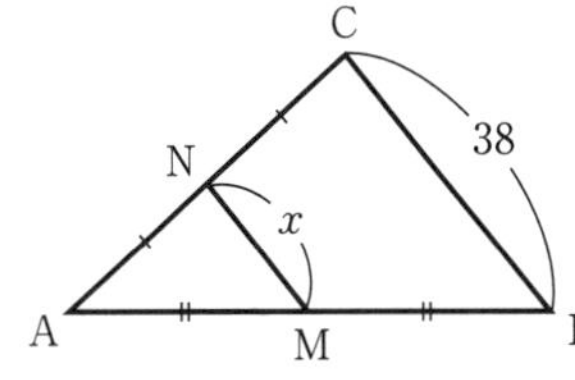

$\boldsymbol{x} = \frac{1}{2} \times 38 = \mathbf{19}$　答

⬅$MN = \frac{1}{2}BC$

(2)

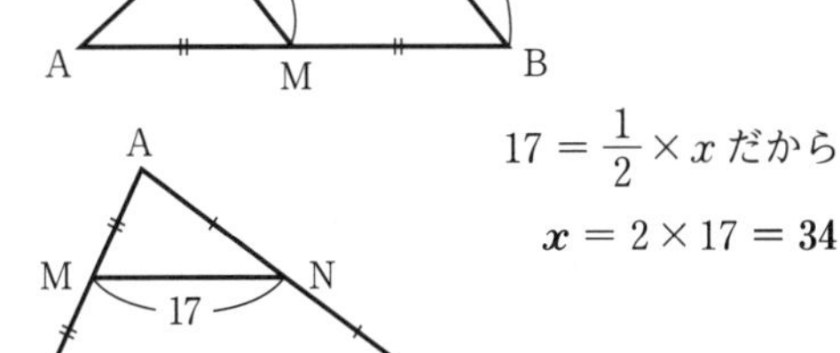

$17 = \frac{1}{2} \times x$ だから

$\boldsymbol{x} = 2 \times 17 = \mathbf{34}$　答

4　(1)　$x:12 = 30:24$　だから

$x \times 24 = 12 \times 30$

よって　$\boldsymbol{x = 15}$　答

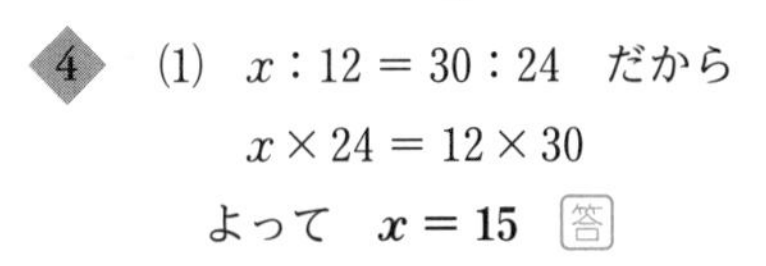

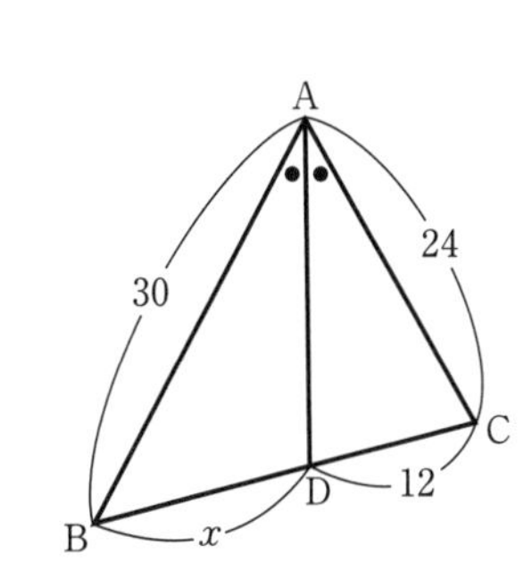

⬅BD：DC＝AB：AC

(2) $(5-x):x=7:3$ だから

$(5-x)\times 3 = x\times 7$

$15-3x=7x$

よって $x=\dfrac{3}{2}$ 答

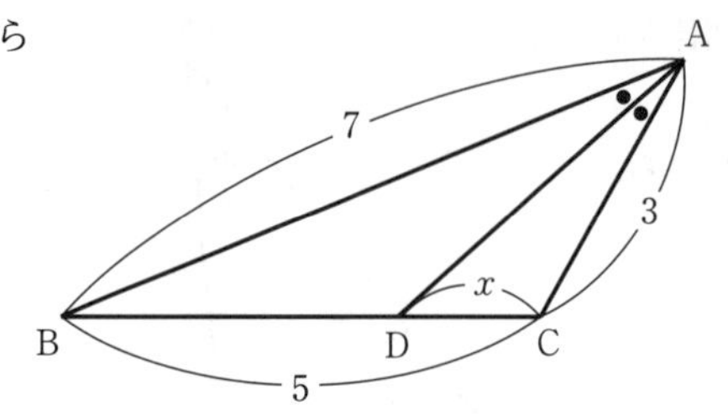

18 三角形の外心・内心・重心 [p. 44]

1 右の図の △ABC で，点 O が外心のとき，$\angle x$ の大きさを求めなさい。

解 OA，OB，OC は外接円の半径だから

OA = OB = [ア OC]

よって，△OBC，△OAB は，

[イ 2 等辺] 三角形だから

$\angle$OBC = $\angle$OCB = [ウ 32]°

$\angle$OBA = $\angle$OAB = [エ 20]°

したがって， $\angle x = \angle$OBC + $\angle$OBA

= [オ 32]° + 20° = [カ 52]°

2 右の図の △ABC で，点 I が内心のとき，$\angle x$ の大きさを求めなさい。

解 BI，CI はそれぞれ $\angle$B，$\angle$C の 2 等分線だから

$\angle$ABC = 2 × [キ 21]° = [ク 42]°

$\angle$ACB = 2 × [ケ 31]° = [コ 62]°

△ABC の内角の和は 180° だから

$\angle x$ = 180° − ($\angle$ABC + $\angle$ACB)

= 180° − ([サ 42]° + [シ 62]°)

= [ス 76]°

3 右の図の △ABC で，点 G が重心のとき，BD，GD の長さを求めなさい。

解 点 D は BC の中点だから

BD = [セ 10]

AG：GD = 2：1 だから

GD = $\dfrac{1}{2}$AG = [ソ 6]

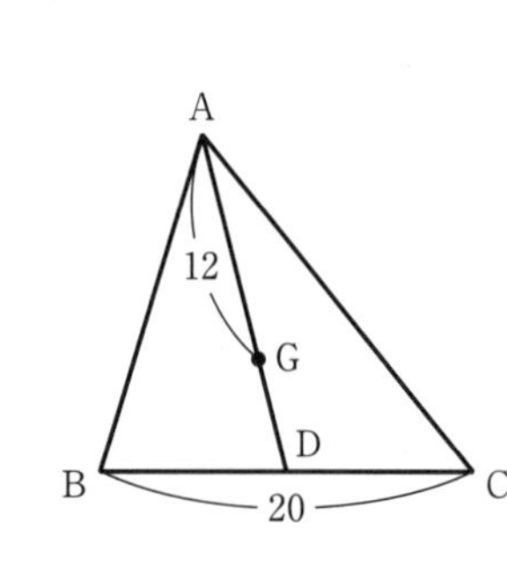

◆三角形の外心

△ABC の 3 辺の垂直 2 等分線は 1 点で交わる。その交点 O が △ABC の外心であり，O を中心として △ABC の外接円がかける。

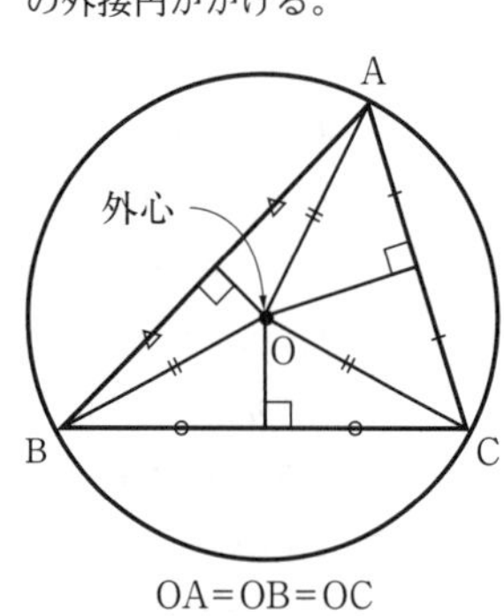

OA = OB = OC

◆三角形の内心

△ABC の 3 つの内角の 2 等分線は 1 点で交わる。

その交点 I が △ABC の内心であり，I を中心として △ABC の内接円がかける。

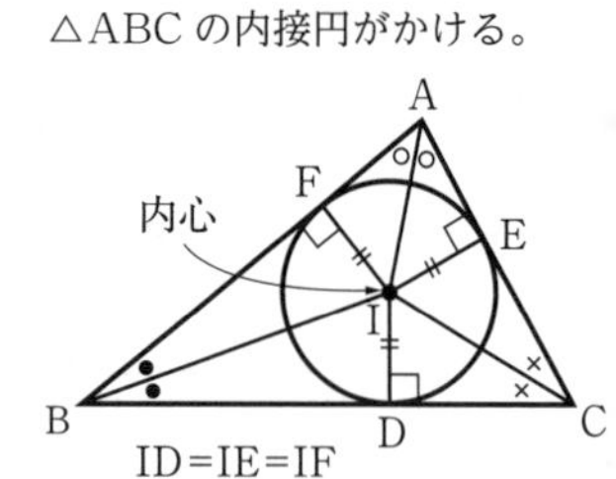

ID = IE = IF

◆三角形の重心

△ABC の 3 つの中線は 1 点で交わる。その交点 G が △ABC の重心であり，重心 G は，3 つの中線をそれぞれ 2：1 に分ける。

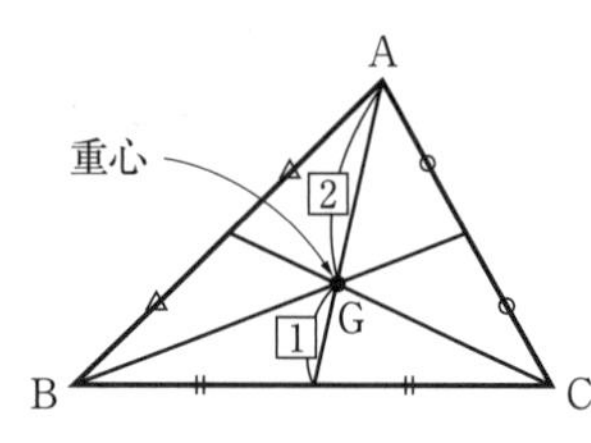

◆DRILL◆ [p. 45]

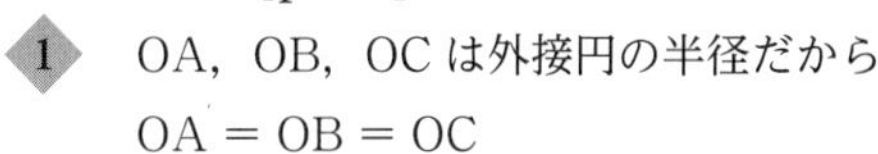

1 OA, OB, OC は外接円の半径だから

$OA = OB = OC$

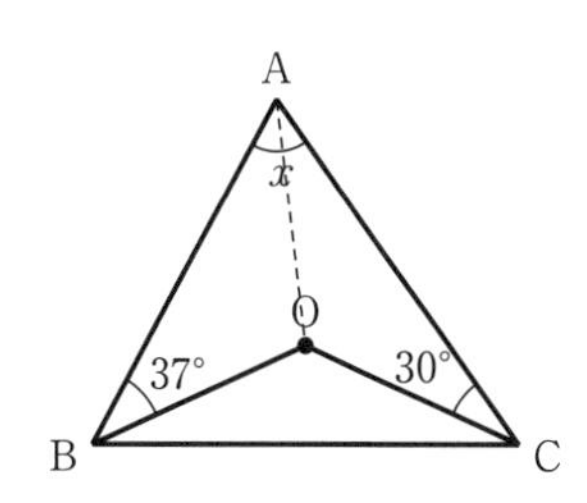

よって，△OAB，△OBC，△OCA は2等辺三角形だから

$\angle OAB = \angle OBA = 37°$

$\angle OAC = \angle OCA = 30°$

したがって　$\angle \boldsymbol{x} = \angle OAB + \angle OAC$

$= 37° + 30° = \mathbf{67°}$ 答

2 OA, OB, OC は外接円の半径だから

$OA = OB = OC$

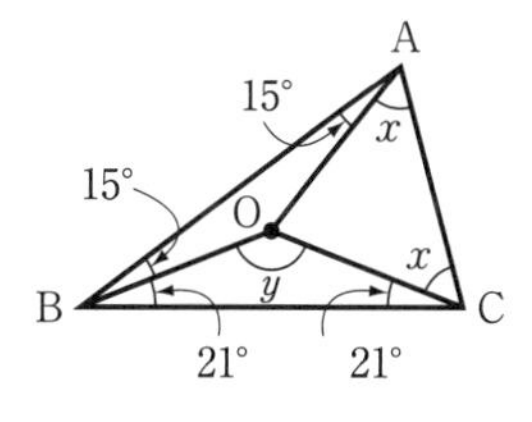

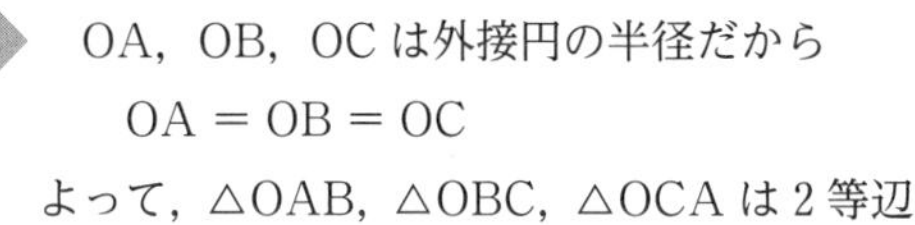

よって，△OAB，△OBC，△OCA は2等辺三角形だから

$\angle OBA = \angle OAB = 15°$

$\angle OCB = \angle OBC = 21°$

$\angle OAC = \angle OCA = \angle x$

△ABC の内角の和は 180° だから

$\angle ABC + \angle BCA + \angle CAB$

$= (15° + 21°) + (21° + \angle x) + (\angle x + 15°) = 180°$

$2\angle x = 108°$

よって　$\angle \boldsymbol{x} = \mathbf{54°}$ 答

△OBC の内角の和は 180° だから

$\angle OBC + \angle OCB + \angle BOC$

$= 21° + 21° + \angle y = 180°$

したがって　$\angle \boldsymbol{y} = \mathbf{138°}$ 答

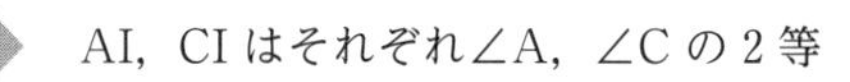

3 AI, CI はそれぞれ∠A，∠C の2等分線だから

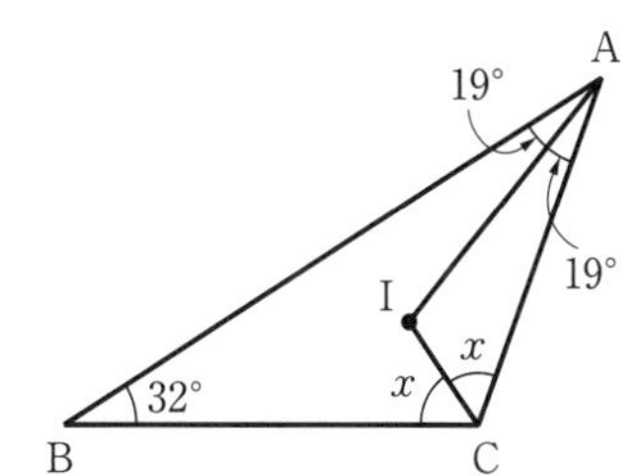

$\angle BAC = 2 \times 19° = 38°$

$\angle ACB = 2 \times \angle x$

△ABC の内角の和は 180° だから

$\angle BAC + \angle ABC + \angle ACB = 180°$

$\angle ACB = 180° - (\angle BAC + \angle ABC)$

$2 \times \angle x = 180° - (38° + 32°)$

$= 110°$

よって　$\angle \boldsymbol{x} = \mathbf{55°}$ 答

 AI は ∠A の 2 等分線だから

$\angle BAD = 2 \times 47^\circ = 94^\circ$

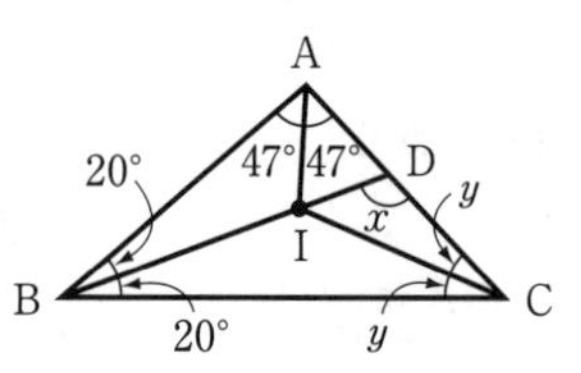

△ABD で，1 つの外角はそれにとなりあわない 2 つの内角の和に等しいから

$\angle \boldsymbol{x} = \angle ABD + \angle BAD$

$= 20^\circ + 94^\circ = \mathbf{114^\circ}$ 答

BI，CI はそれぞれ ∠B，∠C の 2 等分線だから

$\angle IBC = \angle IBA = 20^\circ$

$\angle ICB = \angle ICD = \angle y$

△BCD の内角の和は 180° だから

$\angle DBC + \angle BCD + \angle CDB = 180^\circ$

$20^\circ + 2 \times \angle y + 114^\circ = 180^\circ$

$2 \times \angle y = 46^\circ$

よって，$\angle \boldsymbol{y} = \mathbf{23^\circ}$ 答

⬅△ABC の内角の和が 180° であることからも ∠y は求められる

 (1) 点 D は BC の中点だから

BD ＝ 6 答

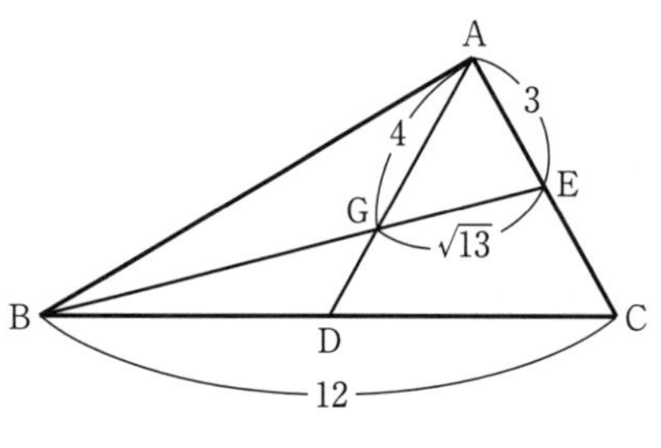

(2) 点 E は AC の中点だから

EC ＝ 3 答

(3) AG：GD ＝ 2：1 だから

$\mathbf{GD} = \frac{1}{2}AG = \mathbf{2}$ 答

(4) BG：GE ＝ 2：1 だから

$\mathbf{BG} = 2GE = \mathbf{2\sqrt{13}}$ 答

19 円周角・円と四角形・円の接線 [p. 46]

1 右の図で，$\angle x$，$\angle y$ の大きさを求めなさい。

解 △OAB は，円 O の半径を 2 辺とする 2 等辺三角形だから，

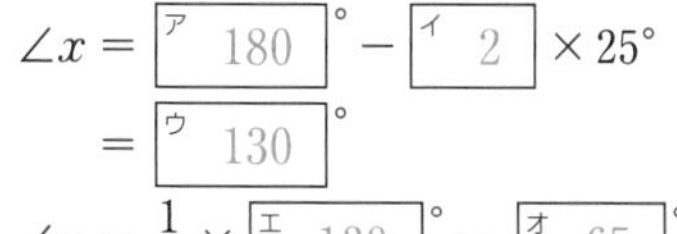

$\angle x =$ [ア 180]° − [イ 2] × 25°

$=$ [ウ 130]°

$\angle y = \frac{1}{2} \times$ [エ 130]° $=$ [オ 65]°

2 右の図で，$\angle x$，$\angle y$ の大きさを求めなさい。

解 $\angle x +$ [カ 115]° $= 180°$　だから

$\angle x = 180° -$ [キ 115]° $=$ [ク 65]°

また　$\angle y =$ [ケ 96]°

3 右の図で，AT が円 O の接線のとき，$\angle x$ の大きさを求めなさい。

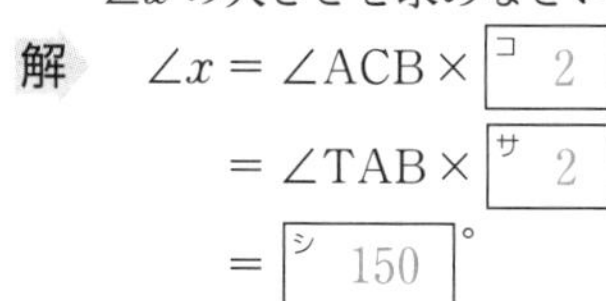

解 $\angle x = \angle \mathrm{ACB} \times$ [コ 2]

$= \angle \mathrm{TAB} \times$ [サ 2]

$=$ [シ 150]°

4 右の図の円 O は △ABC の内接円で，D，E，F はその接点である。x の値を求めなさい。

解 BD = BF = 4，AE = AF = [ス 2]

CE = CD = BC − BD

= 7 − [セ 4] = [ソ 3]

よって　x = AE + EC = [タ 2] + [チ 3] = [ツ 5]

◆DRILL◆ [p. 47]

1 (1) 円周角 ADB に対する中心角 $\angle x$ は

$\angle \boldsymbol{x} = 66° \times 2 = \mathbf{132°}$ 答

同じ弧に対する円周角は等しいから

$\angle \boldsymbol{y} = \mathbf{66°}$ 答

(2) 同じ弧に対する円周角は等しいから

$\angle \boldsymbol{x} = \mathbf{30°}$ 答

△AEC の内角と外角の関係より

$\angle \boldsymbol{y} = \angle x + 62°$

$= 30° + 62°$

$= \mathbf{92°}$ 答

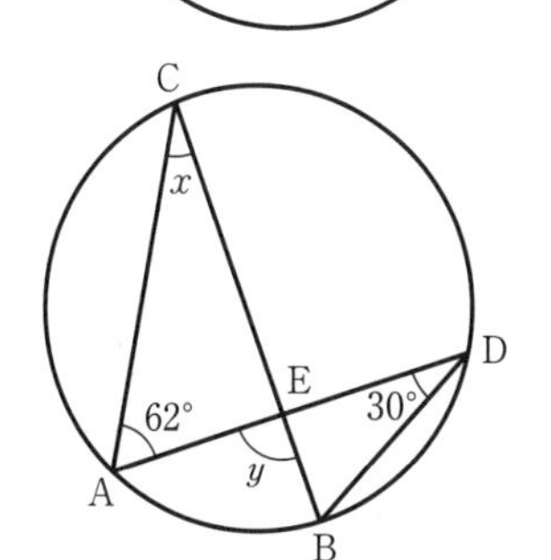

◆円周角の定理

1 つの弧に対して

1. 円周角の大きさは，中心角の大きさの半分である。
2. 円周角の大きさはすべて等しい。

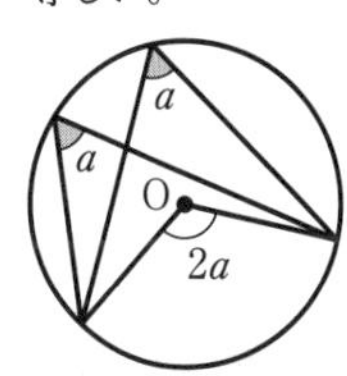

◆円に内接する四角形

円に内接する四角形において

1. 1 組の対角の和は 180° である。
2. 1 つの内角は，その対角にとなりあう外角に等しい。

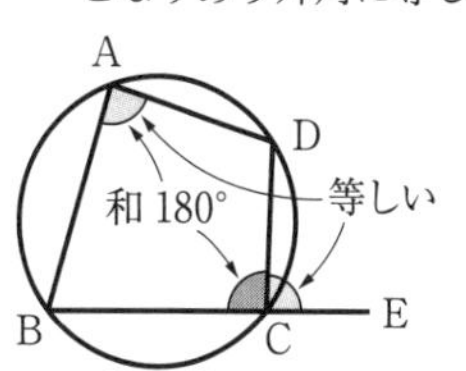

◆接線と弦のつくる角

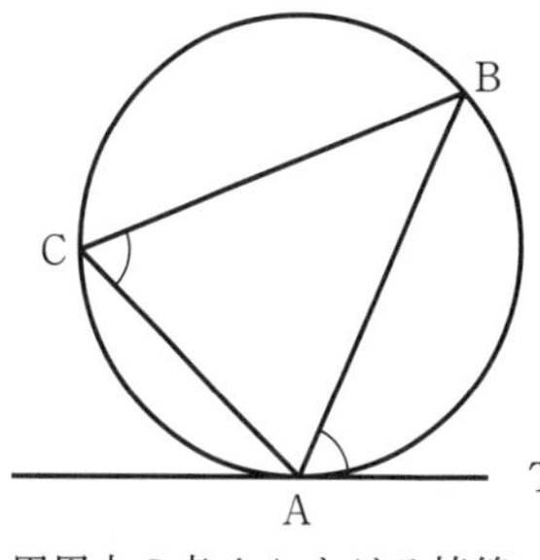

円周上の点 A における接線を AT，弧 AB に対する円周角を ∠ACB とすると

∠TAB = ∠ACB

◆接線の長さ

円の外部の点 P から円に 2 本の接線を引き，接点を A，B とすると　PA = PB

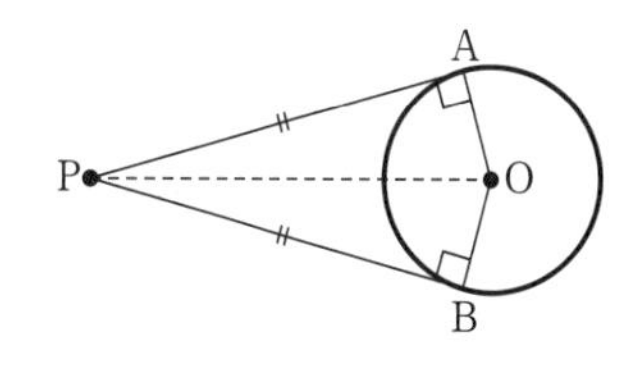

(3)　円周角 ABC に対する中心角は
$(360^\circ - \angle x)$ である。
よって　$110^\circ \times 2 = 360^\circ - \angle x$
$\angle \boldsymbol{x} = 360^\circ - 220^\circ$
$= \mathbf{140^\circ}$ 答

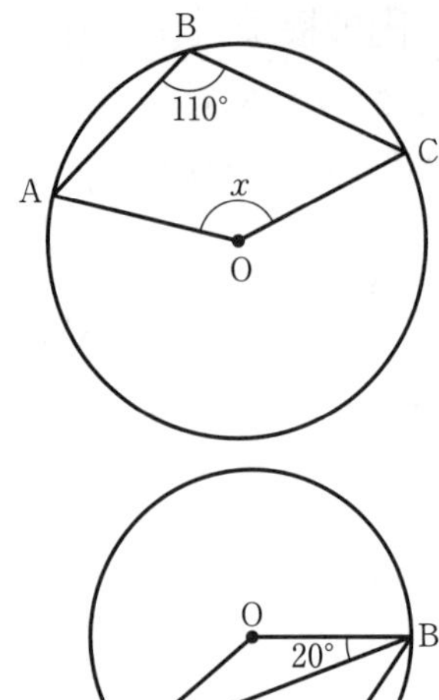

(4)　OA ＝ OB　より
△OAB は 2 等辺三角形だから
$\angle OAB = \angle OBA = 20^\circ$
したがって　$\angle AOB = 180^\circ - 20^\circ \times 2$
$= 140^\circ$
$\angle x$ に対する中心角は　$360^\circ - 140^\circ = 220^\circ$
であるから
$\angle \boldsymbol{x} = \dfrac{1}{2} \times 220^\circ = \mathbf{110^\circ}$ 答

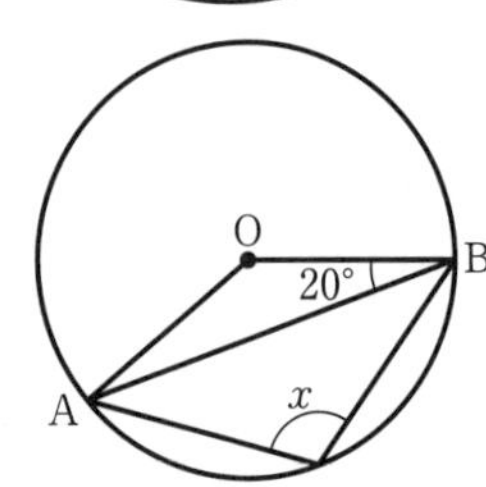

2　(1)　四角形 ABCD は円に内接するから
$\angle \boldsymbol{x} = 180^\circ - 97^\circ$
$= \mathbf{83^\circ}$ 答
また　$\angle \boldsymbol{y} = \mathbf{116^\circ}$ 答

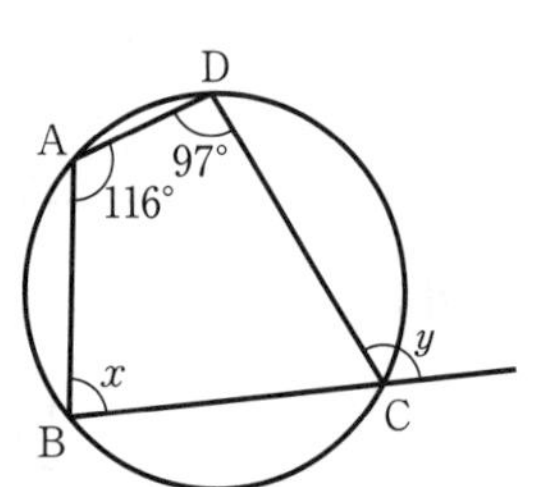

(2)　$\angle BAD = 180^\circ - 30^\circ - 44^\circ$
$= 106^\circ$
$\angle \boldsymbol{x} = 180^\circ - \angle BAD = 180^\circ - 106^\circ$
$= \mathbf{74^\circ}$ 答
別解　AC を結ぶと，$\angle ACD = \angle ABD = 30^\circ$，
$\angle ACB = \angle ADB = 44^\circ$
$\angle x = \angle ACD + \angle ACB = 30^\circ + 44^\circ = \mathbf{74^\circ}$ 答

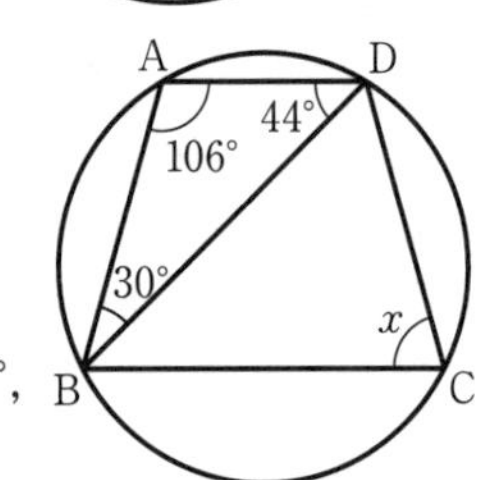

3　(1)　$\angle \boldsymbol{x} = \angle CAT$
$= \mathbf{78^\circ}$ 答
$\angle \boldsymbol{y} = \angle BAP$
$= \mathbf{56^\circ}$ 答

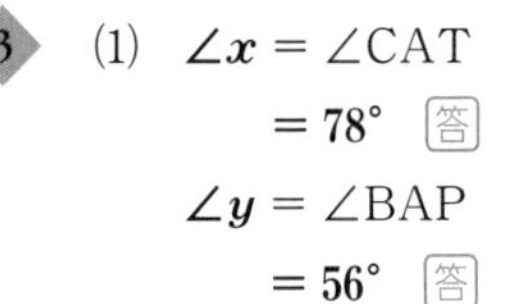

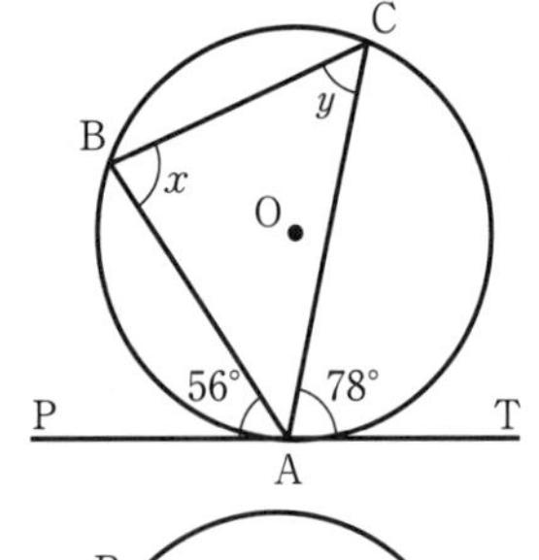

(2)　円周角 $\angle BAC$ に対する中心角は
$\angle BOC$ である
O は円の中心であるから
$\angle BOC = 180^\circ$
よって　$\angle BAC = 90^\circ$
PT は接線なので
$\angle CAT = 180^\circ - 64^\circ - 90^\circ = 26^\circ$
よって　$\angle \boldsymbol{x} = \angle CAT = \mathbf{26^\circ}$ 答

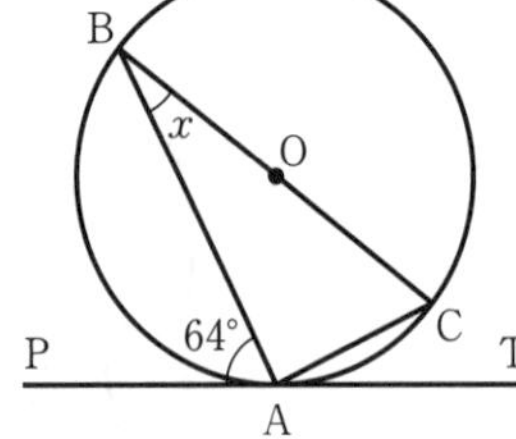

(1)　AE ＝ AF ＝ 8，BD ＝ BF ＝ 4

CD ＝ CB − BD ＝ 7 − 4 ＝ 3

よって　CE ＝ CD ＝ 3

したがって　$\boldsymbol{x}$ ＝ AE ＋ EC

＝ 8 ＋ 3 ＝ **11**　答

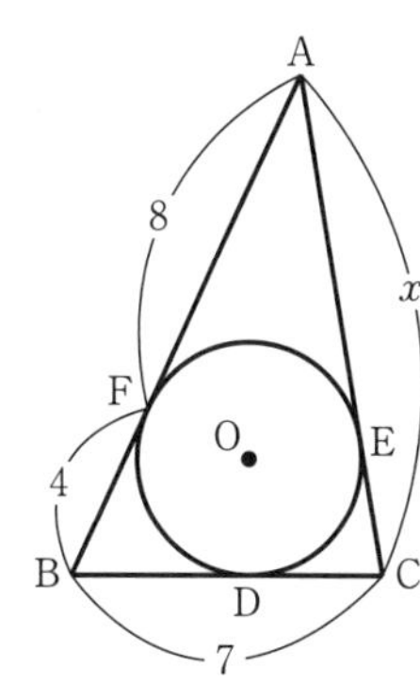

(2)　AF ＝ AE ＝ 7，CD ＝ CE ＝ 1

BD ＝ BC − CD ＝ 7 − 1 ＝ 6

よって　BF ＝ BD ＝ 6

したがって　$\boldsymbol{x}$ ＝ AF ＋ BF

＝ 7 ＋ 6

＝ **13**　答

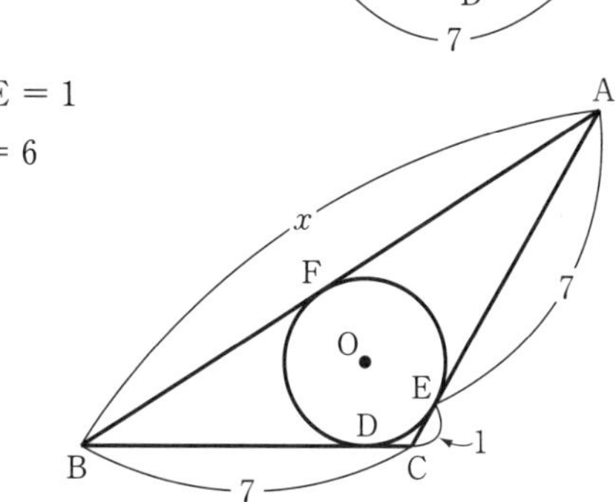

20 方べきの定理・2つの円 [p. 48]

1　次の図で，x の値を求めなさい。

(1)

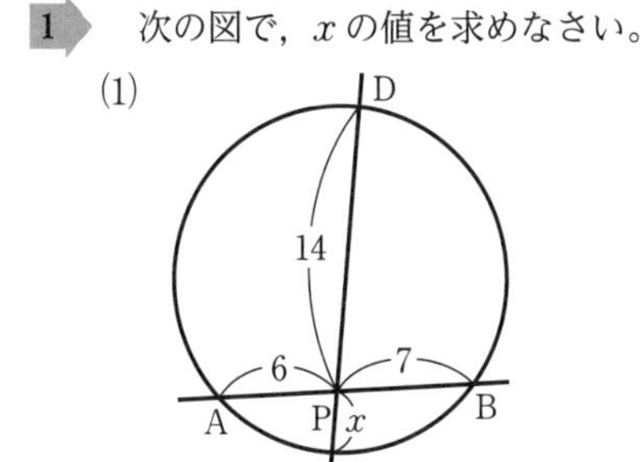

(2)　PC が円の接線のとき

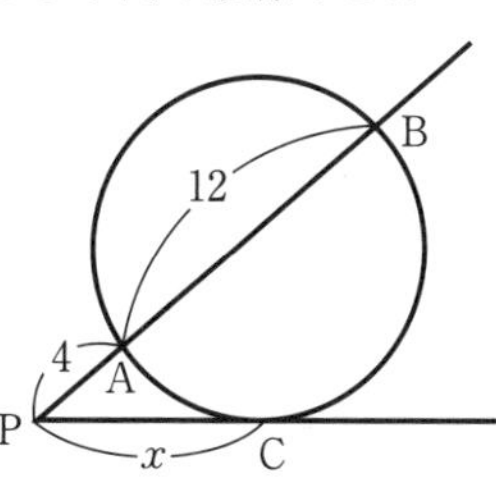

解　(1)　PA × PB ＝ PC × PD　より

$6 \times 7 = x \times$ ［ア 14］

これを解いて　$x =$ ［イ 3］

(2)　$\mathrm{PA} \times \mathrm{PB} = \mathrm{PC}^2$　より

$4 \times ($［ウ 4］$+ 12) = x^2$

$x^2 =$ ［エ 64］

$x > 0$ だから　$x =$ ［オ 8］

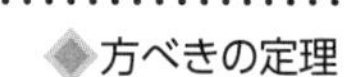

(1) PA × PB ＝ PC × PD

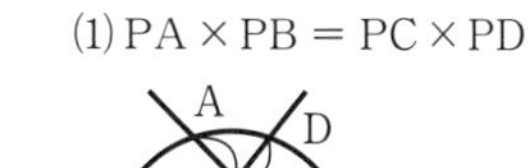

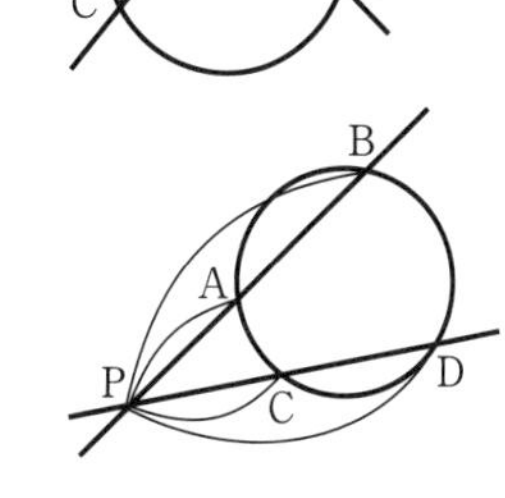

(2) $\mathrm{PA} \times \mathrm{PB} = \mathrm{PC}^2$

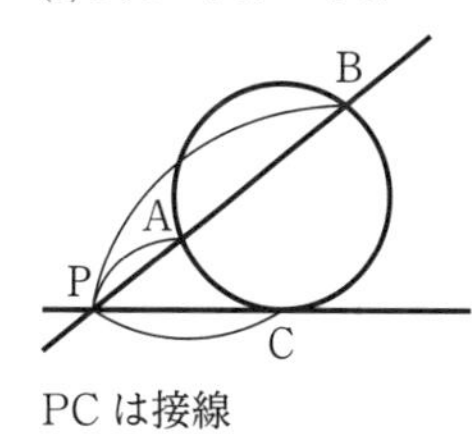

PC は接線

2 2つの円O，O′の半径がそれぞれ6cm，4cmで，中心間の距離を$d$cmとするとき，次の問いに答えなさい。

(1) 2つの円が外側で接するとき，dの値を求めなさい。

(2) 2つの円が内側で接するとき，dの値を求めなさい。

(3) 2つの円が2点で交わるとき，dの値の範囲を不等号を使って表しなさい。

解 (1) $d=6$ [カ +] $4=$ [キ 10]

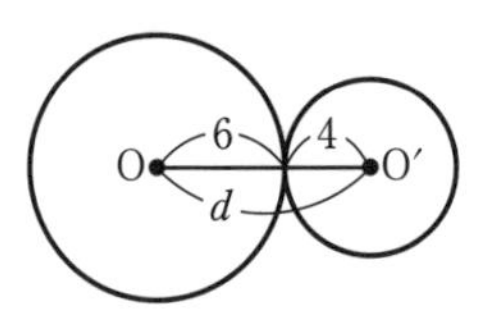

(2) $d=6$ [ク −] $4=$ [ケ 2]

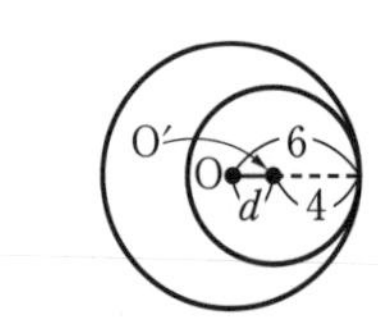

(3) $6-$ [コ 4] $<d<6+$ [サ 4]

[シ 2] $<d<$ [ス 10]

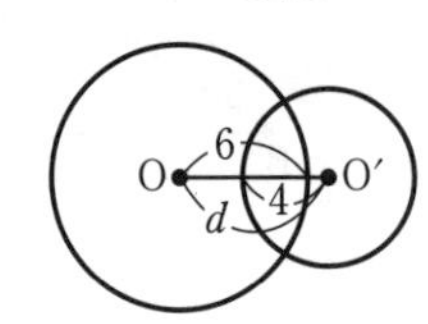

◆DRILL◆ [p. 49]

1 (1) PA×PB＝PC×PDより

$4\times(4+3)=3\times(3+x)$

これを解いて　$\boldsymbol{x=\frac{19}{3}}$ 答

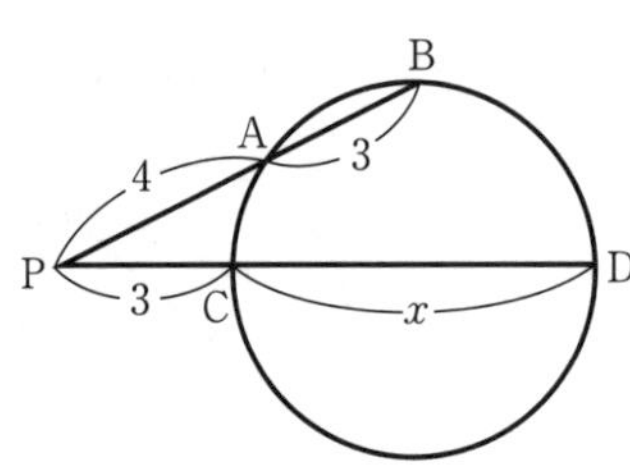

(2) PA×PB＝PC×PDより

$x\times4=3\times6$

$\boldsymbol{x=\frac{9}{2}}$ 答

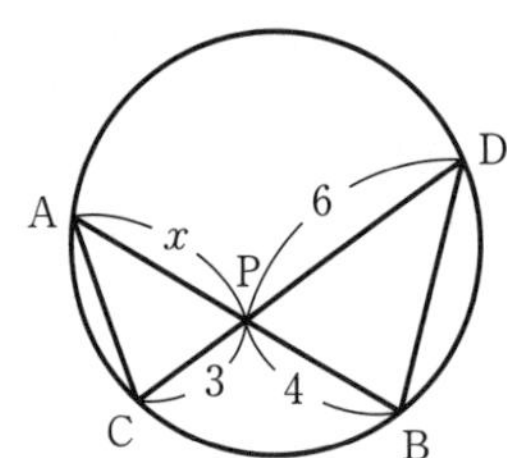

(3) $PA\times PB=PC^2$ より

$x\times9=6^2$

$9x=36$

$\boldsymbol{x=4}$ 答

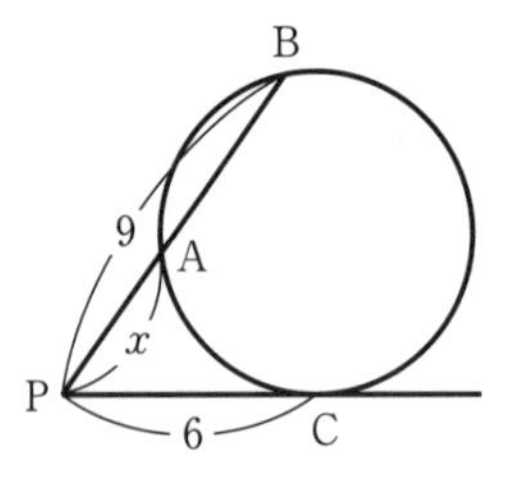

(4) $PA\times PB=PC^2$ より

$1\times4=x^2$

$x>0$だから　$\boldsymbol{x=2}$ 答

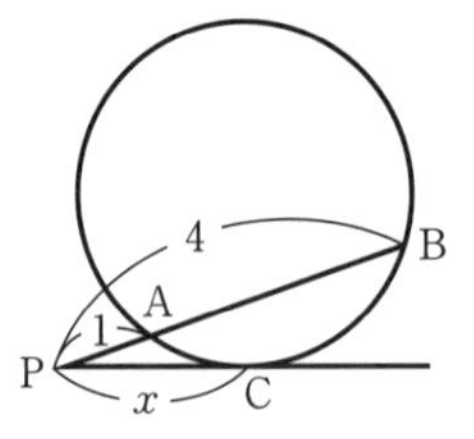

◆**2つの円の位置関係**

2つの円O，O′の半径をr，r' $(r>r')$，中心間の距離をdとする

(ア) 外側にある

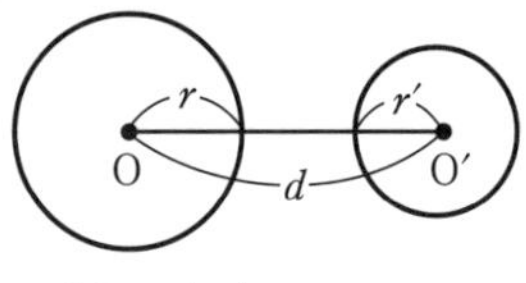

$d>r+r'$

(イ) 外側で接する

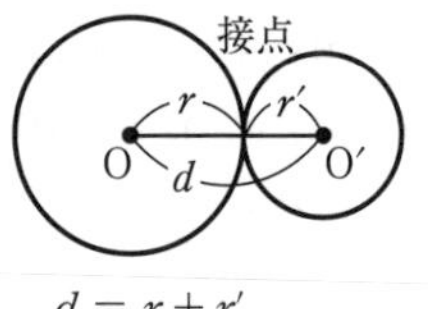

$d=r+r'$

(ウ) 2点で交わる

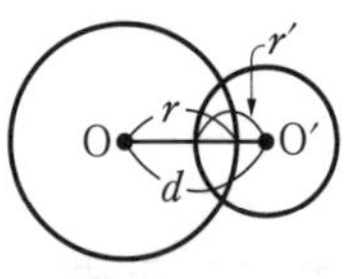

$r-r'<d<r+r'$

(エ) 内側で接する

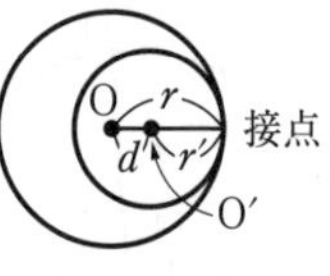

$d=r-r'$

(オ) 内側にある

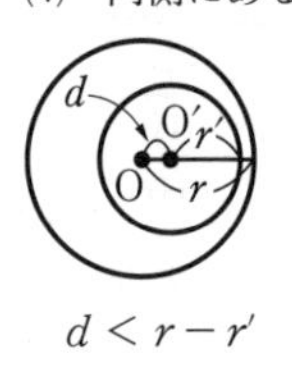

$d<r-r'$

◆2　2 つの円が 2 点で交わるのは，
$15-8<d<15+8$ のときである。

$\boldsymbol{7<d<23}$ 答

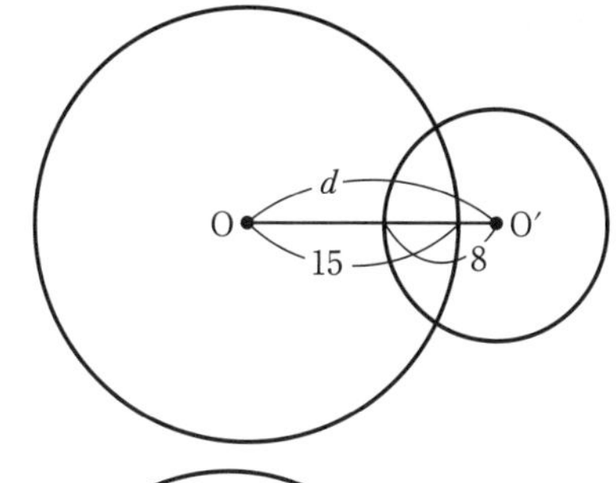

◆3　(1)　半径 x の円の中心を O，半径 y の円の中心を O′，2 つの円の接点を G とすると

$\mathrm{OG}+\mathrm{GO'}=\mathrm{OO'}$

$\boldsymbol{x+y=9}$ 答

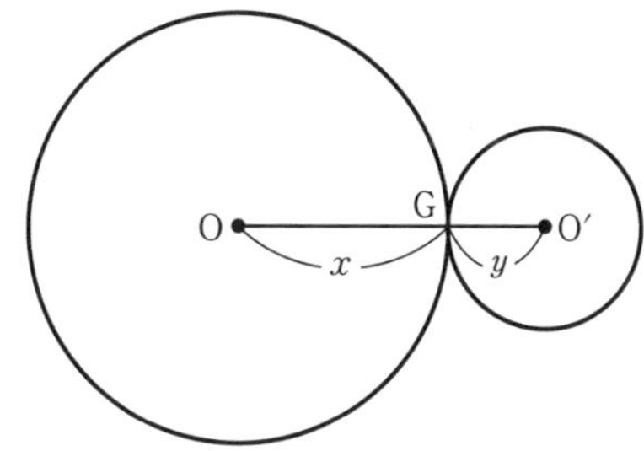

(2)　2 つの円が内側で接しているときの接点を H とすると

$\mathrm{OH}-\mathrm{O'H}=\mathrm{OO'}$

$x-y=5$

(1)より

$$\begin{cases} x+y=9 \cdots\cdots ① \\ x-y=5 \cdots\cdots ② \end{cases}$$

①，②より　$\boldsymbol{x=7,\ y=2}$ 答

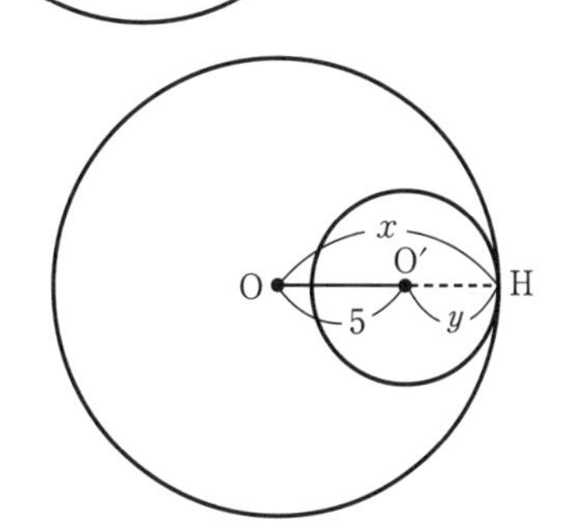

21 基本の作図・いろいろな作図 [p. 50]

▶1　次の図を順にしたがって作図しなさい。

(1)　線分 AB の垂直 2 等分線

①点 A を中心として ア 円 をかく。

②点 B を中心として，①でかいた円と同じ イ 半径 の円をかき，

2 つの円の ウ 交点 を P，Q とする。

③点 P と点 Q を エ 直線 で結ぶ。

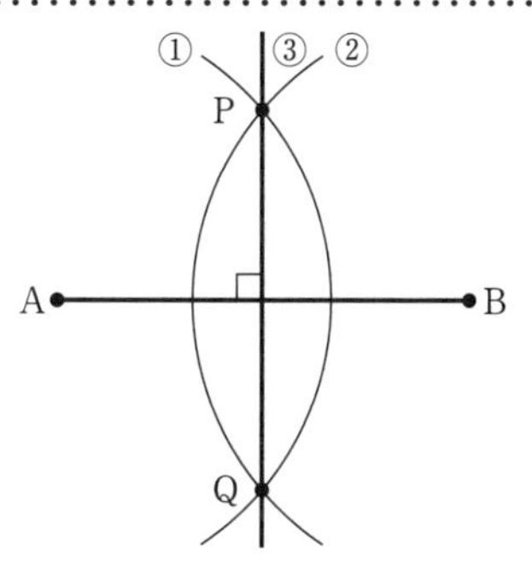

(2)　∠AOB の 2 等分線

①点 O を中心として オ 円 をかき，OA との カ 交点 を C，OB との キ 交点 を D とする。

②点 C，D を中心として同じ ク 半径 の円をかき，交点を P とする。

③点 O と点 P を ケ 半直線 で結ぶ。

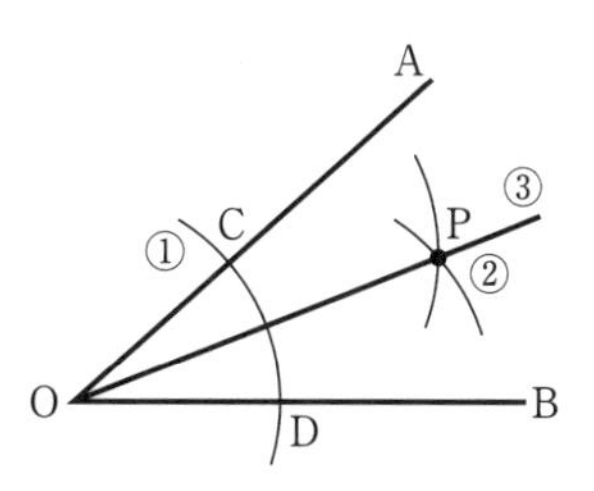

⬅作図は，ひし形の性質を利用している

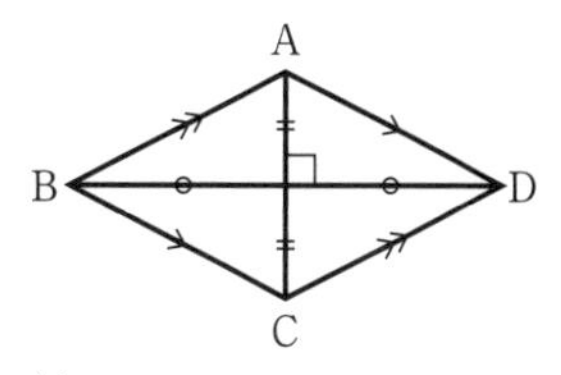

(1)では
　対角線がたがいに他を
　垂直に 2 等分する
ことを用いている。

(2)では
　対角線が頂点のそれぞれ
　の角を 2 等分する
ことを用いている。

(3)　点 P を通り直線 l と平行な直線

①直線 l 上に点 A をとる。点 A を中心として［コ 半径］が AP の［サ 円］をかき，直線 l との交点を B とする。

②点 P，B を中心として①でかいた円と同じ［シ 半径］の円をかき，［ス 交点］を Q とする。

③点 P と点 Q を［セ 直線］で結ぶ。

(3)では
ひし形の向かいあう 2 つの辺は平行であることを用いている。

(4)　線分 AB を 3 等分する点

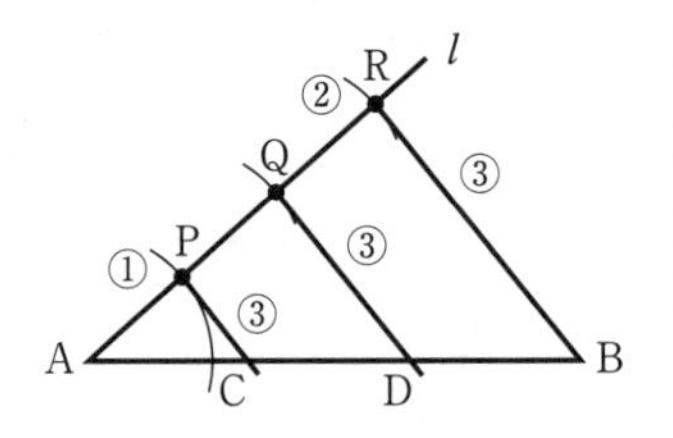

①点 A を端点として，［ソ 半直線］l を引く。点 A を中心として円をかき，l との交点を P とする。

②点 P を［タ 中心］として①でかいた円と同じ［チ 半径］の円をかき，l との交点を Q とする。同様にして，点［ツ Q］を中心として同じ半径の円をかき，l との交点を R とする。

③線分 RB を引き，P，Q から RB に［テ 平行］な直線を引いて，線分 AB との交点をそれぞれ C，D とする。

(4)では
平行線と線分の比の性質を用いている。

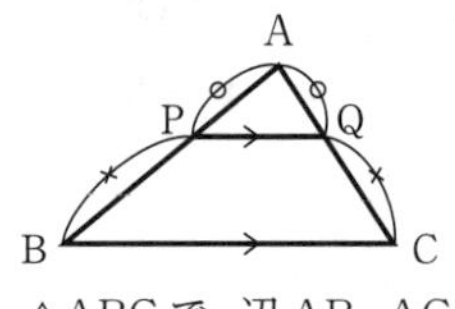

△ABC で，辺 AB，AC 上の点 P，Q について
PQ∥BC　ならば
AP : PB = AQ : QC

◆DRILL◆［p. 51］

1　(1)　①点 A を中心として円をかく。
②点 B を中心として，①でかいた円と同じ半径の円をかき，2 つの円の交点を P，Q とする。
③点 P と点 Q を直線で結ぶ。

(2)　①点 P を中心として円をかき，直線 l との交点を A，B とする。
②点 A，B を中心として同じ半径の円をかき，交点を Q とする。
③点 P と点 Q を直線で結ぶ。

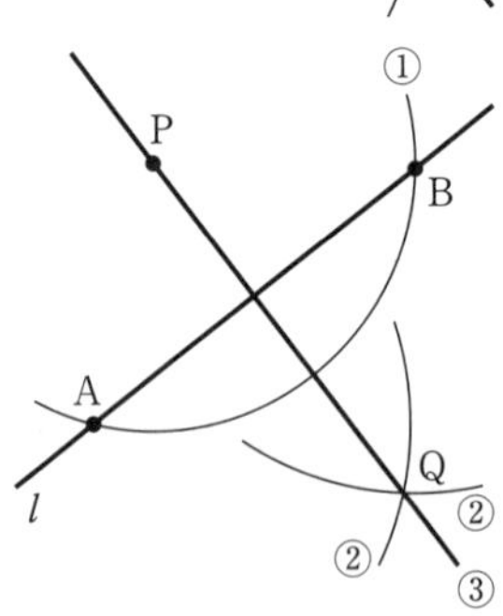

(3) ①点Ｏを中心とする円をかき，OA，OB との交点をそれぞれ C，D とする。
②点 C，D を中心として同じ半径の円をかき，交点を P とする。
③点Ｏと点Ｐを半直線で結ぶ。

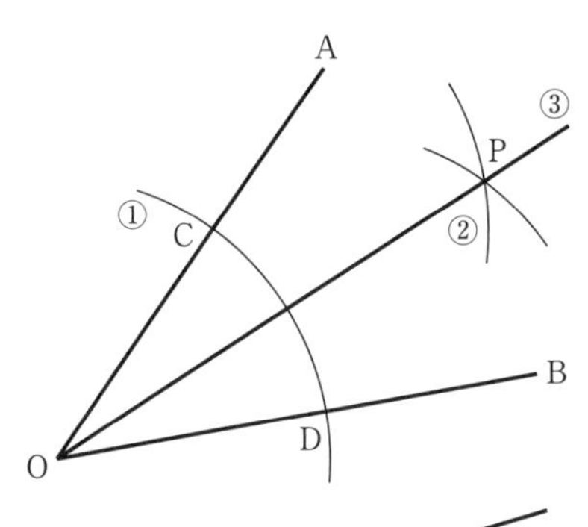

(4) 直線 l 上に点Ａをとる。
①点Ａを中心とした半径 AP の円をかき，直線 l との交点をＢとする。
②点Ｐ，Ｂを中心として①でかいた円と同じ半径の円をかき，交点をＱとする。
③点Ｐと点Ｑを直線で結ぶ。

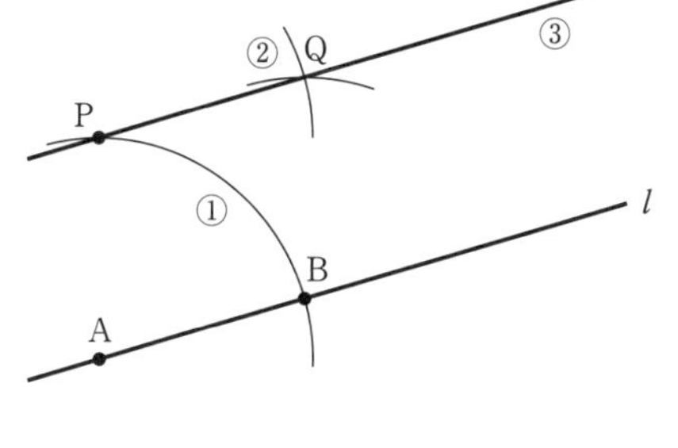

(5) ①点Ａを端点として，半直線 l を引く。点Ａを中心として円をかき，l との交点をＰとする。
②点Ｐを中心として AP を半径とする円をかき，l との交点をＱとする。同様にして点Ｑを中心として同じ半径の円をかき，l との交点をＲとする。
③線分 RB を引き，点Ｐ，点Ｑから RB に平行な直線を引いて，線分 AB との交点をＣ，Ｄとする。

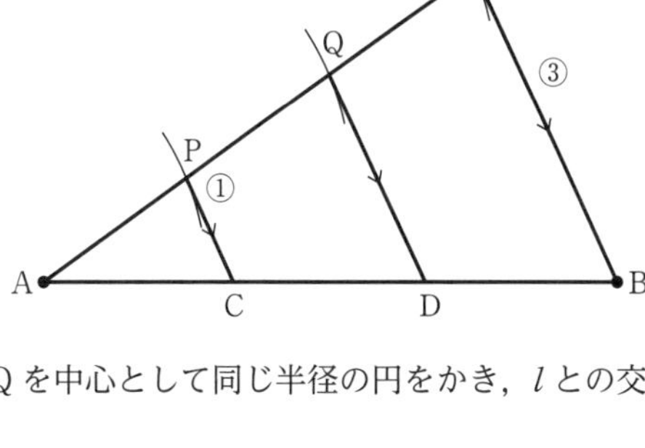

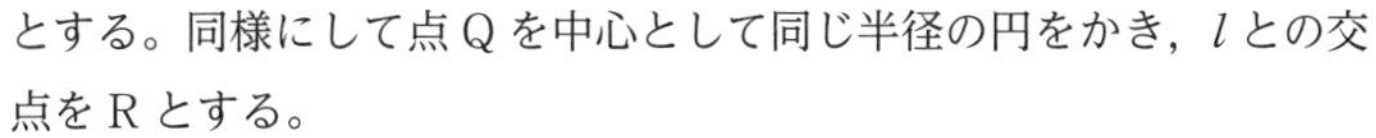

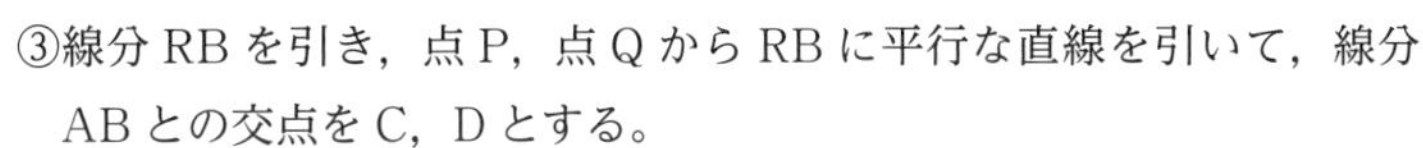

(6) ①点Ａを端点として，半直線 l を引く。点Ａを中心として円をかき，l との交点をＰとする。
②点Ｐを中心として，①でかいた円と同じ半径の円をかき，l との交点をＱとする。同様にして点Ｒ，Ｓ，Ｔを求める。
③線分 TB を引き，点Ｒから TB に平行な直線を引いて，線分 AB との交点をＣとする。

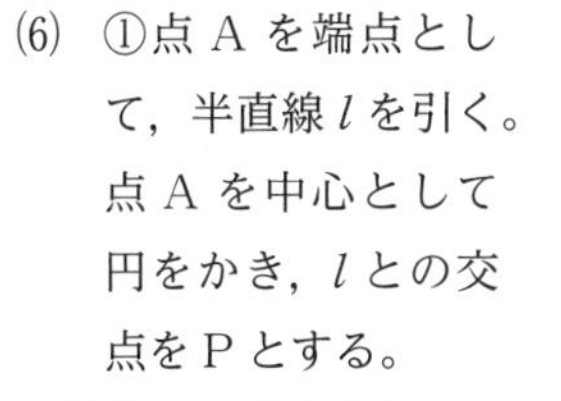

22 三角形の外心・内心・重心の作図 [p. 52]

1 次の点を作図する手順を示しなさい。

(1) △ABC の外心

①辺 AB の ア 垂直2等分線 を引く。

②辺 AC の イ 垂直2等分線 を引く。

③①, ②の2直線の交点Oを求める。

この点Oが，求める ウ 外心 である。

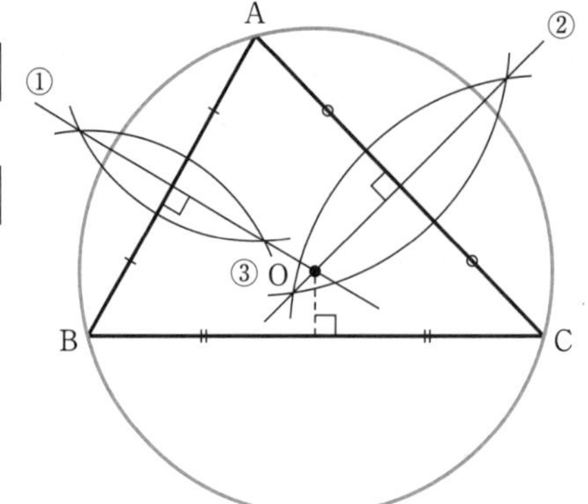

(2) △ABC の内心

①∠B の エ 2等分線 を引く。

②∠C の オ 2等分線 を引く。

③①, ②の2直線の交点Iを求める。

この点Iが，求める カ 内心 である。

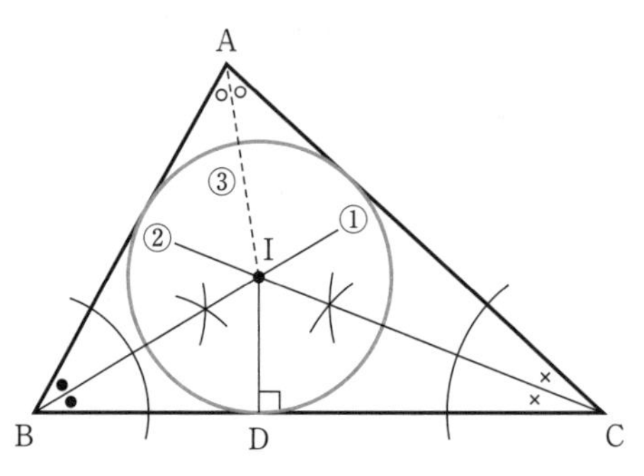

(3) △ABC の重心

①辺 BC の キ 中点 D を求め， ク 中線 AD を引く。

②辺 AC の ケ 中点 E を求め， コ 中線 BE を引く。

③中線 AD, BE の交点Gを求める。

この点Gが，求める サ 重心 である。

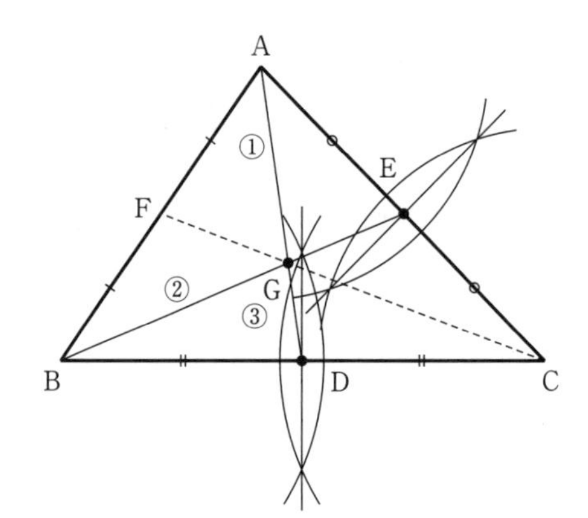

◆三角形の外心

△ABC の3辺の垂直2等分線は1点で交わる。その交点Oが△ABC の外心であり，Oを中心として△ABC の外接円がかける。

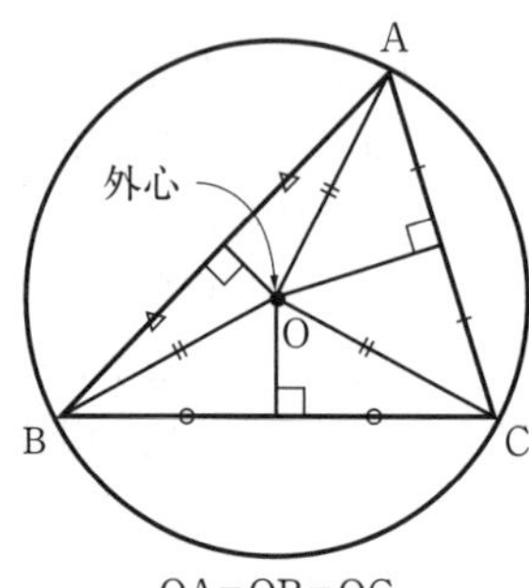

OA＝OB＝OC

◆三角形の内心

△ABC の3つの内角の2等分線は1点で交わる。

その交点Iが△ABC の内心であり，Iを中心として△ABC の内接円がかける。

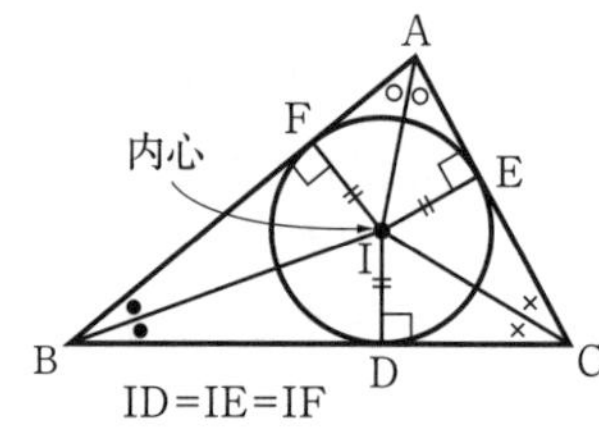

ID＝IE＝IF

◆三角形の重心

三角形の1つの頂点とその対辺の中点とを結ぶ線分が中線である。

△ABC の3つの中線は1点で交わる。その交点Gが△ABC の重心である。重心Gは，3つの中線をそれぞれ2：1に分ける。

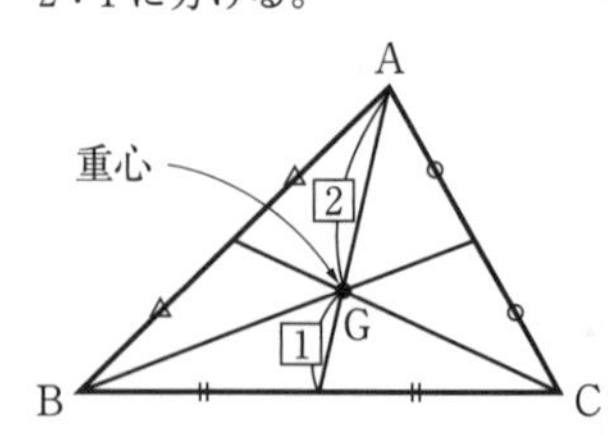

◆DRILL◆ [p. 53]

1 辺 AB の垂直 2 等分線 l_1 と辺 AC の垂直 2 等分線 l_2 の交点 O が外心である。
点 O を中心として半径 OA の円をかけば，これが △ABC の外接円である。

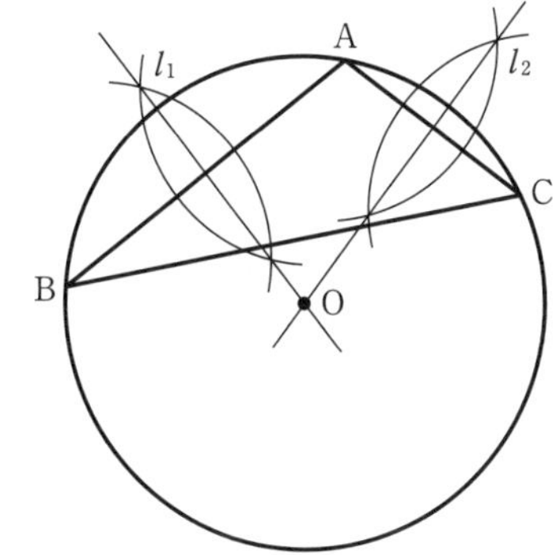

2 線分 AB と線分 BC の垂直 2 等分線をそれぞれ引き，その交点を O とすると，点 O が △ABC の外心である。
点 O を中心とする半径 OA の円が，求める円である。

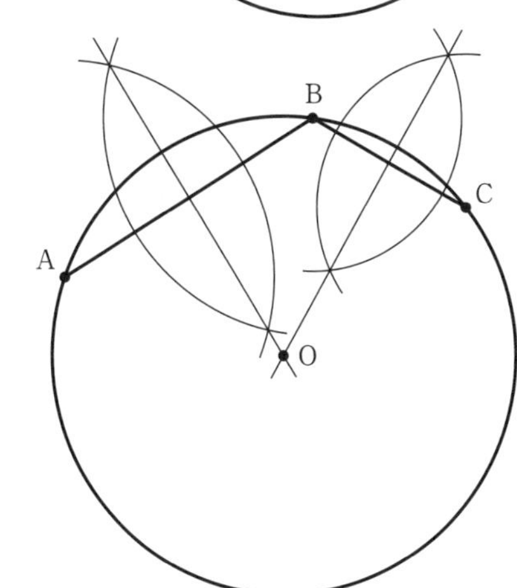

3 (1) ∠B の 2 等分線 l_1 と ∠C の 2 等分線 l_2 の交点 I が内心である。I から辺 BC に引いた垂線 IH を半径とする円をかけば，これが △ABC の内接円である。

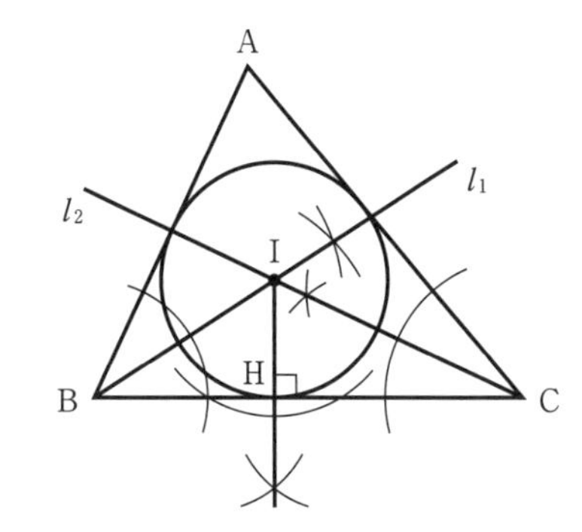

(2) (1)と同様にしてかける。

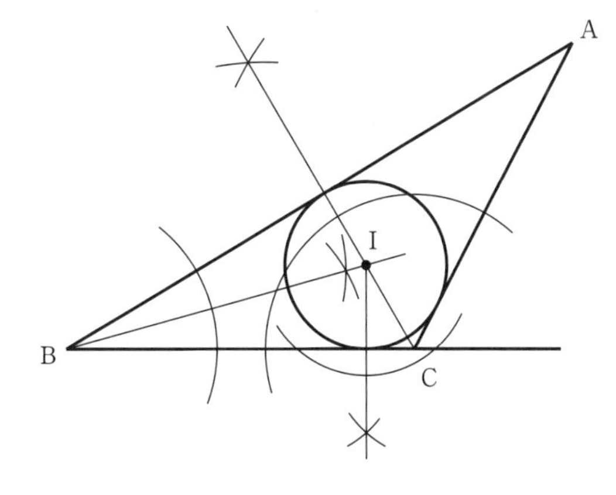

(1) 2つの中線の交点Gが重心である。

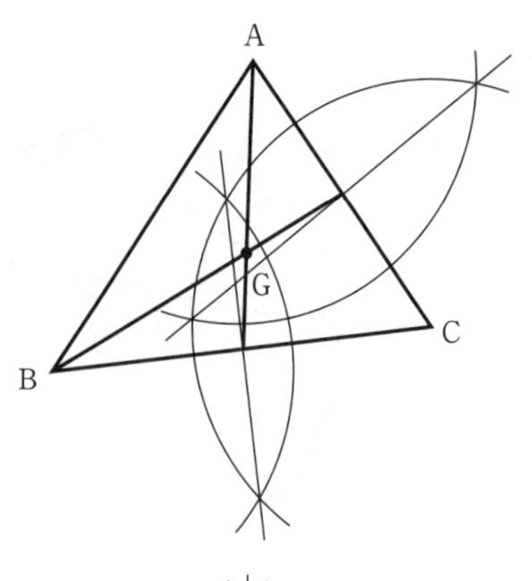

(2) (1)と同様にしてかける。

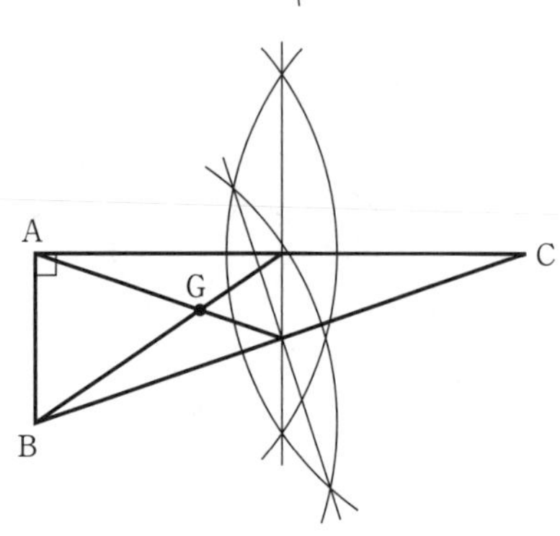

23 空間図形 [p. 54]

1 右の図の立方体で，次のものを求めなさい。

(1) 直線 AE と直線 CD のつくる角
(2) 平面 AEGC と平面 ABCD のつくる角
(3) 直線 BC と平行な平面
(4) 直線 BC と垂直な平面

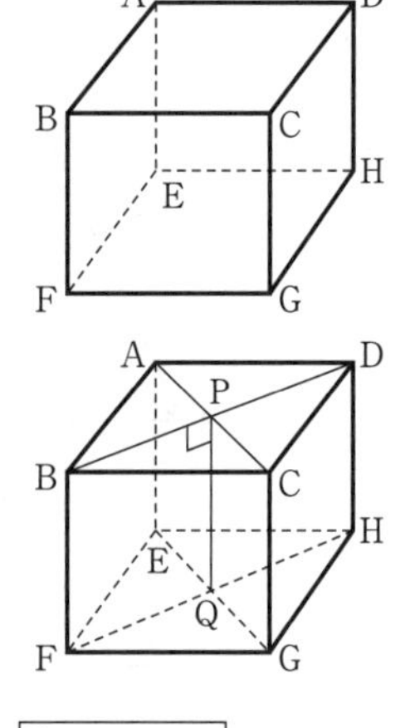

解 (1) 直線 CD を直線 [ア BA] に平行移動して考えると，直線 AE と直線 CD のつくる角は [イ 90]°

(2) ∠QPB = 90° より
平面 AEGC と平面 ABCD のつくる角は [ウ 90]°

(3) 直線 BC と平行な平面は，平面 AEHD と平面 [エ EFGH]

(4) BC⊥AB, BC⊥BF より, 直線 BC と垂直な平面は, 平面 [オ ABFE]。
同様に，直線 BC と平面 CGHD も垂直。

2 次の立体について，頂点の数を v，辺の数を e，面の数を f として，$v-e+f$ の値を求めなさい。

解 (1) $v=$ [カ 12]，$e=$ [キ 18]，$f=$ [ク 8]
よって，$v-e+f=$ [ケ 2]

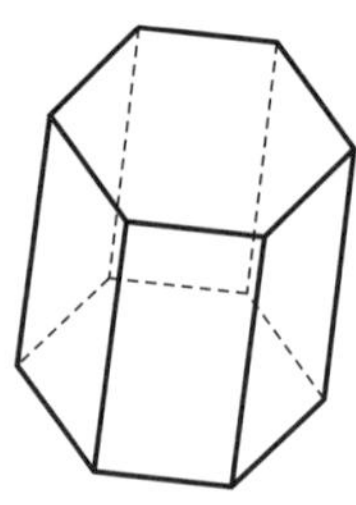

◆オイラーの多面体定理
多面体の頂点の数を v，辺の数を e，面の数を f とすると
$v-e+f=2$
が成り立つ。

(2) $v=$ コ 6, $e=$ サ 12, $f=$ シ 8
よって，$v-e+f=$ ス 2

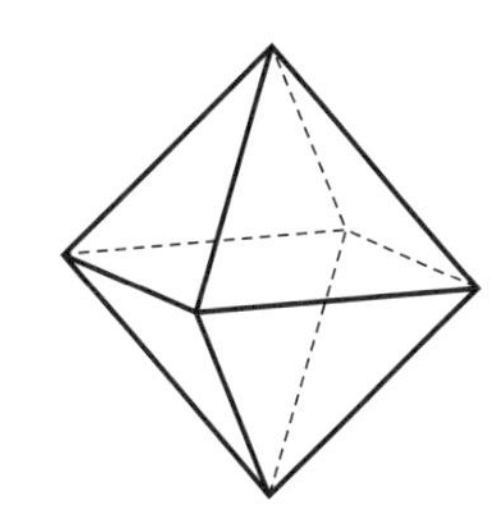

(2)は正八面体である。
以下のように頂点の数と辺の数を求めてもよい。
正八面体の面の形は正三角形であるから，1つの面の頂点の数は3
8つの面の頂点の数の合計は
$3\times8=24$
正八面体の1つの頂点に4つの頂点が重なっているから正八面体の頂点の数は
$v=24\div4=6$（個）

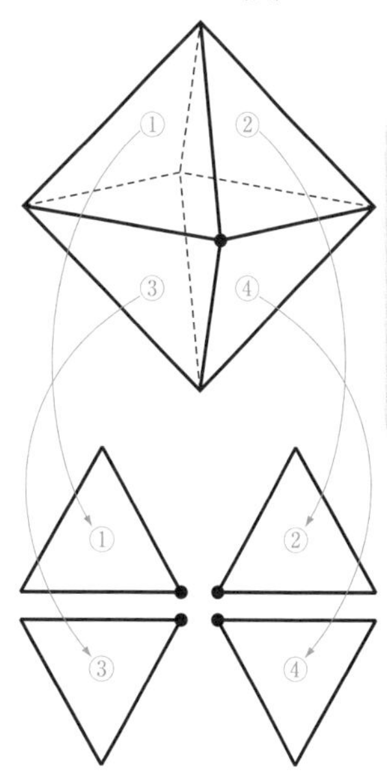

正八面体の面の形は正三角形であるから，1つの面の辺の数は3
8つの面の辺の数の合計は
$3\times8=24$
正八面体の1つの辺に2つの辺が重なっているから正八面体の辺の数は
$e=24\div2=12$（本）

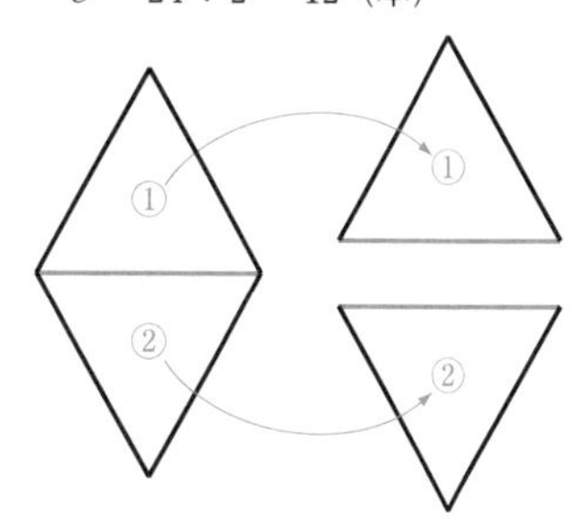

◆DRILL◆ [p. 55]

1 (1) 直線CDを直線BAに平行移動して考えると
直線CDと直線BEのつくる角は **45°** 答

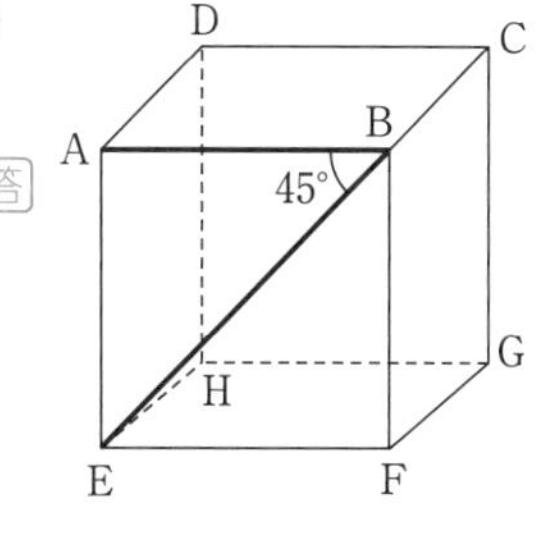

(2) 直線DGを直線AFに平行移動して考えると
AFとBEは互いに垂直に交わるから
直線BEと直線DGのつくる角は **90°** 答

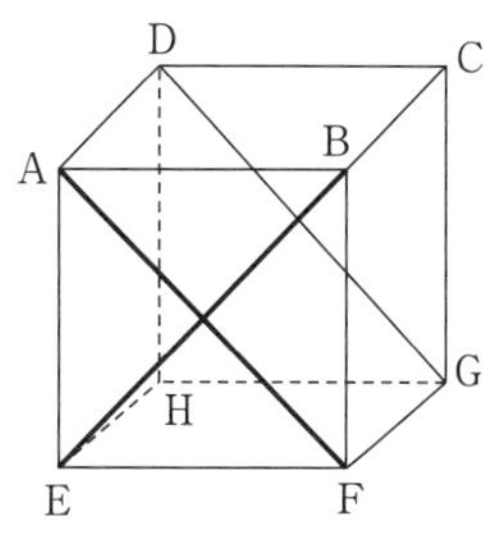

(3) 直線ABとAEは垂直であり，直線ABとAHは垂直である。よって，2つの平面のなす角は∠EAHで与えられる。
∠EAH = 45°　だから
平面AEFBと平面AHGBのつくる角は **45°** 答

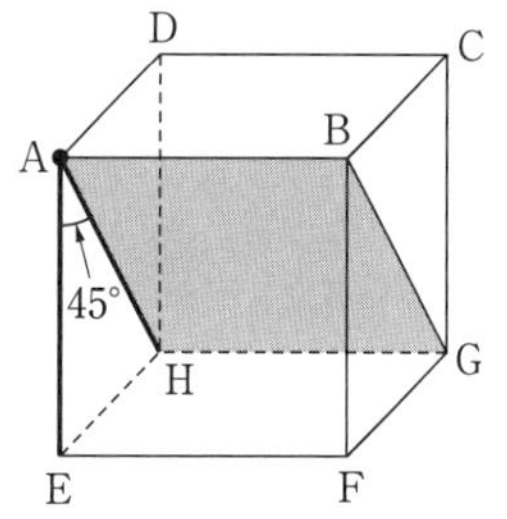

(4) 直線AHとPQは垂直であり，直線AHとPEは垂直である。よって，2つの平面のなす角は∠EPQで与えられる。
∠EPQ = 90°　だから
平面AEHDと平面AHGBのつくる角は **90°** 答

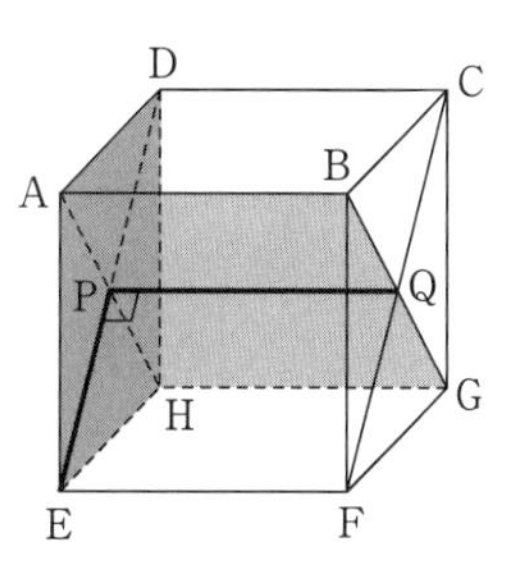

(5) 直線EFと平行な平面は，**平面ABCDと平面DHGC** 答

(6) 平面AEHD上の直線AE，EHについて
EF⊥AE，EF⊥EH
よってEFは，**平面AEHD**と垂直 答
同様にして **平面BFGC**と垂直 答

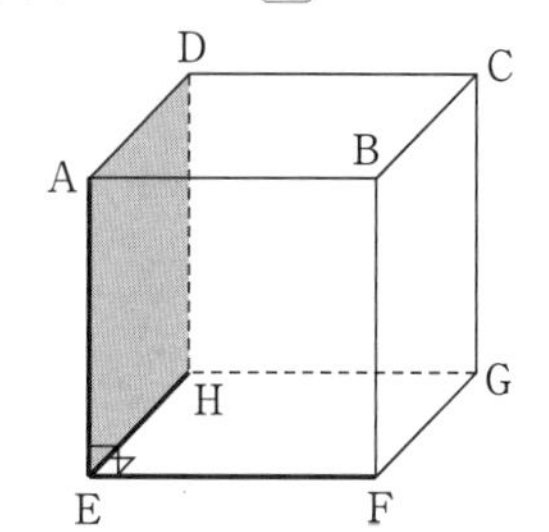

(7) 平面 AEFB 上の直線 AB，AE について

AB⊥AD，AE⊥AD

よって　平面 AEFB は **AD** と垂直 [答]

同様にして　**BC，FG，EH** とも垂直 [答]

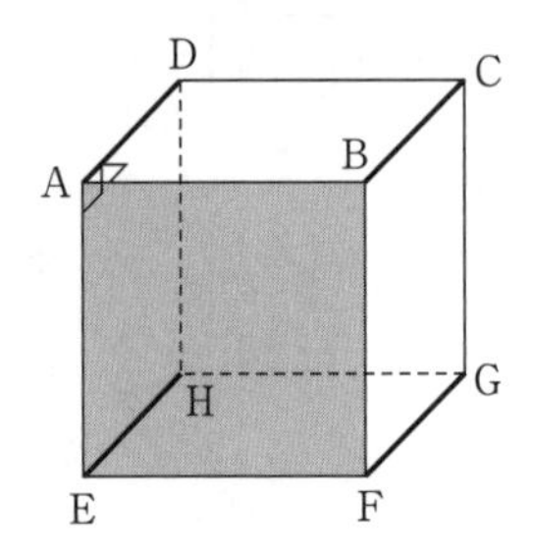

(8) 平面 ABCD と平面 EFGH は平行である。

よって，その平面上の直線

EF，FG，GH，HE は

平面 ABCD と平行 [答]

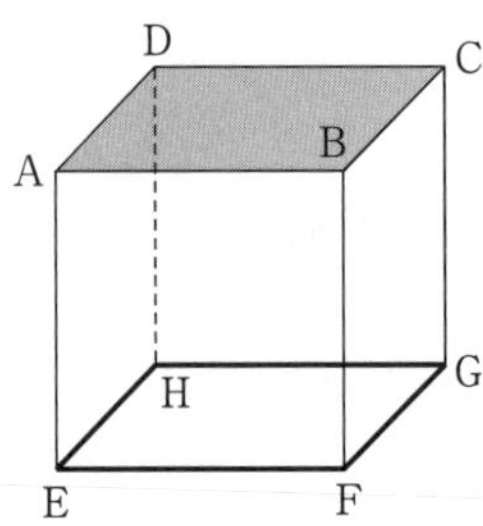

2 (1) $v=6,\ e=9,\ f=5$

よって $v-e+f=6-9+5=\mathbf{2}$ [答]

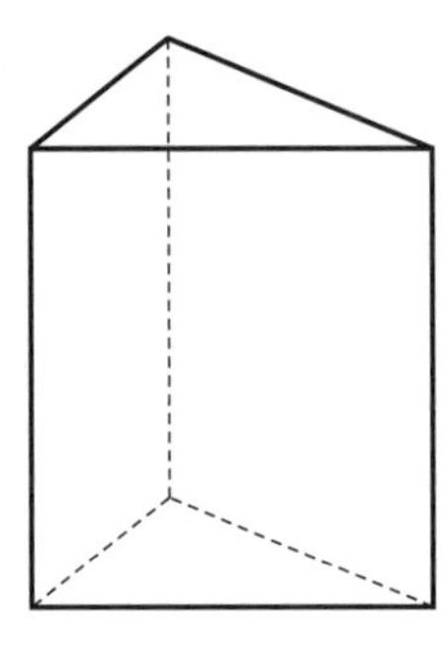

(2) $v=18,\ e=27,\ f=11$

よって $v-e+f=18-27+11=\mathbf{2}$ [答]

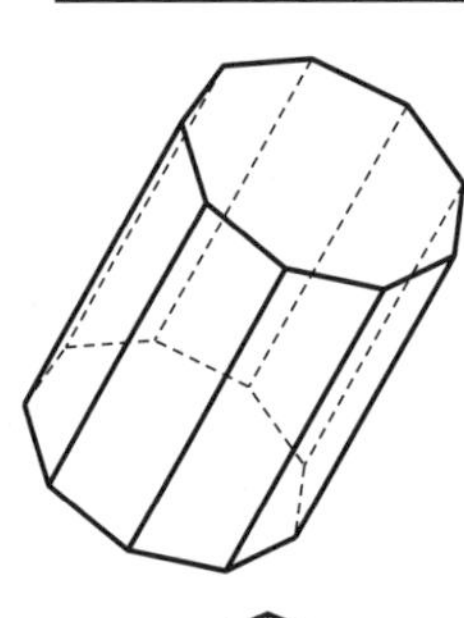

(3) $v=20,\ e=30,\ f=12$

よって $v-e+f=20-30+12=\mathbf{2}$ [答]

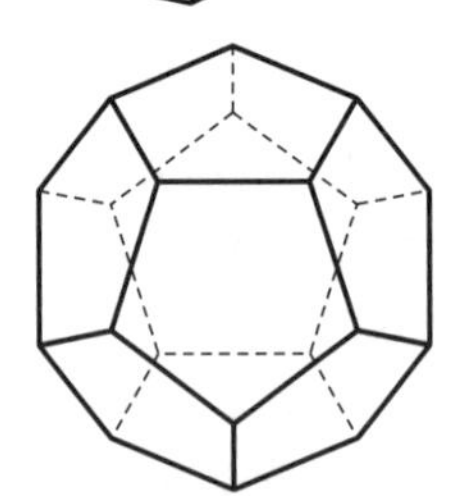

まとめの問題 [p. 56]

1 (1) $x:4=3:5$　だから

$x\times 5=4\times 3$

よって　$\boldsymbol{x=\frac{12}{5}}$ [答]

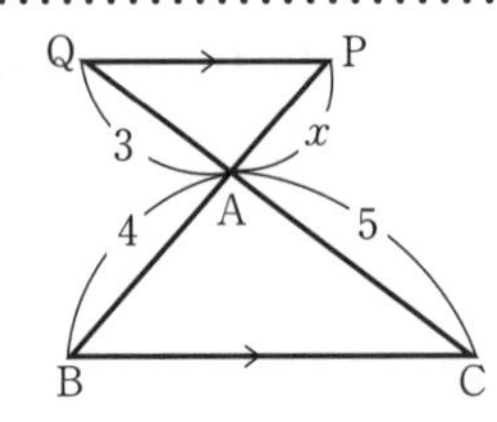

(2) $6:(6+4)=x:7$ だから

$10\times x=6\times 7$

よって　$\boldsymbol{x=\frac{21}{5}}$ 答

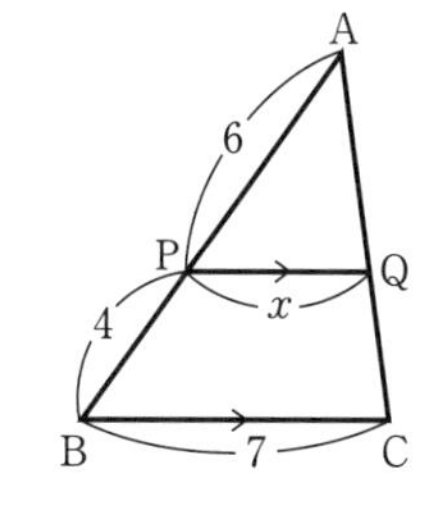

2 (1) $6:4=x:(5-x)$ だから

$6\times(5-x)=4\times x$

よって　$\boldsymbol{x=3}$ 答

(2) $3.5:(6-3.5)=7:x$ だから

$3.5\times x=2.5\times 7$

よって　$\boldsymbol{x=5}$ 答

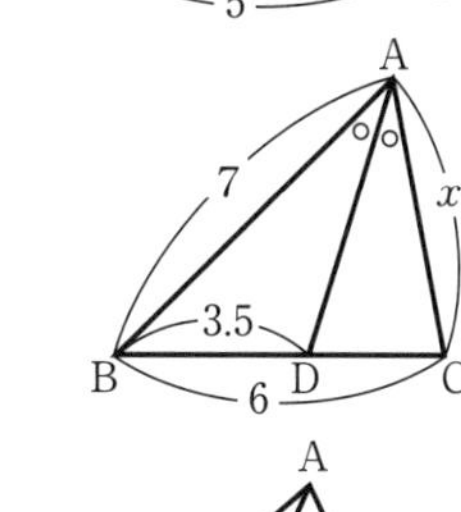

3 (1) OA，OB，OC は外接円の半径だから

$OA=OB=OC$

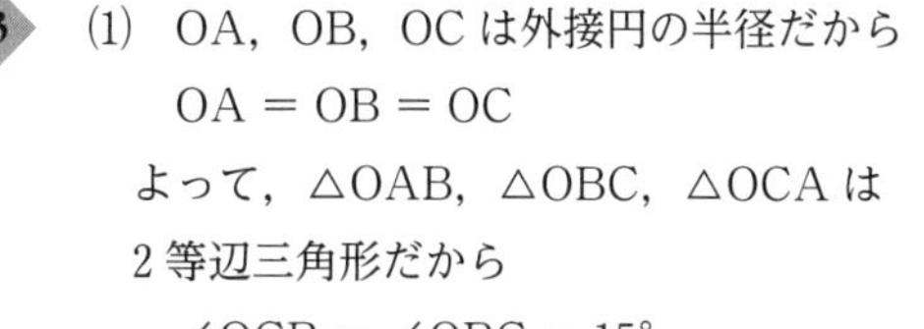

よって，△OAB，△OBC，△OCA は

2 等辺三角形だから

$\angle OCB=\angle OBC=15°$

$\angle OCA=\angle OAC=50°$

したがって　$\boldsymbol{\angle x}=\angle OCB+\angle OCA=15°+50°=\boldsymbol{65°}$ 答

△ABC の内角の和は 180° だから

$\angle ABC+\angle BCA+\angle CAB=180°$

$(\angle OBA+15°)+65°+(50°+\angle OAB)=180°$

$\angle OBA+\angle OAB+130°=180°$

$\angle OBA+\angle OAB=50°$

△OAB の内角の和は 180° だから

$\angle OBA+\angle OAB+\angle y=180°$

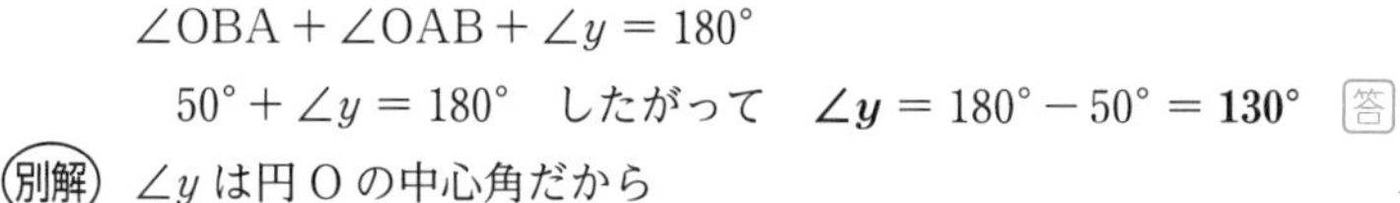

$50°+\angle y=180°$　したがって　$\boldsymbol{\angle y}=180°-50°=\boldsymbol{130°}$ 答

別解 $\angle y$ は円 O の中心角だから

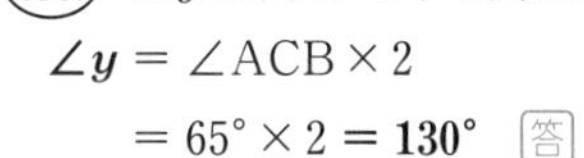

$\boldsymbol{\angle y}=\angle ACB\times 2$

$=65°\times 2=\boldsymbol{130°}$ 答

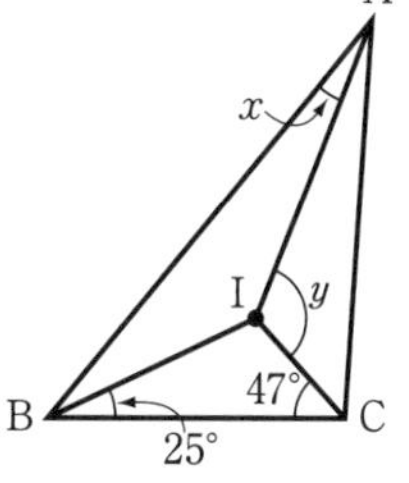

(2) BI，CI，AI はそれぞれ ∠ABC，∠BCA，∠CAB の 2 等分線だから

$\angle ABC=2\times 25°=50°$

$\angle BCA=2\times 47°=94°$

$\angle CAB=2\times\angle x$

△ABC の内角の和は 180° だから

$\angle ABC+\angle BCA+\angle CAB=180°$

$50°+94°+2\angle x=180°$

$2\angle x=36°$　　$\boldsymbol{\angle x=18°}$ 答

◆角の 2 等分線と線分の比

△ABC において，∠A の 2 等分線と辺 BC の交点を D とするとき

BD：DC ＝ AB：AC

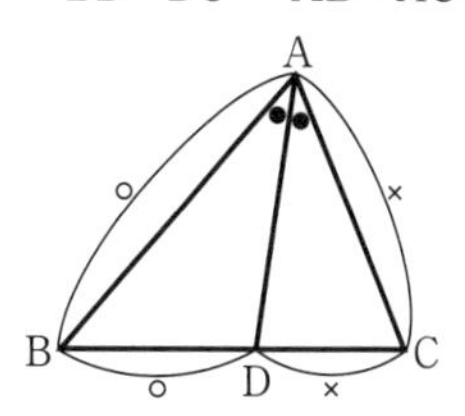

△IAC の内角の和は 180° だから

$\angle y + \angle \mathrm{ICA} + \angle \mathrm{IAC} = 180°$

$\angle y + 47° + 18° = 180°$　　$\boldsymbol{\angle y = 115°}$ 答

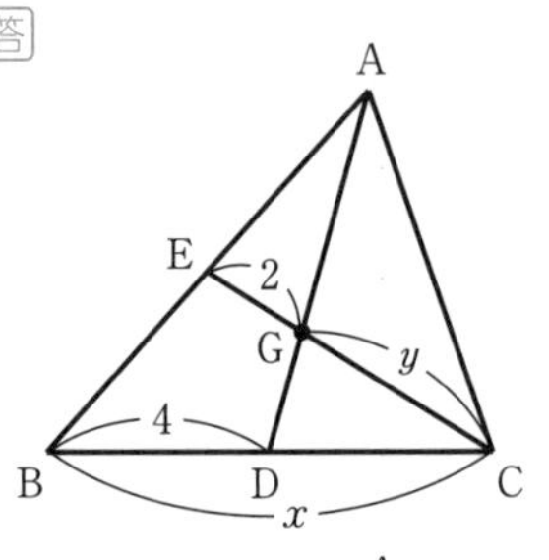

4 (1) AD は中線だから　BD ＝ DC

よって　$\boldsymbol{x} = 4 \times 2$

$\boldsymbol{= 8}$ 答

CG：GE ＝ 2：1 ＝ y：2

よって　$\boldsymbol{y} = 2 \times 2$

$\boldsymbol{= 4}$ 答

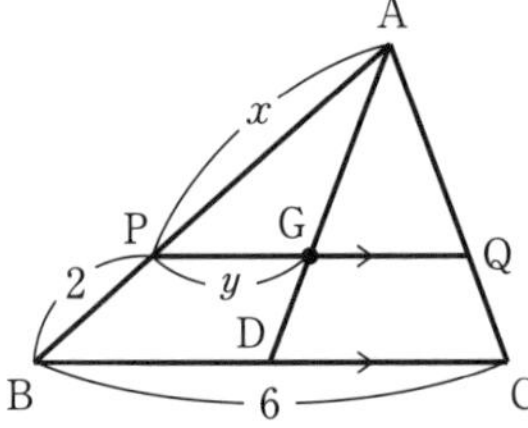

(2) AP：PB ＝ AG：GD ＝ 2：1

よって　x：2 ＝ 2：1

$\boldsymbol{x = 4}$ 答

AD は中線だから

$\mathrm{BD} = \frac{1}{2} \times 6 = 3$

PG∥BD　だから

AP：AB ＝ PG：BD

4：(4＋2) ＝ y：3

$6 \times y = 12$

$\boldsymbol{y = 2}$ 答

5 (1) $\angle \mathrm{BOC} = 360° - 230° = 130°$

中心角 ∠BOC に対する円周角が

$\angle x$ だから

$\boldsymbol{\angle x} = \frac{1}{2} \times 130° \boldsymbol{= 65°}$ 答

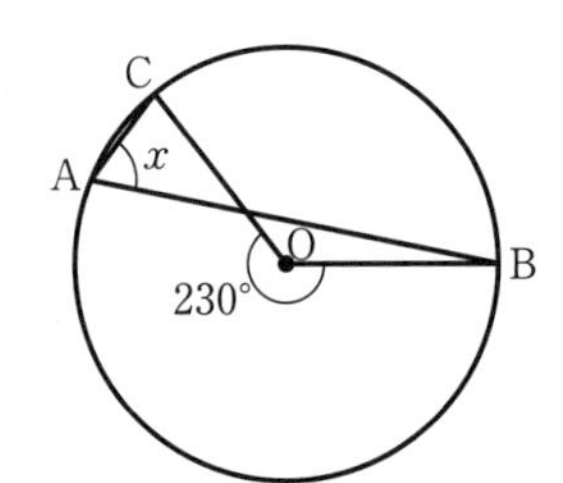

(2) △OAC，△OBC は 2 等辺三角形だから

$\angle \mathrm{OCA} = \angle \mathrm{OAC} = 25°$

$\angle \mathrm{OCB} = \angle \mathrm{OBC} = 30°$

よって，$\angle \mathrm{ACB} = \angle \mathrm{OCA} + \angle \mathrm{OCB}$

$= 25° + 30° = 55°$

$\angle x$ に対する円周角が ∠ACB であるから

$\boldsymbol{\angle x} = 2 \times 55° \boldsymbol{= 110°}$ 答

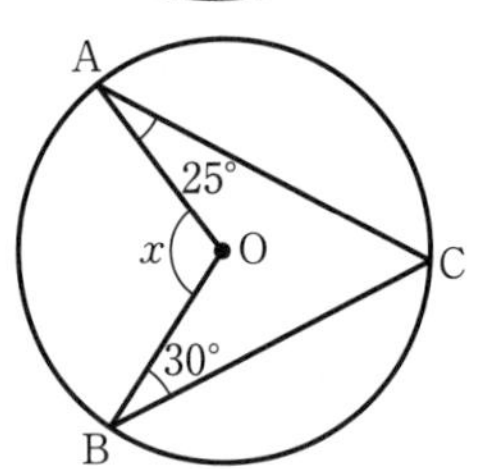

(3) B と C を結ぶ。

$\angle \mathrm{AOC} = 180°$

中心角 ∠AOC に対する円周角は

$\angle \mathrm{ABC} = \frac{1}{2} \times 180° = 90°$

$\angle \mathrm{CBD} = 90° - 50° = 40°$

よって，∠CBD ＝ ∠CED より　$\boldsymbol{\angle x = 40°}$ 答

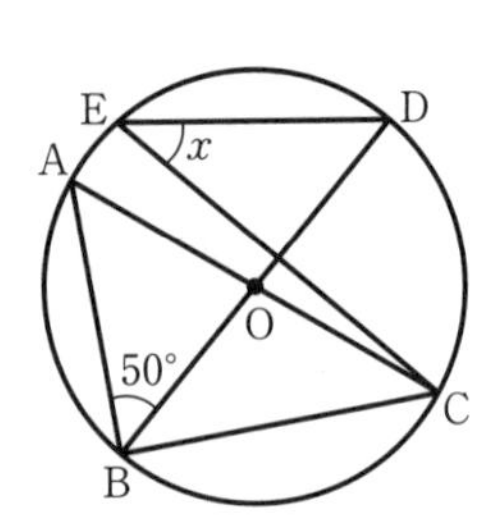

6 (1) $\angle x = \angle \mathrm{BAC} = \mathbf{31^\circ}$

△ABD の内角と外角の関係から

$\angle y + 31^\circ = 76^\circ$

よって　$\angle y = \mathbf{45^\circ}$ 答

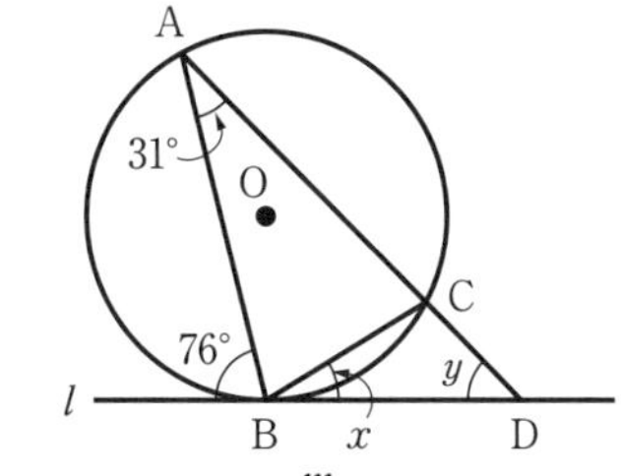

(2) $\angle \mathrm{ACB} = \angle \mathrm{CAB} = \angle x$

よって，△ABC は BA = BC の 2 等辺三角形

$\angle x + \angle x + 64^\circ = 180^\circ$

$2\angle x = 116^\circ$

$\angle x = \mathbf{58^\circ}$ 答

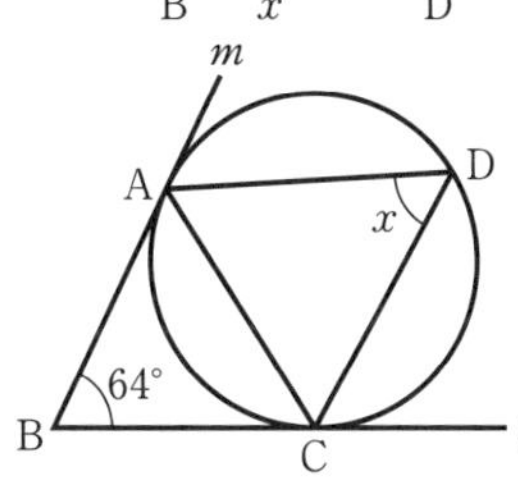

7 (1) 四角形 ABCD は円に内接しているから

$\angle x + 120^\circ = 180^\circ$

$\angle x = \mathbf{60^\circ}$ 答

$\angle y = \mathbf{100^\circ}$ 答

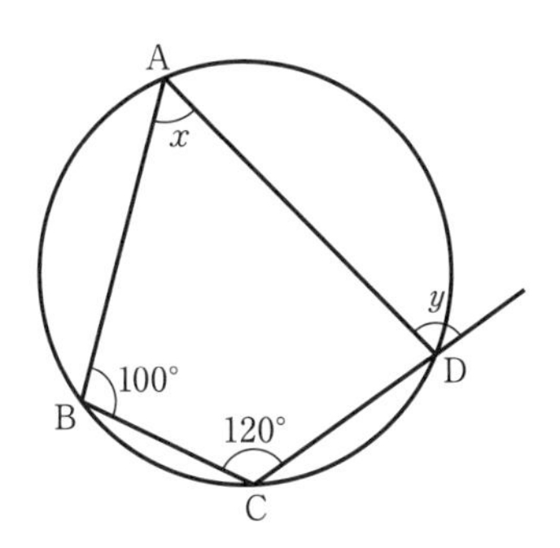

(2) 四角形 ABCD は円に内接しているから

$\angle \mathrm{BAD} = 70^\circ$

$\angle \mathrm{CAD} = \angle \mathrm{BAD} - \angle \mathrm{BAC}$

$= 70^\circ - 37^\circ = 33^\circ$

弧 CD に対する円周角について

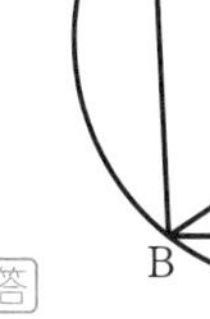

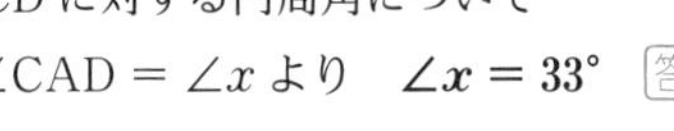

$\angle \mathrm{CAD} = \angle x$ より　$\angle x = \mathbf{33^\circ}$ 答

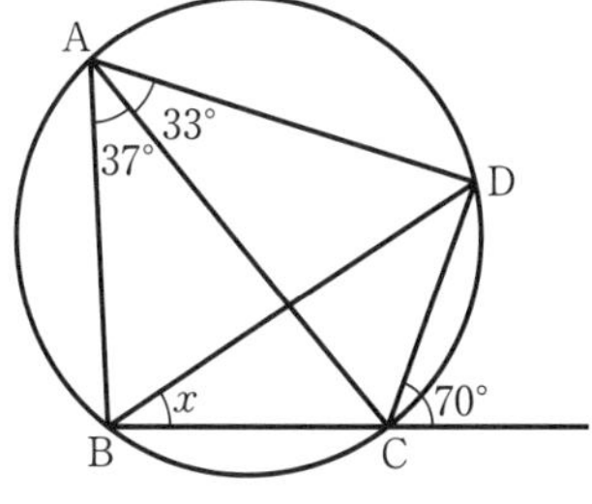

8 (1) AR = AQ = 2，CP = CQ = 5

BP = BC − CP = 9 − 5 = 4

よって　BR = BP = 4

x = AR + BR = 2 + 4 = **6** 答

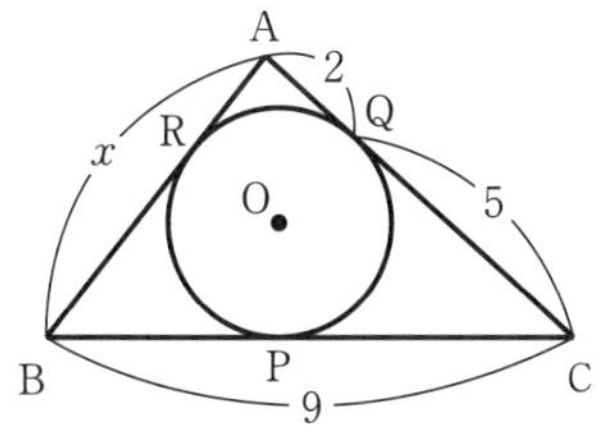

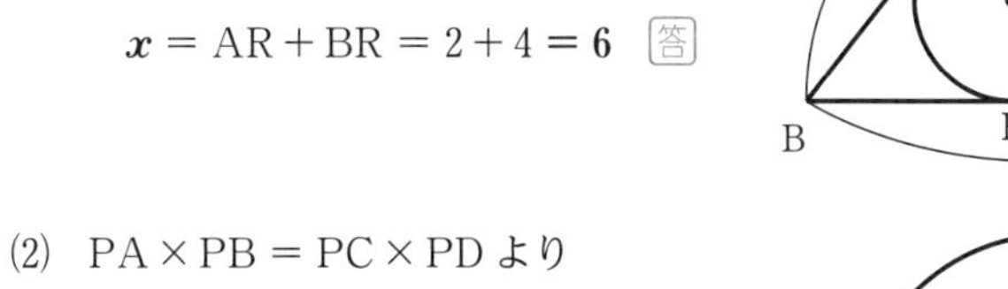

(2) PA × PB = PC × PD より

$9 \times 3 = 2 \times x$

$x = \mathbf{\dfrac{27}{2}}$ 答

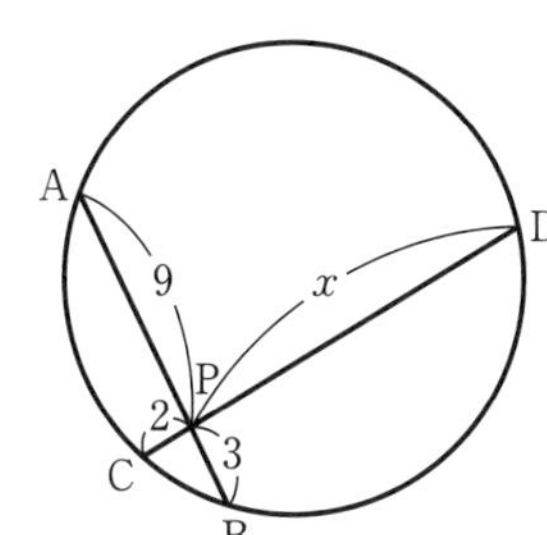

(3) $\mathrm{PA} \times \mathrm{PB} = \mathrm{PC} \times \mathrm{PD}$ より

$3 \times (3 + x) = 4 \times (4 + 5)$

$3(3 + x) = 36$

これを解いて $\boldsymbol{x = 9}$ 答

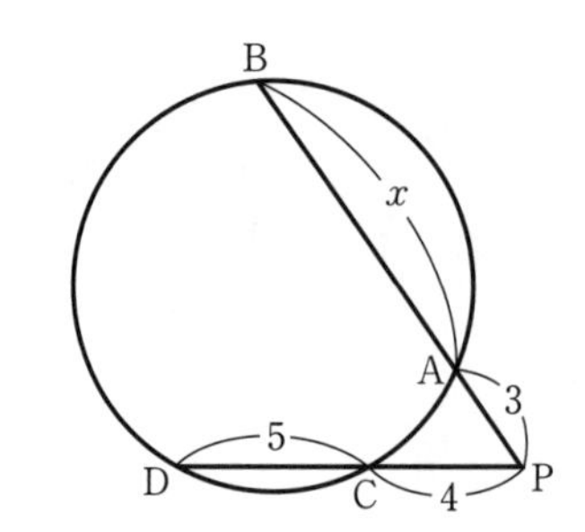

(4) PT はこの円の接線だから

$\mathrm{PA} \times \mathrm{PB} = \mathrm{PT}^2$

$2 \times (2 + 4) = x^2$

$x^2 = 12$

$x > 0$ だから $\boldsymbol{x = 2\sqrt{3}}$ 答

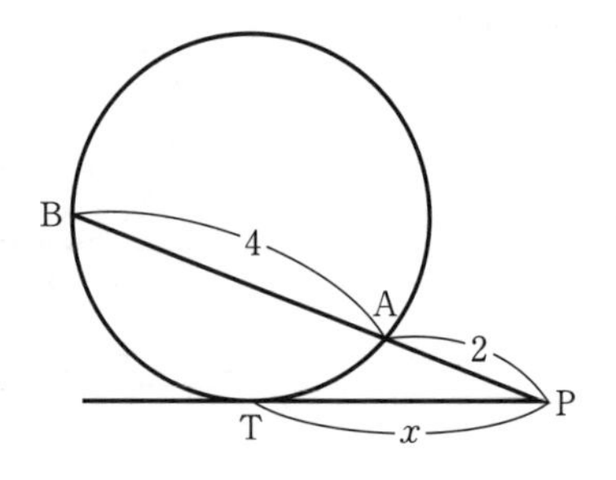

24 数の歴史 [p. 58]

1 エジプトの記数法で表された次の数を，現在の記数法で表しなさい。

解 100が1個，10が ア 6 個，1が2個だから， イ 162

2 エジプトの記数法で3147を表しなさい。

解 $3147 = 3 \times 1000 +$ ウ 1 $\times 100 + 4 \times$ エ 10 $+ 7 \times 1$ だから

3 バビロニアの記数法で表された次の数を，現在の記数法で表しなさい。

(1)　　(2)

解 (1) 10の束が オ 3 つと1が2つだから カ 32

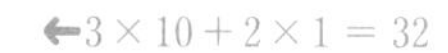

←$3 \times 10 + 2 \times 1 = 32$

(2) 60の束が キ 11 ，10の束が1つ，1が2つだから ク 672

←$11 \times 60 + 1 \times 10 + 2 \times 1$
$= 672$

4 バビロニアの記数法で143を表しなさい。

解 $143 =$ ケ 2 $\times 60 + 2 \times$ コ 10 $+ 3 \times 1$ だから

5 次の数を 10^n を使った式で表しなさい。

(1) 562　　(2) 407

解 (1) $562 =$ サ 5 $\times 10^2 +$ シ 6 $\times 10 +$ ス 2 $\times 1$

(2) $407 =$ セ 4 $\times 10^2 +$ ソ 0 $\times 10 +$ タ 7 $\times 1$

◆DRILL◆ [p. 59]

1 $1 \times 10000 + 3 \times 100 + 4 \times 10 + 8 =$ **10348** 答

2 (1) $468 = 4 \times 100 + 6 \times 10 + 8 \times 1$ だから

答

(2) $2025 = 2 \times 1000 + 2 \times 10 + 5 \times 1$ だから

答

3 (1) 60の束が3つと1が2つだから

$3 \times 60 + 2 \times 1 =$ **182** 答

(2) 60の束が20，10の束が3つと1が1つだから

$20 \times 60 + 3 \times 10 + 1 =$ **1231** 答

4 (1) 60 の束が 3 つと 10 の束が 2 つと 1 が 3 つだから

𒐗 𒌋𒌋𒐗 答

(2) 60 の束が 22 と 10 の束が 3 つだから

𒌋𒌋𒐖 𒌍 答

5 (1) $794 = \mathbf{7 \times 10^2 + 9 \times 10 + 4 \times 1}$ 答

(2) $3582 = \mathbf{3 \times 10^3 + 5 \times 10^2 + 8 \times 10 + 2 \times 1}$ 答

25 2 進法 [p. 60]

1 2 進法で表された次の数を 10 進法で表しなさい。

(1) $101_{(2)} =$ [ア 1] $\times 2^2 +$ [イ 0] $\times 2 +$ [ウ 1] $\times 1$

$=$ [エ 4] $+ 0 + 1 =$ [オ 5]

(2) $11110_{(2)} = 1 \times 2^4 + 1 \times 2^3 +$ [カ 1] $\times 2^2 + 1 \times 2 + 0 \times 1$

$=$ [キ 16] $+$ [ク 8] $+$ [ケ 4] $+ 2 + 0$

$=$ [コ 30]

2 10 進法で表された 38 を 2 進法で表しなさい。

解 38 を [サ 2] でわって，商 [シ 19] を下にかき，余り [ス 0] を 19 の横にかく。この計算をくり返して，最後の商と余りの数を下から順にかいていく。

```
[セ 2] ) 38
     2 ) [ソ 19] ……0
[タ 2] )  9     ……1
     2 )  4     ……[チ 1]
[ツ 2] )  2     ……0
          1     ……0
```

よって $38 =$ [テ 100110]$_{(2)}$

⬅ $38 = 2 \times 19 + 0$
$19 = 2 \times 9 + 1$
$9 = 2 \times 4 + 1$
$4 = 2 \times 2 + 0$
$2 = 2 \times 1 + 0$

3 2 進法で，次のたし算をしなさい。

$1010_{(2)} + 1111_{(2)}$

解 次のように，右から左へ順に各位ごとにたしていき，各位の数の和が 2 になったら，その位は 0 にして，次の位に 1 をくり上げていく。

```
      1   1
      1   0   1   0
+     1   1   1   1
-------------------
  1 [ト1] 0 [ナ0] 1
```

よって $1010_{(2)} + 1111_{(2)} =$ [ニ 11001]$_{(2)}$

◆**2 進法の計算**

$0_{(2)} + 0_{(2)} = 0_{(2)}$
$1_{(2)} + 0_{(2)} = 1_{(2)}$
$0_{(2)} + 1_{(2)} = 1_{(2)}$
$1_{(2)} + 1_{(2)} = 10_{(2)}$

◆DRILL◆ [p. 61]

1 (1) $111_{(2)}=1\times2^2+1\times2+1\times1=\mathbf{7}$ 答

(2) $1011_{(2)}=1\times2^3+0\times2^2+1\times2+1\times1=\mathbf{11}$ 答

(3) $101010_{(2)}$

$=1\times2^5+0\times2^4+1\times2^3+0\times2^2+1\times2+0\times1=\mathbf{42}$ 答

(4) $1000011_{(2)}$

$=1\times2^6+0\times2^5+0\times2^4+0\times2^3+0\times2^2+1\times2+1\times1=\mathbf{67}$ 答

2 (1) 右の計算から

1110(2) 答

2)14
2) 7……0
2) 3……1
　 1……1

(2) 右の計算から

11011(2) 答

2)27
2)13……1
2) 6……1
2) 3……0
　 1……1

(3) 右の計算から

110111(2) 答

2)55
2)27……1
2)13……1
2) 6……1
2) 3……0
　 1……1

(4) 右の計算から

1010010(2) 答

2)82
2)41……0
2)20……1
2)10……0
2) 5……0
2) 2……1
　 1……0

3 (1)

```
   1 1 1
   1 0 1 1
+  1 1 1 1
----------
 1 1 0 1 0
```

よって

$1011_{(2)}+1111_{(2)}=\mathbf{11010_{(2)}}$ 答

(2)

```
   1 1 1 1
       1 1 1
+  1 1 1 1 1
------------
 1 0 0 1 1 0
```

よって

$111_{(2)}+11111_{(2)}=\mathbf{100110_{(2)}}$ 答

26 約数と倍数・長方形のしきつめ [p. 62]

1 32の約数をすべて求めなさい。

解 32をわり切ることができる整数を調べていく。

ア 1，イ 2，ウ 4，エ 8，オ 16，カ 32

2 40以下の6の倍数をすべて求めなさい。

解 6に1から順に整数をかけていく。

キ 6，ク 12，ケ 18，コ 24，サ 30，シ 36

3 縦24，横66の長方形をしきつめる最大の正方形を見つけなさい。

解 ① 66 = 24 × ス 2 + セ 18 だから，1辺24の正方形 ソ 2 つを切り取る。

② 24 = タ 18 × 1 + チ 6 だから，1辺 ツ 18 の正方形 テ 1 つを切り取る。

③ ト 18 = ナ 6 × 3 だから，残りの長方形は1辺 ニ 6 の正方形でしきつめられる。

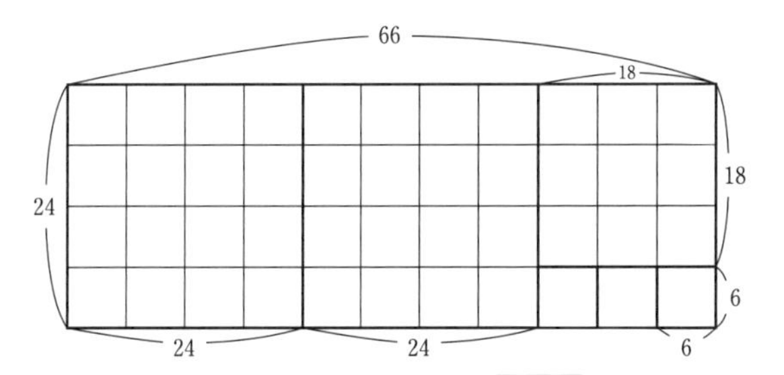

①～③より，もとの長方形は，1辺 ヌ 6 の最大の正方形でしきつめられる。これが求める正方形である。

◆約数と倍数

2つの整数 a，b について，

$a=b\times$(整数) と表せるとき

b は a の約数

a は b の倍数

という。

⇐66 =（正方形の1辺の長さ）×（横に並ぶ枚数）+（余り）

⇐24 =（正方形の1辺の長さ）×（縦に並ぶ枚数）+（余り）

◆長方形のしきつめと最大公約数

長方形をしきつめる最大の正方形の1辺の長さは，長方形の縦と横の長さの最大公約数になっている。

◆DRILL◆ [p. 63]

1 (1) 40 をわり切ることができる整数を調べていく。

1, 2, 4, 5, 8, 10, 20, 40 答

(2) 42 をわり切ることができる整数を調べていく。

1, 2, 3, 6, 7, 14, 21, 42 答

2 (1) 4 に 1 から順に整数をかけていく。

4, 8, 12, 16, 20, 24, 28 答

(2) 5 に 1 から順に整数をかけていく。

5, 10, 15, 20, 25, 30, 35, 40, 45, 50 答

(3) 9 に 1 から順に整数をかけていく。

9, 18, 27, 36, 45, 54 答

(4) 11 に 1 から順に整数をかけていく。

11, 22, 33, 44, 55, 66, 77 答

3 (1)

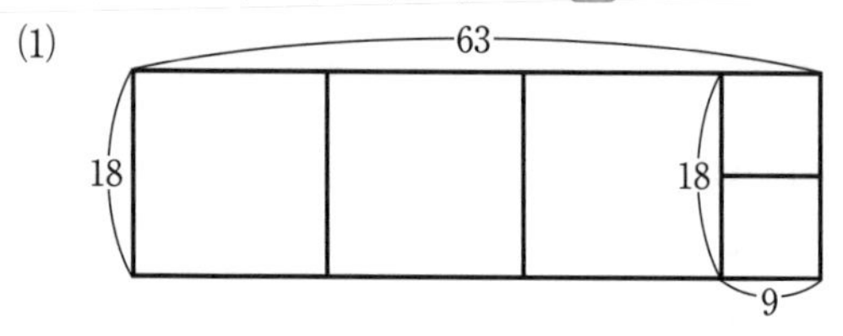

$63 = 18 \times 3 + 9$ だから，1 辺 18 の正方形 3 つを切り取る。

$18 = 9 \times 2$ だから，1 辺 9 の正方形 2 つを切り取る。

よって，もとの長方形は，**1 辺 9 の最大の正方形**でしきつめられる。 答

これが求める正方形である。

(別解) 63 と 18 の最大公約数であるから

$63 = 3 \times 3 \times 7$，$18 = 2 \times 3 \times 3$ より $9(= 3 \times 3)$

(2)

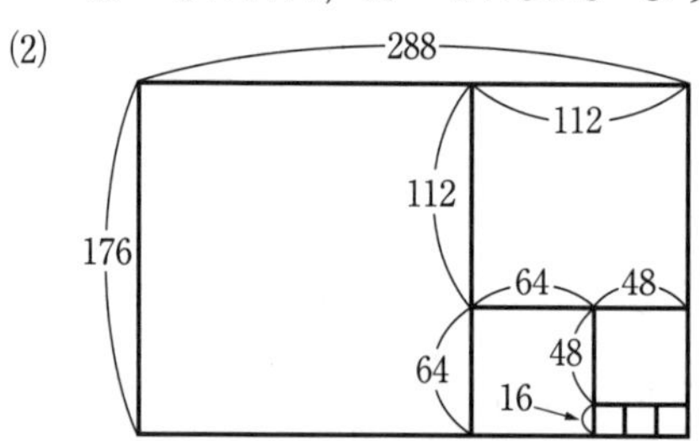

$288 = 176 \times 1 + 112$ だから，1 辺 176 の正方形 1 つを切り取る。

$176 = 112 \times 1 + 64$ だから，1 辺 112 の正方形 1 つを切り取る。

$112 = 64 \times 1 + 48$ だから，1 辺 64 の正方形 1 つを切り取る。

$64 = 48 \times 1 + 16$ だから，1 辺 48 の正方形 1 つを切り取る。

$48 = 16 \times 3$ だから，1 辺 16 の正方形 3 つを切り取る。

よって，もとの長方形は，**1 辺 16 の最大の正方形**でしきつめられる。 答

これが求める正方形である。

(別解) 288 と 176 の最大公約数であるから

$288 = 2 \times 2 \times 2 \times 2 \times 2 \times 3 \times 3$

$176 = 2 \times 2 \times 2 \times 2 \times 11$

より $16(= 2 \times 2 \times 2 \times 2)$

27 ユークリッドの互除法 [p. 64]

1 互除法を用いて，次の2つの数の最大公約数を求めなさい。

(1) 190，133　(2) 936，216

(3) 1001，343　(4) 2635，1147

解 (1) $190 = 133 \times$ ア 1 $+$ イ 57

$133 =$ ウ 57 $\times 2 +$ エ 19

オ 57 $=$ カ 19 $\times 3$

最大公約数は19

(2) $936 = 216 \times$ キ 4 $+$ ク 72

$216 =$ ケ 72 $\times 3$

最大公約数は コ 72

(3) $1001 = 343 \times$ サ 2 $+$ シ 315

$343 =$ ス 315 $\times 1 +$ セ 28

ソ 315 $= 28 \times$ タ 11 $+$ チ 7

ツ 28 $=$ テ 7 $\times 4$

最大公約数は ト 7

(4) $2635 = 1147 \times$ ナ 2 $+$ ニ 341

$1147 =$ ヌ 341 $\times 3 +$ ネ 124

ノ 341 $= 124 \times$ ハ 2 $+$ ヒ 93

フ 124 $=$ ヘ 93 $\times 1 +$ ホ 31

マ 93 $=$ ミ 31 $\times 3$

最大公約数は ム 31

◆互除法

2つの正の整数 a，b $(a > b)$ において，a を b でわったときの商を q，余りを r とすると

$a = b \times q + r$

$r \neq 0$ のとき

(a と b の最大公約数)

$=$ (b と r の最大公約数)

$r = 0$ のとき

(a と b の最大公約数) $= b$

◆DRILL◆ [p. 65]

1 (1) $816 = 378 \times 2 + 60$

$378 = 60 \times 6 + 18$

$60 = 18 \times 3 + 6$

$18 = 6 \times 3$

よって，最大公約数は **6** 答

(2) $2261 = 1309 \times 1 + 952$

$1309 = 952 \times 1 + 357$

$952 = 357 \times 2 + 238$

$357 = 238 \times 1 + 119$

$238 = 119 \times 2$

よって，最大公約数は **119** 答

3章●数学と人間の活動

2 (1) 求める正方形の１辺の長さは

縦と横の長さの最大公約数である。

$782 = 460 \times 1 + 322$

$460 = 322 \times 1 + 138$

$322 = 138 \times 2 + 46$

$138 = 46 \times 3$

782 と 460 の最大公約数は 46 だから，

縦 782，横 460 の長方形をしきつめる最大の正方形の１辺の長さは **46**。 答

(2) $3247 = 2292 \times 1 + 955$

$2292 = 955 \times 2 + 382$

$955 = 382 \times 2 + 191$

$382 = 191 \times 2$

3247 と 2292 の最大公約数は 191 だから，

縦 3247，横 2292 の長方形をしきつめる最大の正方形の１辺の長さは **191**。 答

28 土地の面積・相似と測定 ［p. 66］

1 右の図のような土地(ア)，(イ)がある。次の順にしたがって，(ア)，(イ)のそれぞれの土地の面積を変えずに，地点 A を通り，まっすぐな境界線を引きなさい。

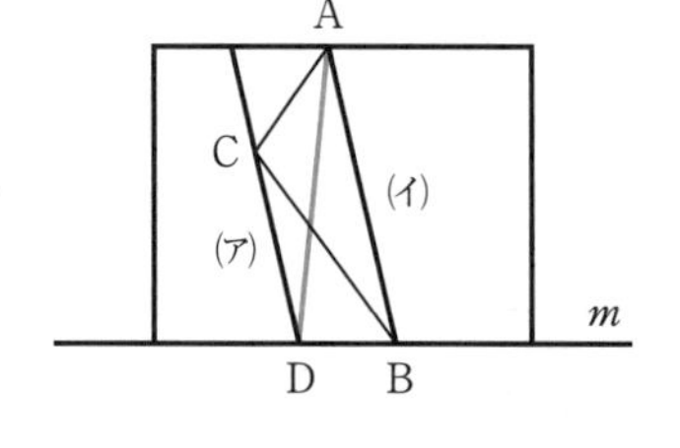

解 点 C を通って線分 ア［AB］ に平行な直線を引き，直線 m との イ［交点］ を D とする。

△ABC と △ABD において，AB は共通の底辺，高さは平行線の間の距離で等しいので，2 つの三角形の面積は等しくなる。

よって，求める境界線は ウ［AD］ になる。

2 右の図で，色をつけた部分の土地の面積を求めなさい。

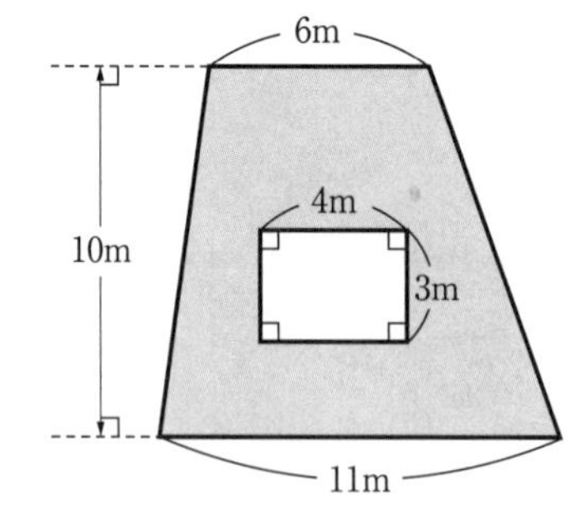

解 台形の面積から長方形の面積をひけばよい。

$\frac{1}{2} \times (6 +$ エ［11］$) \times 10 - 3 \times 4$

$=$ オ［85］ $- 12 =$ カ［73］ (m^2)

3 右の図で，木の陰 BC は 3.6 m で，身長 1.6 m の人の影 EF は 0.9 m である。木の高さ AC を求めなさい。

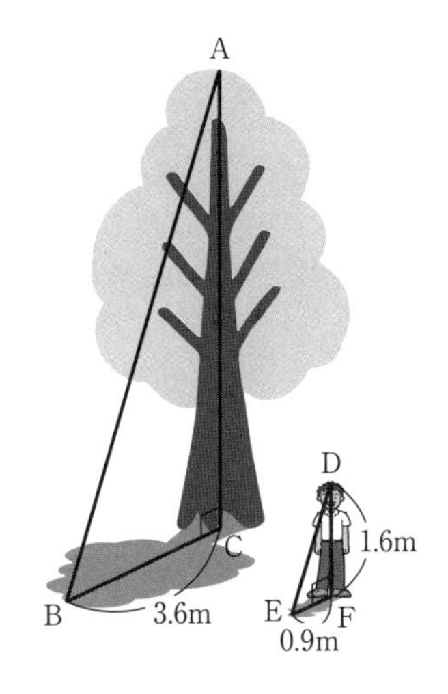

解 △ABC と △DEF は相似だから

AC：DF ＝ BC：[キ EF]

AC：1.6 ＝ [ク 3.6]：[ケ 0.9]

[コ 0.9] × AC ＝ 1.6 × [サ 3.6]

よって，

AC ＝ 1.6 × [シ 3.6] ÷ [ス 0.9]

＝ [セ 6.4] (m)

◆相似な三角形

△ABC と △DEF が相似であるとき，次の式が成り立つ。

AB：DE ＝ BC：EF

BC：EF ＝ AC：DF

AC：DF ＝ AB：DE

◆DRILL◆ [p. 67]

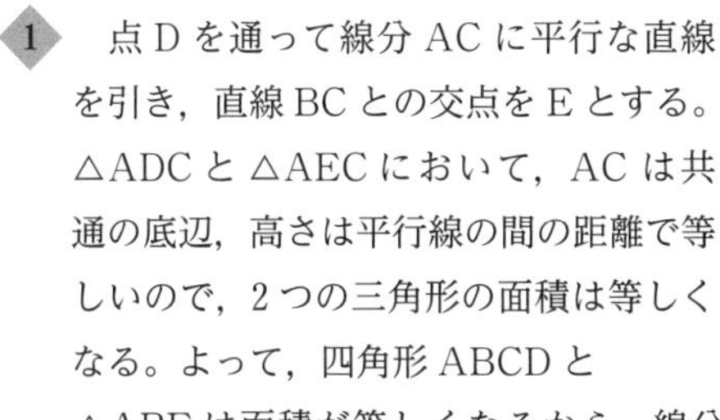

1 点 D を通って線分 AC に平行な直線を引き，直線 BC との交点を E とする。△ADC と △AEC において，AC は共通の底辺，高さは平行線の間の距離で等しいので，2 つの三角形の面積は等しくなる。よって，四角形 ABCD と △ABE は面積が等しくなるから，線分 AC に平行な直線を引き，直線 BC との交点を E とすればよい。

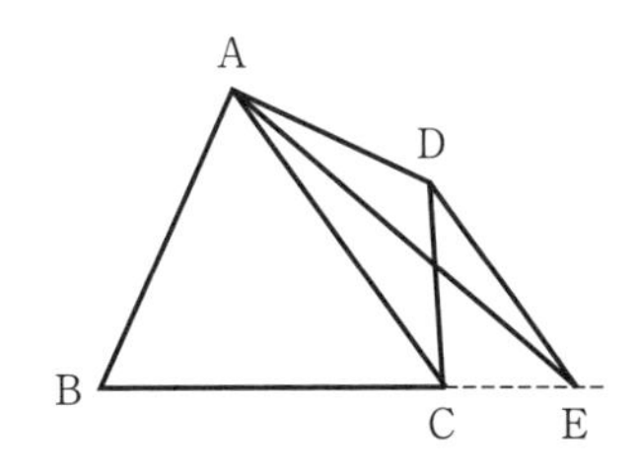

2 (1) 長方形の面積から回りの 2 つの三角形の面積をひけばよい。

長方形の縦の長さは，

$3+2=5$ (m)

長方形の横の長さは，

$4+4=8$ (m)

であるから，

$5\times8-\frac{1}{2}\times3\times8-\frac{1}{2}\times4\times5=$ **18 (m²)** 答

(2) 求める面積は右の図の長方形の面積と等しいから

$(10-1)\times(12-1)$

$=$ **99 (m²)** 答

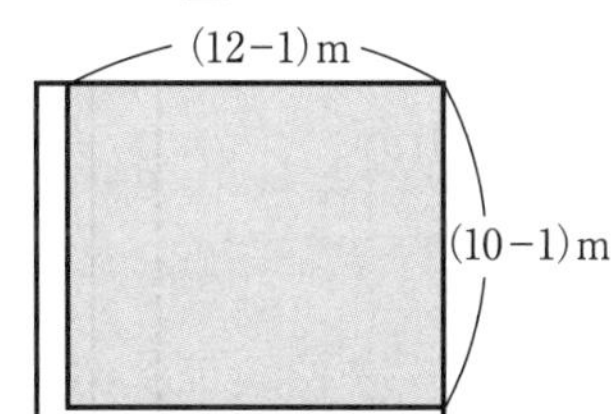

3 $\triangle$ABC と $\triangle$DEFは相似だから

AC : DF = BC : EF

AC : 1 = 20 : 0.8

$0.8 \times \text{AC} = 1 \times 20$

よって，$\text{AC} = 20 \div 0.8 =$ **25 (m)** 

29 座標の考え方 [p. 68]

1 次の点を下の図に示しなさい。

A(3, 2)　B(−1, 3)　C(−2, −1)　D(2, −2)

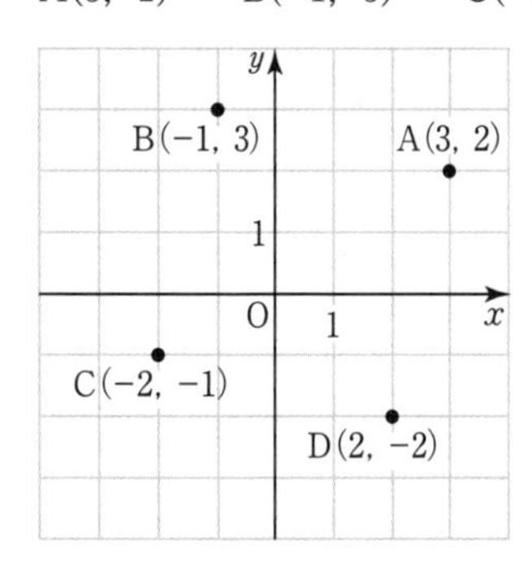

2 囲碁の入門用として，9 路盤と呼ばれる碁盤がある。9 路盤には，縦と横にそれぞれ 9 本の線が引かれていて，右の図のように線に番号がつけられている。ここで，「4 六」は右の図で黒石●の位置を表している。右の図で，白石○の位置を答えなさい。

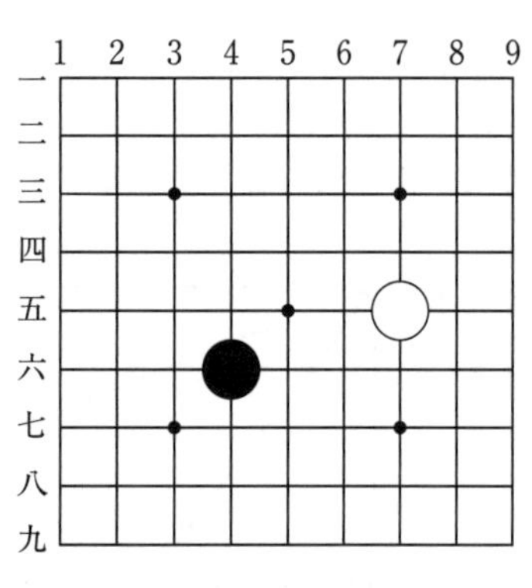

解 ア 7五

3 (1) 右の図に点 P(1, 2, 5) を図示しなさい。

(2) 点 P を，x 軸，y 軸，z 軸の方向に，それぞれ 4, 2, 3 だけ移動した点 Q の座標を求めなさい。

解 (2) 点 Q の座標は，点 P のそれぞれの座標に移動した数を加えればよい。

よって，点 Q の座標は

(1+4, 2+2, 5+ イ 3)

したがって，(5, 4, ウ 8)

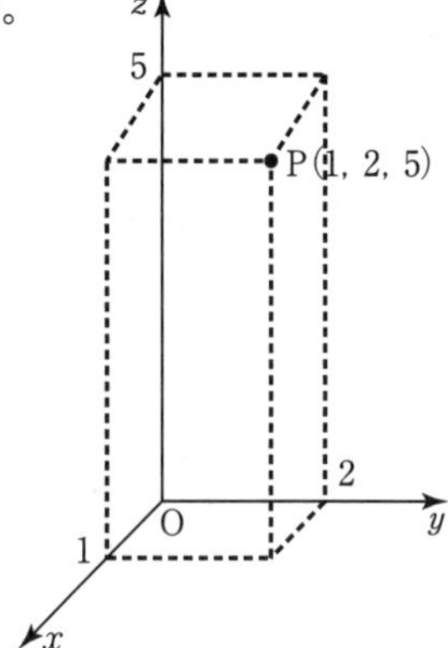

1

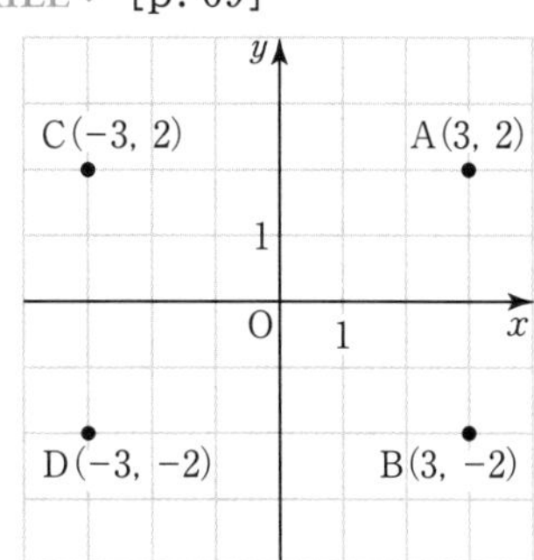

2 (1) **3 六** 答

(2) **3 五** 答

(3) **8 六** 答

(4) **5 七** 答

(5) **6 三** 答

(6) **4 四** 答

3 (1)

z
P(3, 2, 4)
1
1
O
1
y
x

(2) 点 Q の座標は (3＋1, 2＋5, 4＋2)

したがって, **(4, 7, 6)** 答

まとめの問題 [p. 70]

1 (1) $101101_{(2)}$ より

$1\times2^5+0\times2^4+1\times2^3+1\times2^2+0\times2+1\times1$

$=32+8+4+1$

$=$ **45** 答

(2) $1001100_{(2)}$ より

$1\times2^6+0\times2^5+0\times2^4+1\times2^3+1\times2^2+0\times2+0\times1$

$=64+8+4$

$=$ **76** 答

2 (1) 下の計算から

111101$_{(2)}$ 答

2)61
2)30……1
2)15……0
2) 7……1
2) 3……1
1……1

(2) 下の計算から

1101100$_{(2)}$ 答

2)108
2) 54……0
2) 27……0
2) 13……1
2) 6……1
2) 3……0
1……1

3 84 =（木の間隔）×（縦に並ぶ木の本数 − 1）

108 =（木の間隔）×（横に並ぶ木の本数 − 1）

よって，求める間隔は 84 と 108 の最大公約数である。

$108 = 84 \times 1 + 24$

$84 = 24 \times 3 + 12$

$24 = 12 \times 2$

よって，最大公約数は 12 だから木の間隔を

12 m おきに植えたらよい。 答

⬅木の数を最小にするには，木の間隔を最大公約数にする

4 $2337 = 1653 \times 1 + 684$

$1653 = 684 \times 2 + 285$

$684 = 285 \times 2 + 114$

$285 = 114 \times 2 + 57$

$114 = 57 \times 2$

よって，最大公約数は **57** 答

1653)2337 → 1, 1653
684)1653 → 2, 1368
285)684 → 2, 570
114)285 → 2, 228
57)114 → 2, 114, 0

5 △ABC と △EDC は相似だから

AB：ED = BC：DC

AB：5 = 4：1

よって，AB = 5 × 4 = **20（m）** 答

6 四角形 ABCD が平行四辺形になるとき，点 A から点 B までの移動と点 D から点 C までの移動は同じである。点 A から点 B までは，x 軸方向に 2，y 軸方向に 4 だけ移動しているから，点 C の座標は，点 D のそれぞれの座標に移動した数を加えればよい。

よって，点 C の座標は　(4 + 2，− 1 + 4)

したがって，**(6，3)** 答

7 (1) **A(3，4，3)，B(3，4，0)** 答

(2) **C(6，5，6)，D(6，5，0)** 答